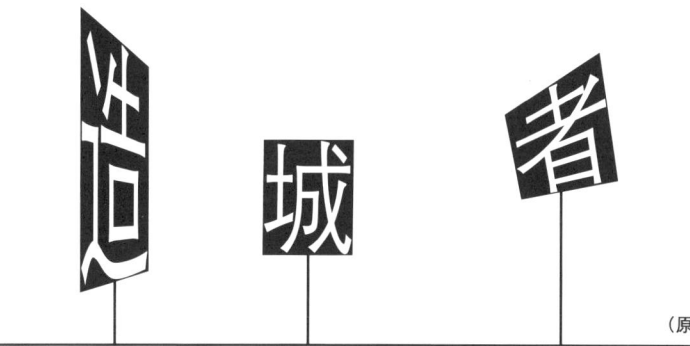

(原著第二版)

纽约和伦敦的房地产开发与城市规划

[美]苏珊·费恩斯坦 著
Susan S. Fainstein

侯丽 译

同济大学出版社
Tongji University Press

中国·上海

译者序&前言

谁建造了我们的城市？

《造城者》（*The City Builders*）是我在研究生阶段最喜爱的读物之一。纽约和伦敦作为规划师们耳熟能详的城市样本，在苏珊·费恩斯坦的这本书里被深刻解剖、无情批判。读书时更多的是怀着敬畏心理，喜欢城市繁华背后的精彩故事：例如赖希曼家族（Reichmanns）在北美的戏剧性发迹，而撒切尔如何说服他们进入伦敦市场，然后接手的梅杰政府在20世纪90年代的房地产危机中束手旁观，任其破产；例如费恩斯坦对那时在纽约之外还不怎么闻名的房地产开发商特朗普先生的冷嘲热讽。印象深刻的还有费恩斯坦以女性学者的独特视角，在研究改变伦敦和纽约面貌的大型城市项目时，除了制度分析，指出个性及性别因素也在影响着开发行业，对那些在房地产开发中占据权力主体的男性企业家们"受雄性自我意识驱动而努力建设高楼，并在城市景观上留下其个人印记"的评语，仿佛《动物世界》纪录片的旁白，每每想起都不禁莞尔一笑。

2006年，在我研究生选课结束、准备博士论文开题的时候，我惊喜地发现苏珊·费恩斯坦受邀到哈佛设计研究生院（GSD）任教。显而易见，她曾经是时任院长艾伦·阿特舒勒（Alan Altshuler）最喜爱的博士生。GSD在沸沸扬扬地酝酿着一场"设计"对"规划"的闹剧，仿佛七十年前的戏剧场面再现，费恩斯坦的加盟对长期偏设计而轻规划的设计学院有所助益，这让醉心新马克思主义和城市政治学的我喜出望外，可惜后来因为小女的出生我不得不中断了她的课程。这期间，我曾尝试把她的一些研究成果翻译成中文引介给国内读者，但因为种种原因被搁置。这些论文后来汇集成她的另一部代表作品《公正城市》（*The Just City*），2010年在康奈尔大学出版社出版。可能是因为这个未完成的心愿吧，我博士毕业回国之后，在自觉翻译引介好书是受过东西方教育者应尽的义务时——虽然在我们高校的评价体系里已经成为一个得不偿失的苦差——我首先挑选了这本书。在我个人看来，费恩斯坦学术生涯的基本观点，都淋漓尽致地在本书中表现了出来；而在实证案例方面，没有哪个案例比她所选择的纽约、伦敦两地的金融中心再开发更能代表这个时代世界城市所面临的典型挑战与危机。谁才是当代城市的缔造者？谁更有发言权？谁应该拥有居住在城市的权利？本书是理解她的思想脉络、理解英美城市开发和资本世界的最佳著作。在翻译过程中，我也高兴地发现，《公正城市》已经在国内被翻译出版，并成为当下城市研究的一个新热点。如果读者们把这两部姊妹篇放在一起读，就会明白它们之间的承继关系。

尝试翻译此书给了我重温经典并且逐字逐句深度阅读的机会。在敬畏之外，作为译者，我有了更深的理解、认同，以及不尽认同的地方，还有随着岁月流逝看到太平洋两岸城市繁华共情的些许悲凉。本书第一版完成于1994年，一方面，西方城市学者们先是欣喜地看到在经历了20世纪六七十年代的郊区化和内城衰落之后，城市开发与再开发重新回到了世界舞台，中心性增强了，城市变得更加聚集；另一方面，这种再中心化与传统规划理念所呼吁的理想空间模式大相径庭，城市成为以快速营利为目的的投机性建设爆发式增长以及现实的空间需求双重压力下的产物，地区之间无止境的竞争、不平衡的发展和收益造成越来越紧张的社会关系，生活的便利、城市的多样性、福利的均等、城市的公正，却渐行渐远。

《造城者》共分十一章。第一章为"经济重构与再开发"，介绍了本书研究的基本架构和与城市再开发相关的理论争议。后面的章节又可分为三部分。第二章至第五章审视了影响城市再开发的核心要素。其中第二章介绍了伦敦和纽约两地的房地产业发展，尤其是20世纪80年代的超级繁荣和90年代中后期市场复苏对房地产业的影响。第三章从土地供应、经营压力、资本市场、政府角色等多个角度解释了为什么房地产市场会存在明显的周期，并且指出了这两大世界城市房地产业在文化和制度上存在的差异，例如伦敦更依赖于金融城的"小圈子"，而纽约许多大公司为家族企业，跟竞选政治纠葛极大，不可避免地涉及腐败与政治献金。第四章"政策与政治"分析了两地的制度、政府架构以及意识形态基础。伦敦是一国之都，直属中央政府，它的政治表现基于国家控制下的多党体制，市政管理分散于33个地方政府；相比之下，纽约不是首都，甚至不是州府，它拥有高度的地方自治权，有一个集中的、强势的市政府，城市政策由单一地方党派所主导。费恩斯坦指出，尽管伦敦代表了更为强大的国家干预模式，然而，到了80年代中期，这两个城市公共政策的内容及其逻辑开始明显趋同，20世纪末英国工党政府的上台也没有扭转这一趋势，强调经济发展而不是社会福利成为两地共识。引用纽约市财政破产后上任的新市长科赫（1984）的话："我为中产阶层讲话。你知道为什么吗？因为他们纳税，他们为穷人提供就业机会。"第五章"经济发展规划战略"比较了这两个城市的宏观规划，或者说，批评了纽约实质上一直缺乏长远的综合性战略规划，以及大伦敦地区规划管理机构在80年代至90年代的被迫缺席。不论是在增长或是衰退时期，伦敦和纽约的管治政体不约而同地依靠市场来发展经济和提供公共设施，撒切尔首相以放开市场和鼓励企业文化的名义削减再分配性质的政府项目，并且强迫市议会配合为私营开发商提供土地；而美国城市一直以来都要靠自己来完成城市的再开发。80年代至90年代，无论是纽约还是伦敦，站在穷人一边的左翼党派代言人因为相对狭隘的关注点和较为消极的立场，在国家和城市舞台没有足够的影响力——城市别无选择，只能在以利益交换为基础的公私谈判框架内工作。

第六章至第九章介绍了纽约和伦敦中心区再开发的实证案例。费恩斯坦首先以纽约时代广场和伦敦国王十字（King's Cross）火车站为例，分析了两地中心区再开发的旗舰项目中公私合作的角力。时代广场是大型资本与政府结盟的产物，在90年代，42街由于规模过大、市场走低几成"鬼城"，在本书原著第一版出版的时候貌似再开发已经失败，然而纽约规划局为应付危机所出台的过渡方案（包括要求所有商务建筑参照伦敦皮卡迪利广场或东京新宿区设立巨型外立面广告及灯光标识）虽然最初遭到开发商和业主的抵制，但最终被证明为这个地区带来了意外的收获——到90年代末，每年建筑广告收入为城市财政贡献数亿美元，娱乐产业的繁荣反而为商务带来更多机会。伦敦案例中，尽管国王十字火车站再开发遭遇了搁置，尤其是英法隧道的选线迟迟无法确定造成了负面影响，基础设施建设于2007年正式启动，但费恩斯坦的评论仍然是准确的：时代广场和国王十字火车站的方案都显示出批发式更新中更强烈的投机因素——这是一条要么全赢要么输光的道路，90年代初的市场崩溃如今看来是从灾难中拯救了时代广场和国王十字火车站，为更加温和与不那么整齐划一的开发提供了喘息的空间。

毗邻伦敦金融城的斯皮塔菲尔兹（Spitalfields）和与曼哈顿隔河相望的布鲁克林中心区（Brooklyn downtown），是本书第七章的实证案例。两个项目都始于政府的方案征集，目标是在一个不那么时髦的地方创造新的商业中心，并且要求大量的公共投资。虽然两个地区有着截然不同的历史和文化，但是其大型综合商务办公区规划却惊人地相似，新设计的建筑群在周围环境中显得突兀，以宣告再开发地区与过去的形象分道扬镳。

如上四个案例充分显示出本地社区与大都市区发展目标、公共物品与市场准则、公平与增长之间矛盾的价值观：建成区域的再开发必然对现有使用者产生不同影响，只有少数人因空间用途的改变而受益；商业开发项目被吹捧成城市持续繁荣的潜力所在，制造业属于过去，只有金融与先进服务业才能孕育产业扩张。以写字楼为中心的增长模式，制约了纽约和伦敦的贫困人口和蓝领工人从商务的扩张中分享福利，创造或保留的工作机会很少能提供给那些没有受到良好教育的市民，但是为这些举措而增加的公共投资最终会转嫁到市民和小型企业的税负上。一些社区反对者们因收到补贴而偃旗息鼓；另一些人虽然不太满意，但无可奈何。社区和开发商、地方政府之间的讨价还价使得总体规划的实施成为泡影。不过，"这很符合自由主义经济学的交易模式"（第七章结语）。

第八章和第九章记录了一个房地产帝国——奥林匹亚与约克公司（Olympia & York）——在纽约炮台公园城和伦敦码头区的开发历程及兴衰。从项目的规模、区位和在城市经济中的重要性而言，这两个地区毋庸置疑是20世纪末全球城市再开发中最耀眼的明星，被规划师和城市学者们反复引用，正如这两章的标题"创建新地标"。本书案例写作的精彩在于，在讨论公私合作关系、经济机会、房地产市场变化，以及抨击这些大型项目对本地居民的忽视之外，费恩斯坦在写作中呈现出更为复合的立场，如前文所述，让读者意识到个性和历史的机缘巧合在城市（再）开发中扮演了极其重要的角色，赋予这一案例古希腊悲剧式的色彩。也正是从这两个章节开始，本书脱离了较为单向的强调底层社会发展权利、将社会福利公正与商业市场开发相对立的立场。赖希曼家族所具有的助其成就无数次胜利的特质——创造性地运用金融工具、追求卓越创新、敢于豪赌——无情地招致了家族企业的毁灭。该企业的破产彻底将纽约和伦敦两地房地产市场击向谷底，重新塑造了人们对房地产市场的未来和特性的普遍预期。赖希曼家族是犹太人，这些房地产巨头的父辈最初定居于维也纳，二战期间流亡至摩洛哥，一家人全身心地投入帮助欧洲沦陷区犹太人逃亡的事业。总是能够创造性地运用金融工具是赖希曼家族财富增长的一个源头（赖希曼兄弟的母亲就曾精心设计了一套救援欧洲犹太难民的物资输送系统，以巧克力作为集中营囚犯的流通货币，救助了上千的犹太难民）。赖希曼兄弟代表了行为保守和鲁莽之间不同寻常的组合，奥林匹亚与约克房地产开发历程中最伟大的胜利——纽约世界金融中心，以及导致其破产的巨型项目——伦敦金丝雀码头，记录了家族走向成功顶点然后急转直下的惊险历程。赖希曼家族的曲折故事，使得即使是像费恩斯坦这样坚定的左翼，字里行间也不禁透露出造化弄人的叹息。书中尝试分析影响房地产大亨决策行为的心理驱动：与特朗普不同，赖希曼兄弟生活极其低调，因慈善而闻名，"在不以道德著称的商界拥有值得信赖的良好声誉"；与此同时，他们也是贪婪的投机者，"对交易的迷恋促使他不断制造更大更好的交易"，保罗·赖希曼的信条是"进入任何一个领域最合适的时间就是当整个市场都认为错误的时间"。在第九章结尾分析其破产原因时，书中引用了约翰·利奇菲尔德（John Lichfield）的猜测，提供了个人性格与公共事件相互影响方面的独到见解，体现了作者内心深处对这一悲剧的复杂感想：

> 战争结束后，许多犹太家庭想要建设一个安全可靠的、不需要再逃离的永久定居地。在我看来，驱动赖希曼家族的不止于此，他们想创造一个足够富有的基石，富有到他们可以实践自我对法律的解释而无须妥协——那些妥协曾经一次次驱逐他们走向流亡。

最后两章对案例进行了总结。如何评价这场房地产开发热潮下创造的场所？我们怎么做会更好？有趣的是，经历了危机之后的复苏，费恩斯坦转向更加温和的立场，重新认识了时代广场和炮台公园城对城市的价值，并提出后结构主义者对这些千篇一律的CBD失去原真性、多样性的批评有失偏颇，过于求全责备中产阶级逃避主义的社会罪恶。基于对多元文化和民主价值观的诉求，后结构主义者批判这些商务中心开发中的建筑复制和空间隔离，认为这种空间发展模式既没有回应民主的选择，也没有为社会底层群体提供自我表达、和平交流的场所。费恩斯坦则认为，多数派民主与尊重差异之间存在着紧张关系，实质上，她尖锐地指出，大多数人并不渴望多样性，如果放手让非精英族群自主，他们同样会践行排他主义，社会融合的问题会变得更加复杂。虽然她不否认"不受限制的社会互动区域"确实代表了理想的公共空间，但她不那么相信它有真实存在的可能，更不相信没有"凌驾型控制"能确保这种理想实现。这是我在重读本书时，感到被冲击、想反驳，然而回想当下的现实又哑口无言的一段。

译者序

《造城者》的一大贡献是在实证的基础上丰富了对城市开发进行政治经济学分析的理论工具。从 20 世纪 60 年代中期起,有关城市发展的动力机制与权力结构研究开始在美国的政治经济学领域占有一席之地。城市舞台摇身变为城市战场,底特律的种族间仇恨演化成暴力对抗、西岸校园暴乱、东岸简·雅各布斯对峙罗伯特·摩西,都成了 60 年代西方城市运动的标志。学者们开始反思城市政策的影响,探寻谁是这些政策的受益者、谁左右了决策。城市更新不再被简单地看作一种进步的进程,城市开发的政策与其社会经济根源和决策过程联系起来,成为后续城市政治学研究的核心问题。正如罗伯特·达尔(Robert Dahl)研究耶鲁大学所在城市纽黑文的书名一样《谁在管治?》,卡斯特尔(Manuel Castells)在 1977 年的《城市问题》(The Urban Question)中指出,城市的政治冲突已经在空间上表现为从生产领域(如工厂)到消费领域(如住房和公共空间)的转移。新马克思主义修正了古典经济学中聚集经济的观点,提出空间集聚源自资本的驱使,而不是劳动者或者消费市场的自主选择,正如大卫·哈维(David Harvey)一直以来不断论述的观点,"资本积累和城市化如影随形",资本流动带来空间集聚的同时也带来日渐增长的隔离和碎片化;并且,任何集聚都是不稳定的,因其带有内在的冲突,资本主义需要地理的扩张和重构来释放持续的资本积累需求所带来的压力,在随时可能爆发的危机阴影下,无穷尽地寻求空间修复(spatial fix)的更新版本。"我像是在一台上市公司的跑步机上。那些分析师们无时无刻不在盯着你。"——《造城者》中一位大型英国房地产公司投资总监如是说。

在此前提下,城市增长机器论(urban growth machine)结合美国城市政治经济的具体情境,提出为了增加税收、募集竞选资金和扩大商业利益或者政治影响力等多种目的,政府官员和经济精英往往会结成增长联盟,推行有利于资本利益的公共政策,规避会给资本增值带来负担的再分配政策。总而言之,"任何特定地方的政治和经济本质都是增长……一个地方的内在本质都是按照增长机器的方式运行的"。苏珊·费恩斯坦和她的先生诺曼·费恩斯坦提出了城市政治经济发展的多元模型,即城市政体模型(urban regime theory)。费恩斯坦夫妇认为,增长不足以涵盖所有地方的政治经济本质,根据他们的观察(和展望),至少可以分为维持型、发展型、进步型和机会扩张型四种类型的地方政体。在这里,政体(regime)一词专指政府和私营部门、地方精英、社会团体之间所建立起来的非正式的制度安排,通过这种制度安排实现政治经济利益的交换和城市的治理。大多城市政体模型的倡导学者如斯通（Clarence Stone）以及城市增长机器学者，更倾向于正面地评价这种非正式制度的形成，关心不同阶层之间的合作，探讨如何维系和巩固这种政体，从而促进城市经济发展、提高城市治理能力，对公共政策的优化具有更为积极的工具性，如斯通（1988）所述："权力争论关系的不是控制与抵制，而是互动及付诸行动——它是行动的能力（power to），而非控制的权力（power over）。"费恩斯坦夫妇除了注意到这种族群间积极的"沟通、互信与协作"，更关注的恰恰是其间的"控制和抵制"关系，更为批判性地去审查"合作"关系中固有的不平等，即"再开发过程中资本主义政治经济体系当中的结构偏好"（第一章"再开发政策的多重解释"）。

苏珊·费恩斯坦不完全认同新马克思主义学者将所有形式的权力都追溯于生产关系，对城市开发过程的理解不能全部以"资本主义逻辑"而概括——她在书中将他们称之为"结构主义者"，因为如果一味坚持经济逻辑为基础和阶级导向，无疑会走向"宿命论"或经济决定论。费恩斯坦认为，权力不能完全简化为经济优势的体现，权力需要消耗资源，这些资源除了金钱——当然物质资源在当代社会仍然是最有用的——还包括组织、政治支持和信仰。

《造城者》特别关注城市中心地区再开发中各种社会角色是如何构建他们的观点的。城市开发涉及一系列决策，大多城市政体模型的拥趸将城市决策看作一个成本效益分析的过程，假设拥有自我利益的个体在其中以目的方法理性追求最大回报。通过书中的实证案例我们看到，有限理性的个人对利益的认知不会自动回应其经济地位，也不是在可能的情境之间进行唯意志的选择，而是更多地代表源自经济、社会和意识形态力量在一个特定历史时刻互动所产生的结构性状态。更进一步说，对核心驱动利益的诠释不止一种，并且，经过每一次选择，个体行为的集合会不断再生并改变整体的经济和空间结构，从而改变角色在社会中的结构关系，这使得相似社会生产关系下不同的社会结果成为可能——这一点在第二版中因为观察的时间维度被拉长而格外明显。

本书的研究方法很大程度上应用和发展了政体理论，并将塑造社会群体物质利益的经济因素解释置于特定的政治－意识形态建构之下，就这一点而言，费恩斯坦仍然是一位新马克思主义学者。她与这一领域对城市与区域发展感兴趣的其他知名学者，如大卫·哈维、曼纽尔·卡斯特尔、彼得·马库斯（Peter Marcuse）和迈克尔·哈洛（Michael Harloe）保持着紧密的学术联系和私人友谊。不过，跟这些学者大多对规划持批判态度或者直接忽视不同，费恩斯坦可能是其中最坚信规划作用的新马克思主义者。

《造城者》的第二版（2001）与第一版（1994）相比发生了较大的变化。第一版的封面采用了德国魏玛共和国时期艺术家海因里希·达夫灵豪森（Heinrich M. Davringhausen）的作品"食利者"（Der Schieber），一位眼神狡黠的白人男性在画笔、圆规、雪茄、红酒和图纸前筹谋，窗外是典型的现代主义方盒子办公楼群；第二版，对开发商、官员抑或规划师（"造城者"们）的讽刺肖像变成了纽约布鲁克林中心的规划模型——书中评价较为正面的一个案例。在房地产最低落的时期回顾两大全球城市的开发项目，不可避免会对开发商和公共政策更具批判性：纽约的时代广场一片萧条，伦敦的金丝雀码头申请破产；而数年之后，时代广场、炮台公园城和金丝雀码头一跃成为再开发成功的典范，其他大型再开发项目也欣欣向荣，案例的评价更趋于正面。第二版对案例章节进行了全面的更新，不过神奇的是，结论和理论综述并没有太大修改——这不禁让我们对实证的理论贡献何在有些疑问。从两版作品比较中得到的一个启迪恐怕就是做城市研究不敢太早下结论，一个大型城市项目从筹划至成熟要历时数十年，费恩斯坦能够在差异极大的历史时刻进行回顾而不改初衷，令人佩服。出于偏爱，译著封面设计沿用了第一版封面的艺术作品，毕竟批判性才是本书及费恩斯坦其人的基本精神。

苏珊·费恩斯坦的学术生涯一路走来带着耀眼的光环，作为一位女性学者在男性主导的学术研究领域中脱颖而出说明了她的天赋与勤奋。她本科就读于哈佛大学拉德克利夫文理学院（当时哈佛文理学院尚不接受女生），在民权和反战运动的浪潮中进入麻省理工学院取得政治科学博士学位，恰逢罗格斯大学（Rutgers University，新泽西州立大学）成立城市规划与开发系，费恩斯坦由此开始了她作为一个政治科学家在罗格斯规划系近三十年的执教生涯。不能说费恩斯坦在此前与规划专业毫无关系——她的博士导师艾伦的成名作《城市规划进程》（*The City Planning Process*）长期高居北美规划学界的被引著作榜首。费恩斯坦的认真求学态度，使得她执教后编纂的历版《规划理论读本》（*Readings in Planning Theory*）和《城市理论读本》（*Readings in Urban Theory*）一直是世界各地规划学生的入门读物。费恩斯坦是跨学科理论综述的高手，这一点在她后来完成的《公正城市》里也表露无遗，但她的学术野心绝不限于作为一个综述者,而是基于她良好的哲学和政治科学训练,不断嫁接社会科学于城市和区域研究领域的新发展,在扎实的实证研究基础上总结归纳出普适性的研究问题,形成新的理论研究框架,引领莘莘学子的后期研究。1994年第一版《造城者》成为费恩斯坦最为成功的学术研究专著之一,之后费恩斯坦离开工作了三十年的罗格斯大学,到哥伦比亚大学规划系任教,她的研究也更多地转向国际比较、公正城市方向。除了系列读本、《造城者》与《公正城市》之外,费恩斯坦具有影响力的作品还包括《性别与规划》(Gender and Planning,2005)等。

费恩斯坦始终关注社会不平等现象,深刻抨击城市对特定人群的偏见和压迫。在《造城者》结尾,费恩斯坦并没有给出一个强有力的结论,而是审慎地提出了希望。书中尖锐地指出,追求社会进步的左翼党派或者团体应当不仅能阻挡一个项目的进程(这相对容易),而且要能够提出可替换的兼顾增长与公平的方案。然而,不可苛求的是费恩斯坦也没有找到她理想的答案。当代美国的规划理论界总的说来由左翼知识分子所主导,特别是在东西两岸的名校和研究城市的政治经济学家当中,费恩斯坦是其中的典型代表。但是,城市政治学研究兴起的几十年来,左翼知识分子的影响仅仅停留在学术界,在某种程度上,成为象牙塔里的自娱自乐。普通美国人没有接受左翼精英的理论,美国社会的主要基础越来越趋于保守。新马克思主义及结构主义的理论家很好地研究和解释了美国城市发展的动力机制,但是他们与美国城市发展的实践脱节,缺乏对真实世界的影响力。他们提出了对社会的诊断,却没有治病良方,眼看着社会发展与他们所倡导的背道而驰、渐行渐远而束手无策。

读完本书,相信很多读者都会有相似的感受,在压倒性的资本主义逻辑下,看似别无他路。当代美国城市发展的基本动力仍然是资本与权力的结盟,"以快速营利为目的的投机性建设"历来就是资本主义以及新自由主义意识形态下城市发展的常态。书中孜孜以求的进步的地方行动,在高速运转的全球经济体系当中是不是以卵击石,有待取证。在第一版中,费恩斯坦认为,伦敦在强有力的国家干预下相对更加兼顾公共利益——例如她对专项更新预算(Single Regeneration budget)的出台寄予厚望——因而有着更好的发展前景,然而,20世纪90年代末纽约经济更为强劲的复苏驳斥了她的观点,英国布莱尔政府上台后采取了"第三条道路"也说明工党执政后中央政府政策并未体现鲜明的党派差异(也许因此纽约在第二版副标题中跃居伦敦之上);她后来的论著将阿姆斯特丹看作规划的乌托邦样本,进入

21世纪后,这个运河城市所面临的欧洲移民问题、民粹主义、社会住宅的衰减、不可逆转的中产阶级化,都显示新自由主义影响力比进步的左翼思想更加顽固。在费恩斯坦受邀到新加坡国立大学李光耀公共政策学院兼职任教之后,她的乌托邦移到了新加坡——尽管她清楚地意识到,她心目中这个理想城市的创造并没有太多的市民参与。

《造城者》第二版出版十七年之后,原本看似天文数字的城市开发项目在今天的中国读者读来已经波澜不惊,房地产开发被资本持续高周转的要求所束缚在彼岸似曾相识。从积极的角度讲,阅读本书所给予的启迪是,如果一个时间周期更长的开发能够对多元利益有更好的回应,空间形态上体现为更具韧性的开发,那么规划师应该如何配合公共政策的制订以有利于这一研究发现?房地产市场具有不可避免的周期特性,而公共部门明显在市场高峰期有更大的话语权,我们应该怎样在此时利用规划政策工具保障公共利益和社区福祉?如果房地产过度供应带来的经济危机可以成为城市住房平价供应的一个契机,政策应该如何设计以允许甚至促进其发生?利用周期而实现相对的社会公平,设计更加渐进、包容的城市发展政策,这是本书研究所带来的积极启示。我觉得这一点尤其值得当下借鉴与思考。

侯丽

二〇一八年九月

前言

当我完成本书第一版时,伦敦和纽约的房地产市场已陷入衰退。依照典型的社会科学预期,衰退还将持续相当长的时间。虽然我知道遵循惯常的周期规律房地产市场最终会复苏,但我没有料到伦敦和纽约房地产市场的回升速度会这样快,而且还这样强劲。在互联网革命和20世纪90年代高科技引发的股市繁荣发生之前,这两座城市经济复苏的前景看上去异常黯淡。现在再回望过去,则可以看出这两座城市由于其创新人才储备和全球的中心性,已经注定要引领20世纪最后十年的发展新浪潮。

这两座城市房地产业的快速逆转使得《造城者》的第一版显得有点过时。因此,本书再版的主要目的就是依据随后发生的情形更新案例和观点。总的说来,我发现房地产市场的特性发生了显著改变,相比可获取的资本而言,它目前更多受到需求的驱动。我还发现,在这两座城市里,政府和开发商的行为开始出现分异,这与20世纪80年代它们逐步趋同的趋势正好相反。伦敦政府更致力于规划和包容性,纽约则延续了其早期对私人开发商进行补贴、同时几乎不加管控的传统。房地产业本身基于对前一轮事件的反应,转变了经营模式。金融机构和开发商由于在90年代初的经济衰退中遭受重创,他们无法再容忍同十年前一样的投机行为。因此,我对开发战略的分析不得不考虑这种更趋谨慎的行为特征。尽管我的观点没有发生显著变化,但本书的确需要修订。

本书第一版构思于房地产业正在迅速改变英美大都市格局的时期。这一时期,不仅每年的房地产建设速度达到了自70年代早期以来繁荣的最高点,新的开发还创造了一个与以往迥异的城市形态。市中心逐渐衰落、城市功能向郊区离散的场景不再。相反,新的建设使城市中心更加聚集,并加强了周边集群的开发强度。尽管长久以来规划师呼吁提高开发强度,分散的、孤岛似的高强度土地使用(在美国,这些孤岛通常为不断扩大的低密度蔓延所围绕)一直与规划理念中的理想空间模式相悖。即使空间重构后的大都市在个别开发中遵循了规划原则，总体上的碎片化特征还是违背了规划的基本意图。但是，这代表了在地方鼓励发展、国家放松管制的背景下，营利性投机建设爆发式增长与快速增长的空间需求双重力量汇聚的结果。

西方世界的其他城市从未像伦敦和纽约一样在20世纪80年代取得如此迅猛的开发速度，并对环境产生如此显著的影响。在这两座城市中，不仅新的大型办公楼取代了原先中心区较小尺度的建筑，而且在原本空置或废弃的土地上不断涌现醒目的巨型综合体。伦敦的码头区（Docklands）和纽约的炮台公园城（Battery Park City）是80年代这两座城市经济和社会转型的典型代表，建设定位为金融和高端服务业，它们所拥有的巨大财富更进一步宣示了这两个产业及其从业人员对大都市经济的主导地位。

开发商的决策塑造着这两座城市的物质形态，而我的研究目的是理解促使开发商作出这些决策背后的经济、政治、技术和文化因素。我相信当代城市的建成环境不仅是对需求进行简单回应——开发商既影响需求也会对公共部门的政策和管治有所反应。改变城市空间结构的企业选址行为已经被广泛研究，但我们对于开发商的投机性策略却所知甚少。考虑大型建设所花费的漫长时间以及需要动用的资源，开发商并不能立刻对市场做出反应。相反，他们的判断以可用资本、政府激励、社区接受度以及预期的需求为基础。我的兴趣在于发掘他们这些判断背后的原则。

然而，在我研究的过程中，自80年代初，大西洋两岸发展的快速列车突然刹车了。90年代中期以后，如前所述，这辆列车更为谨慎地迎来了复苏。此外，正当我写作之时，其市场上升的趋势已经有些后继无力。可能这两座城市的房地产市场还不会马上发生另一场跳水——即便真的发生，过度建设的情况也比先前要轻微一些。无论如何，这一产业的波动性使得我对它周期性行为的原因及其对城市经济稳定性的影响产生了研究兴趣。到1987年，已经可以看到一种明显的趋势——伦敦和纽约将在90年代遭遇商业和高端居住空间的过剩。然而，开发商们仍然继续提出新的开发项目并为其融资——尽管这些项目看上去注定会在建成后空置——这最终不可避免地促使90年代早期的房地产市场急速下滑。为什么他们会这么做？对于随后的市场复兴他们又会如何反应？这些问题使我对促进房地产发展的基本逻辑产生疑问，并尝试探究房地产与其他商品生产的异同。

我研究房地产市场膨胀和紧缩的最终目的是希望理解房地产开发动态中的各种影响因素，以及这种动态变化对城市地区活力和吸引力的相应影响。我想通过分析房地产开发中关键角色决策的缘由及策略、彼此之间的博弈、不同参与者意图的实现度以及开发活动对城市生活的影响，来探究这一动态过程。聚焦伦敦和纽约，我选择观察那些风险最大地区的房地产开发活动，同时强调这两座"世界城市"的地位对其城市形态和选址造成的影响及由此带来的衍生问题。

多方面的因素促成我完成这本书。像大多数学者一样，我根据自己的偏好选择研究题目。我一直喜欢城市的喧嚣胜过田园的静谧，我一生对中心城市的研究也反映了我对城市的偏爱，正如我在十五年前选择从郊区搬到曼哈顿中心的公寓一样。从四十年前我第一次去伦敦旅行起，我一直很欣赏那座大都市的文明价值观及其为工人阶级谋取更大福利的努力。希望这些品质能被美国城市所采用的愿望促使我很多年以前开始比较研究。

如前所述，本书对第一版作了详尽的修订。我更新了所有的主要案例，并介绍了20世纪90年代期间开始的项目。我在理论探讨中加入了最新的文献研究，并对房地产周期部分的观点作了修正。虽然我没有逐字逐句重新改写，但其中很多内容已经和以前不一样了，我还加入了相当多的新材料。我在第一章中列出的问题和第一版相同，然而给出的答案却不尽相同。

我要感谢林肯土地政策研究所为我提供1999—2000年进一步研究的资助。我特别要感谢大伦敦企业（Greater London Enterprise，GLE）的格雷格·克拉克（Greg Clark）和黛博拉·纽兰兹（Deborah Newlands）为我提供了大量信息，并介绍我认识了其他可以提供帮助的人。给予我建议和信息的伦敦人还有：鲍勃·科伦特（Bob Colenutt）、克里斯·哈玛尼特（Chris Hamnett）、迈克尔·爱德华兹（Michael Edwards）、迈克尔·凯斯（Michael Keith）、迈克尔·赫伯（Michael Hebber）、彼得·霍尔爵士（Peter Hall）、罗杰·泰勒（Roger Taylor）和安迪·索恩利（Andy Thornley）。在纽约，我要感谢布莱纳·桑格（Bryna Sanger）为我安排了与房地产业重要人士的会面。我还要感谢我的编辑，堪萨斯大学出版社（University Press of Kansas）的弗雷德·伍德沃德（Fred Woodward），他鼓励我完成了这次再版并全程帮助了我。最后，感谢戴克·彼得斯（Deike Peters）、大卫·格莱斯顿（David Gladstone）、路易斯·格莱斯顿（Louis Gladstone）和格雷戈里·戈弗雷（Gregory Godfrey）在研究和编辑上的帮助。许多人愉快地接受了我的访谈，不少人甚至还接受了两次，即使他们意识到我的结论可能对他们的观点具有批判性。我对房地产业和公共部门中许多人在交流中表现出的亲切、清晰且有力的分析印象深刻。对于探讨他们的问题所在，我感到十分不安，并希望他们能在内心深处原谅我。

我受益于与一群城市研究学者长期的讨论交流，他们的观点与理想主义深深影响了我，并体现在本书当中。这些学者有些在上文已经提到，他们包括珍妮特·阿布-卢格霍德（Janet Abu-Lughod）、罗伯特·博德（Robert Beauregard）、曼纽尔·卡斯泰尔（Manuel Castells）、莉莉·霍夫曼（Lily Hoffman）、迈克尔·哈洛依（Michael Harloe）、丹尼斯·贾德（Dennis Judd）、约翰·洛根（John Logan）、恩佐·明焦（Enzo Mingione）、约翰·莫伦科夫（John Mollenkopf）、大卫·佩里（David Perry）、爱德蒙·普雷塞耶（Edmond Preteceille）、萨斯基亚·萨森（Saskia Sassen）、理查德·森尼特（Richard Sennett）和迈克尔·彼得·斯密斯（Michael Peter Smith）。最后，我特别感谢给予我最初研究巨大帮助的三个人。西德尼·斯波勒（Sydney Sporle）在思想和逻辑上对我在伦敦的研究工作帮助良多，没有他的帮助我无法想象这项研究如何推进。我的编辑，布莱克威尔出版社（Blackwell Publishing）的西蒙·普罗瑟（Simon Prosser），在出版商为本书的内容和销量担忧时，他仍依照老的编辑传统为本书做了大量工作，一直对我的研究保持兴趣并提供支持。诺曼·费恩斯坦（Norman Fainstein）在本书写作和修改过程中对每一章节进行多次阅读及评论。

为本书第一版研究提供资助的有罗格斯大学研究委员会（Rutgers University Research Council）、罗格斯大学校长委员会国际项目（Rutgers University President's Council on International Programs）、罗格斯当代文化批评研究中心（Rutgers University Center for the Critical Analysis of Contemporary Culture）和社会科学研究委员会（Social Science Research Council）。我在罗格斯大学的研究生助手出色地帮助我完成了枯燥但重要的杂务，感谢苏珊娜·弗雷德（Susanna Fried）、格兰特·萨夫（Grant Saff）、莉萨·拉曼纳（Lissa La Manna）和丹尼斯·尼克尔（Denise Nickel）的工作，以及迈克尔·西格尔（Michael Siegel）为本书所做的图表绘制。

这本书是布莱克威尔出版社所出版的第一版（伦敦，1994）的再版。最初版本包含了我先前已在其他地方发表的内容。感谢同意我使用这些内容的出版商，我引用的文章和书的章节具体如下：

The Second New York Fiscal Crisis. *International Journal of Urban and Regional Regional Research* 16 (March 1992): 129-137;

Promoting Economic Development: Urban Planning in the United States and the United Kingdom. *Journal of the American Planning Association* 57 (Winter 1991): 22-33;

Rejoinderto: Questions of Abstraction in Studies in the New Urban Politics. *Journal of Urban Affairs* 13 (1991): 281-287;

Politics and State Policy in Economic Restructuring. *Divided Cities: London and New York in the Contemporary World*, ed. Susan S. Fainstein, Ian Gordon, and Michael Harloe (Oxford, UK, andCambridge, MA.: Blackwell, 1992), 203-235 (Ken Young, coauthor);

Economics, Politics, and Development Policy: The Convergence of New York and London. *International Journal of Urban and Regional Research* 14, no. 4 (December1990): 553-575;

Economic Restructuring and the Politics of Land Use Planningin New York City. *Journal of the American Planning Association* 53 (Spring1987): 237-248 (Norman I. Fainstein, coauthor);

The Politics of Criteria: Planningfor the Redevelopment of Times Square. *Confronting Values in Policy Analysis*, ed. Frank Fischer and John Forester (Newbury Park, CA: Sage Publications, 1987), 232-247;

The Redevelopment of Forty-Second Street. *City Almanac* 18 (Fall1985): 2-12;

Government Programs for Commercial Redevelopment in Poor Neighborhoods: The Cases of Spitalfields in East London and Downtown Brooklyn, New York. *Environment and Planning A* 26 (1994): 3-22.

（该前言为原著第二版前言）

苏珊·费恩斯坦
二〇〇〇年四月

目录

001	**译者序** 谁建造了我们的城市？
011	**前言**

019	**第一章 经济重构与再开发**
021	物质开发和城市空间的争夺
023	典型的再开发场景
027	理论争议
028	再开发政策的多重解释
033	利益及其解释
038	伦敦和纽约
038	地方条件和国家背景
041	研究方法
042	关键问题

049	**第二章 房地产业与城市再开发**
053	日益重要的全球城市
059	20世纪80年代的繁荣
064	房地产泡沫
068	复兴
082	经济和房地产周期

091	**第三章 市场、决策者和房地产周期**
092	为什么会有周期？
100	伦敦和纽约之对比
102	房地产周期的后果

107	**第四章 政策与政治**
110	制度结构

目 录

116　政治和意识形态

129　**第五章 经济发展规划战略**
130　规划的语汇
136　公私合作组织
137　规划收益和要求
139　城市开发公司和其他公私合作组织
147　趋同与分异

151　**第六章 公私合作的实践：国王十字火车站和时代广场**
153　国王十字火车站
157　时代广场
168　教训

175　**第七章 创造新中心：斯皮塔菲尔兹和布鲁克林中心**
176　斯皮塔菲尔兹
184　布鲁克林中心
192　开发动力机制

197　**第八章 创建新地标（一）：炮台公园城**
199　奥林匹亚和约克的崛起
202　炮台公园城

215　**第九章 创建新地标（二）：码头区**
216　再开发策略
221　金丝雀码头
224　奥林匹亚和约克公司的破产
230　码头区再开发的影响

239	**第十章 房地产开发的特殊性及其影响**
240	房地产行业的性质
245	如何评价造城者制造的场所？
255	造城者建造了怎样的场所？
263	**第十一章 内城的开发政策**
264	经济增长
270	私营决策和公共监察
274	**附录**
275	伦敦和纽约的人口与经济
279	参考文献
300	关键词索引
312	缩写释义
314	图片索引
315	苏珊·费恩斯坦主要著作
316	**后记**

第一章 经济重构与再开发

第一章 经济重构与再开发

我们对一座城市的印象,不仅包括这座城市的人,而且包括它的建筑——居民和工人居住与生产的场所、办公室和工厂等。建成环境塑造着社会关系的结构,使不同性别、性取向、种族、族裔和阶级获得不同的空间认同。社会群体通过形成社区、争夺领地、相互隔离——换句话说,通过抱团、划分边界、保持距离等方式在城市结构上留下物质的印记。城市物质形态也制约和促进经济活动。建成环境以时间和空间表达着家庭与工作之间的分异,形成生产企业之间彼此联系的环境。通过房地产业,物质结构成为城市经济中的关键要素,它是财富的来源、商业活动的成本,以及家庭的重要财产和支出。

房地产在人类活动中的用途和它的市场角色常常被总结为使用价值和交换价值的差异。[1]这两者之间的矛盾经常造成社区反对再开发、高速公路项目,以及广泛的邻里组织和开发机构之间的敌意,这已经成为近年来美国和英国城市政治的核心内容。这其中涉及的巨大利益意味着房地产开发商的决策以及城市土地使用争议的结果,已经成为决定城市经济未来格局的关键因素。

对于政策制定者来说,鼓励房地产开发无疑提供了一种解决棘手的社会经济问题的方法。政府积极推动物质建设,基于"更好看的城市就是更好的城市""让穷人从市中心消失将会消灭衰败而不是转移衰败""房地产开发等同于经济增长"诸如此类的假设。地方政府官员的难处在于他们必须依赖私营部门来推动经济增长,而在吸引资本方面他们的手段又极其有限。他们之所以高度依赖房地产行业,因为相对于其他产业,他们这方面的影响力能够更大一些。当然,政府的城市再开发项目在多大程度上促进了经济发展,仍然是一个开放的问题。[2]

本书既试图回答有关城市建设的理论问题,又关注为社区组织与地方政府服务的政策问题。在学术文献中,影响房地产开发的经济和政治力量及其造成的社会影响是个充满争议的话题。房地产开发仅仅是出于投机性的赌博来帮助私人投资者快速获取利润,还是真的为了回应社会需求?在20世纪最后几十年发生的开发活动,是否已经不可避免地使伦敦和纽约成为贫富高度分异的"两个城市",即一个富人的城市、一个穷人的城市?政府直接补贴房地产行业是否意味着政府官员和规划师向私营资本输送利益?还是说这是一种能够利用开发计划的外部性为公众带来更多就业、提供公共设施的低成本举措?由商务团体和政府官员组成的促增长联盟相信公私合作关系能够有效促进经济发展。邻里组织则常常——尽管不总是——反对大型的再开发项目,因为他们担心这些项目会造成环境影响,驱逐低收入人群和小型商业活动。其他批评家,可以追溯到经济学家亨利·乔治(Henry George),他认为开发的利润是由整个社区创造的,然而往往不合理地仅被其业主瓜分。总的说来,左翼学者对城市开发的原因和结果持悲观的论点,而保守派则对城市开发背后的企业家精神和由此带来的城市变化而感到振奋。

  本研究的主要目的是为了发现在何种条件下期待获利的房地产开发部门会投资于一个地方,以及地方公共部门在提供这些条件中所发挥的作用。评估那些受到公共部门支持的城市开发项目所带来的影响则更为困难,其中包括诸多复杂的变量,这是可进一步研究的目标。

物质开发和城市空间的争夺

  从20世纪70年代中期开始,美国和英国的地方政府对房地产开发的政策更着重于鼓励那些有助于刺激产生经济活动,而非提高居民生活质量的项目。要达成如上目标,他们着力于推动商业空间建设,而不是住宅和公共设施。尽管这些新建的摩天大楼、大型商场和市中心综合体可以说是创造了更具吸引力的城市,但提供城市生活的便利已不是再开发事业的首要目标。

  经济发展战略通常包括对开发商和那些将长期从事生产活动企业进行补贴和放松监管,以及鼓励那些会长期受益的商务活动。[3] 事实上,在20世纪的后半段,伦敦和纽约都倾向于将促进商业地产开发作为最重要的发展战略。然而,在这一时期的大多数时候,商务增长并未面临办公楼短缺。这些针对建设的公共激励不是对抑制投资的瓶颈做出的反应,而是地方政府希望通过减少管制、供应土地和基础设施、提供补贴来吸引开发商提供质优价廉的空间。他们希望以降低成本来吸引知名企业进驻高密度的城市中心区。显然，政策制定者相信，增加私有的、具有价格优势且品质一流的空间供给，就能自然而然地产生对这些空间的需求。此外，虽说他们宣称相信市场法则，但看起来政策制定者似乎并没有考虑税收补贴将反映为土地成本的上升，土地所有者在税收减免降低了其最终成本的情况下，可以在同一地块获取更高的收入。

20世纪80年代纽约和伦敦政府分别完成了两份研究报告：《伦敦：世界城市》和《崛起的纽约》。这两份报告体现了随后数十年政策制定者的战略考量[4]，是英美两国在这方面一系列努力的典型体现。他们试图在制造业持续下滑之际，充分利用其服务业的优势转型。就像许多同类规划一样，这两份报告并没有被正式采纳为具有法律约束的政策，而是作为行动的指导。然而，它们概括地体现了政府官员和私营企业领袖们对经济增长可能前景的态度。

该报告作者认为，伦敦和纽约的首要优势是其世界城市的地位。他们为80年代的政府政策辩护，试图论证这些政策是在高昂的环境成本下实现经济繁荣的唯一方法。在解释为什么只强调个别产业时，他们指出，虽然制造业和批发企业大量迁出，但这两个金融城在作为投资市场、银行业和商贸服务业中心的重要性上都得到了提升。在增长战略的讨论中，报告作者呼吁通过降低运营成本来进一步提升这些核心服务业。关于伦敦的报告强调交通及扩大中央商务区。除了上述这些政府帮助对应部门的方法之外，纽约的报告还支持为相对廉价的区位吸引商务而提供贷款和税收补贴。

对开发行业的分析

虽然政府部门在影响建成环境方面扮演了重要角色，但实现伦敦和纽约建成环境变化的是私营的房地产开发企业。[5] 对房地产投资决策的分析，显示出城市再开发是如何既受到政治经济因素的驱动，又同时被这一产业特殊的"惯用伎俩"（modus operandi）所影响。对这些运营的分析显示，经济与社会力量为其制造了机会与风险，而相应的，房地产业的发展策略在嵌入这些计划时又与经济和社会发生着互动。

与最初开始这项研究时的预期不同，我发现除了经济和政治的压力之外，个性及性别因素也在影响着开发行业。开发仍然是一个高度体现企业家精神的行业，而且特定企业强烈反映了经营它们的男性领袖的愿望。虽然女性已经在房地产经理人中占有很大的比重，男性仍然主导了大多数开发公司。在我研究那些改变了伦敦和纽约城市面貌的大型项目时，对男性如何受雄性自我意识驱动而努力建设高楼并在景观上留下其个人印记的印象十分深刻。

尽管有着重要的经济地位和政治影响，房地产开发行业直至近几年才成为严肃的政治经济分析的重点。有近十年，大卫·哈维（David Harvey）几乎是单枪匹马从宏大的理论视角审视房地产开发。[6] 近期，尤其是在英国，社会学家开始对房地产业进行广泛的实证和理论调研。[7] 这个题目也引起了美国国内的研究兴趣，如最近出现的对房地产投资的历史、动力机制和影响方面的研究。[8] 然而，大部分知识仍然停留在培训房地产从业者的课程教育领域。在这种背景下，可以预料，重点在于如何去经营，而非探究其原因及其社会影响。在美国，大量关于房地产开发的文献是开发商的英雄传记而非批判性分析。一个典型的例子，道格拉斯·弗朗兹（Douglas Frantz）颂扬了"那些塑造和建成了瑞康中心（Rincon Center）——旧金山的项目——的人们，那些为今日的城市景观增添了伟大的建筑而获得财富与不朽的梦想家们"[9]。

城市再开发比房地产业本身获得了更多学术上的关注。然而，对再开发的研究很大程度上更关注政府而不是私营部门的决策。虽然他们也研究私营开发商对公共决策的影响，但更多地将房地产投资者的动机和反应看作既定的开发行为，而没有探究其来源。本书尝试填补这一空白，并以对既有的再开发研究进行如下综述为起点。对撒切尔时代的大多数英国城市和经历城市再开发的大多数美国城市而言，他们有着相似的故事。[10] 本书致力于填补这一叙事中的空白，而非反驳它。

典型的再开发场景

故事通常如此展开：过去三十年间，几乎所有发达国家主要的大都市区都受到国家和国际经济发展体系变化的影响，它们或者吸引了大量资本和富裕阶层，或者遭遇了投资匮乏和人口流失。[11] 不论城市蓬勃发展还是面临衰退，增长都是一个有争议的话题，众多的社会群体行动起来，从限制或者促进发展的角度去影响人口及资本的流动。在美国，商务团体与政治领袖一起致力于推动经济增长，在精英联盟的框架下推进他们的目标诉求，其中，匹兹堡的阿格勒尼会议（Allegheny Conference）[12]就是个典型代表。以平等、保护和环境问题驱动的城市运动反对对市中心的再开发进行补贴，反对缺乏规范的、被利益驱动的城市扩张。偶尔地，他们也会提出邻里社区再开发的其他备选方案。这些争议的结果五花八门。然而无论如何，不管结果是增长或是衰退，更加平等或是不平等，对空间使用起决定作用的往往是就事论事，而非综合规划的结果。

总的说来，在再开发中，商业利益成为政府、社区和私营部门之间谈判的核心。[13]商业利益驱动精英和中产阶级消费者追求市中心的"改善"和建造有吸引力的、中心区位的住房，邻里和低收入者群体有时也会从再开发中获得一些好处。然而，城市贫民、少数族裔社区和小商户通常会在经济上和区位上被进一步边缘化。中央商务区（CBD）的扩张增加了低收入者所在物业的价值，迫使他们迁出，提高生活成本，切断社区联系。大多数大型的再开发项目强调提供以办公为主的就业机会，加剧了制造业的衰退，从而进一步增加了那些缺乏必要技能的工人的就业难度。近期许多着眼于打造娱乐休闲区的战略则对就业产生了更晦涩不明的影响。尽管商业活动得到直接的补贴，但很大程度上是普通纳税人承担了成本，而他们只能通过层层滴漏获得些许利益。

美英再开发的经验

英美两国的开发实践在20世纪80年代以前有所区别，在21世纪初期再次分异。1979年撒切尔上台之前，英国的再开发与美国更为遵循私营资本的逻辑有所不同。[14]美国地方政府的一个重要标志就是地方选举官员和房地产利益之间的密切关系，因为开发商是地方政治竞选的最大捐助人，这点在英国尚不存在。英国地方当局限制开发商，并修建了数以万计的公共住房。相反，"清除贫民窟"却是美国城市更新的主要内容，导致成千上万穷人的住房被拆除，但没有提供替代品。此外，征收用于修建高速公路的土地拆除了更多的住房。

在英国，社会住房（即公有或低于市场价的、有补贴的住房）被安排在大都市区各处，试图减少不同族裔和收入的人群之间的隔离。美国的公共住房供给规模则小得多，而且通常选址在低收入地区，针对最贫困的人。[15]城市更新项目经常被其反对者讥讽为歧视性的"黑鬼清除"（Negro removal）项目，瞄准临近商业中心或富人区的黑人区，旨在拓展繁荣的地区或者是抵抗低收入阶层的入侵，结果将非白人居民驱赶到更加孤立的、同质的少数族裔地区。

如同美国一样，英国的地方政府收入来自商业和居住地产的税收。但差别在于，英国地方政府能通过中央政府内部拨款来弥补他们难以负担的公共服务需求。因此，他们不需要通过吸引商业和高收入居民来维持运转，并有能力对增长所引发的负面的环境和社会效应做出反应。

工党执政时期，英国中央政府采取措施限制开发商通过得到土地规划许可而获取房地产增值。1975年第三届工党政府通过了《社区土地法案》（Community Land Act），由此地方政府被授权可以获取低于市场价格的土地用于开发。[16]然后开发商就可以向地方政府以市场价格租用这些土地。这其中的价格差异相当于向土地业主征收约70%的开发税。这样做的目的是确保社区作为一个整体能获得土地开发的大部分收益。地方政府总体上没能成功实施这一计划，保守党随后便取消了该方案，然而，当此法案存在之时，对投机性土地价格上涨多少形成了一种威慑。[17]

除了这些差异之外，在英国保守党政府崛起的二十年里，美英模式没有太大的分歧。依据美国的城市更新计划，公共部门尝试通过在拟再开发的土地上修建道路、排水和福利设施以吸引开发商。类似做法在伦敦外围城镇地区很早就开始实行。比如，20世纪60年代克罗伊登（Croydon）新建了60万平方米办公空间，议会尽力通过提供必要的基础设施来降低开发成本。[18]

跟美国一样，20世纪70年代初期英国出现了一波投机性商业建设热潮。这一轮扩张源于保守党中央政府以增加借贷作为促进经济增长的手段。虽然它不是专门针对房地产行业，但引发了一波建设热潮。[19]尽管政府致力于疏散伦敦中心城的人口和经济活动，但大多数新的建设仍集中在大都市地区的商业中心——伦敦城和威斯敏斯特地区[20]——这些地区越来越像曼哈顿。[21]跟很多美国城市的经验相似，伦敦市中心的办公面积增长导致了附近地区的士绅化（gentrification），政府补贴业主的做法加速了租户向业主转化。[22]尽管英国对开发的控制更强些，它在70年代的繁荣以类似美国的一波坏账和破产告终。

在 70 年代后半期，如在美国流行的一样，商业化再开发成为英国城市政策的一项特殊工具。实质上，早在撒切尔政府上台之前，对经济增长前景感到日益绝望的工党政府就开始鼓励商业性开发向临近伦敦城（即金融区）的低收入地区扩展，无视他们保障蓝领阶层工作和提供经济适用房的承诺。[23]

20 世纪 80 年代，两国开发政策愈发趋于一致。[24] 模仿美国同类企业，英国成立英国城市开发公司（UDCs）保证开发项目免于公共干预。[25] 这类公司有独立董事会并只对中央政府负责，他们拥有再开发地区的规划管理权，地方政府无权参与决策。相对于总体规划，UDC 更倾向于激励私营市场。[26] 另一个大西洋两岸交互影响的例子是，大多数美国州政府——尽管不是联邦政府——采纳了来自英国的设立企业特区（enterprise zone）的创新之举。撒切尔政府早期就开始在特定区域设立企业特区，为区内的公司提供一系列税收优惠、放松监管和金融资助以吸引投资。[27]

总而言之，这两个国家的主要目标都是采用公共力量去帮助私营部门，并维持最低限度的监管干预。早期城市再开发的重点，比如住房供给、公共设施和针对低收入群体的福利被淡化，而经济总量增长——以吸引的私营投资数量为标尺——成为判断项目成功与否的准绳。

80 年代城市更新计划的推动者们宣布他们已经显著逆转了内城的衰败趋势。然而，大量研究表明，此类增长具有极端不平等的特征。增长对高端专业人员和经理人很有利，而被置换的制造业工人收益甚微，只是提供了他们一些低收入服务业工作。此外，经济结构调整和社会福利收缩制造了更大的收入差距，而且日益严重的社会不平等在空间上表现为富人和穷人、白人和黑人之间越来越严重的居住隔离。快速开发也导致了负面的环境影响，当大量新的项目在曾经衰败的中心区崛起，中产阶级回到过去被他们遗弃的市中心，这些项目的体量和强度往往主导了周边环境，抑制城市多样性，并使得伦敦和纽约本就拥挤的中心区交通和步行设施超负荷运行。[28]

20 世纪 90 年代的经济衰退缓解了内城的土地压力，并因此暂时缓解了早些时候这些奢靡投资对环境的负面影响。衰退也至少短暂中断了士绅化，但没能缩小贫富差距或改变政府通过补贴商业来追逐私营资本的习惯。到了 2000 年，经济衰退被淡忘，对城市空间需求再次飙升，这改变着城市形态，推高了房地产价格，激发了对城市最佳地段的激烈竞争。在纽约，跟 80 年代不同，新的房地产繁荣并没有带动公共部门资助大型项目；取而代之的是，城市开发战略几乎完全依赖于补贴开发商及其业主。在伦敦则刚好相反，税收优惠减少了，政府开始直接参与大型项目建设。迄今为止，两座城市还没有显示出像 80 年代那样的过度投机建设。然而，伦敦现在开始重视战略规划，而纽约除了对区划进行了些许调整，尚未显示出对规划的兴趣。

理论争议

大多数对城市再开发的分析都建立在个别城市的案例研究上。一些更加雄心勃勃的研究试图创建理论，分析决定城市变迁的关键因素[29]。但是，最初那些案例研究的核心问题不是理解城市再开发，而是（通过研究再开发）构建一个研究城市权力结构的舞台。因此，罗伯特·达尔（Robert Dahl）的《谁在管治？》（*Who Governs?*）[30] 及其对康涅狄格州纽黑文的一系列分析，审视了城市更新项目的决策过程，但没有涉及对再开发结果的评估。[31] 尽管如此，达尔和他的同事们，纳尔逊·波斯比（Nelson Polsby）和雷蒙德·沃尔夫芬格（Raymond Wolfinger），将再开发默认为一个普遍受益的目标，就像在沃尔夫芬格《进步的政治》（*The Politics of Progress*）[32] 这一书名所暗指的。[33] 对这本书的批评因而也集中在其忽视了再开发项目中少数族裔和穷人所付出的代价方面。

20 世纪 60 年代，有关权力结构的讨论主导了美国城市政治学领域的对话。[34] 在这些对话中，种族问题很少被提起。但到了 60 年代中期，种族问题、城市社会运动和反贫困的努力将城市舞台变成一个战场。因此，后期讨论的范围大大超越了达尔的最初构想。巴奇拉奇（Bachrach）和巴拉兹（Baratz）对多元论者有这样的批评：要理解权力，人们必须同时了解谁受益以及谁管治。[35] 当他们的理论占上风以后，决策分析开始审视公共政策的影响，而关于城市更新具有进步性的温和假设开始式微。[36] 因此，出乎达尔意外的是，《谁在管治？》这本书引发了一系列研究，最终将城市再开发政策与其社会经济根源及决策的影响联系起来，并成为后续城市政治经济学著作的基础，这一点后文将提到。虽然这些研究对于再开发联盟是否对城市经济增长有贡献仍有争议，但它们普遍认为，几乎所有中心城市的再开发项目都对收入再分配具有负面影响。[37]

城市政治学作为一个研究领域在英国的发展比在美国要慢。英国地方政府相对弱势的地位，以及没那么轰轰烈烈的城市社会运动，导致了这一领域更为默默无闻。对于城市再开发的研究在这里抱有各种各样的目的，而不像在美国胶着于社区权力的争论。许多研究成果从自身出发关注规划、住房与城市再开发，体现了英国较强的规划传统。跟美国人不一样，英国调查者几乎没有花时间质疑这些再开发项目达成的所谓共识是否是被操纵的结果，因为工党和保守党政府相互矛盾的政策早就暴露了他们之间的不和。相反，他们对规划在资本积累和合法性方面的作用更为关注。英国研究者们从一开始就很少将公共决策孤立于其背后更为广泛的经济和社会背景，因此他们在审视经济转型、阶层结构和城市形态之间的关系上要早于他们的美国同行。[38]

再开发政策的多重解释

对如上所述的再开发故事的解释可以纳入自由派的或者结构主义的框架，在此之上叠合了被称为政体理论（regime theory）的第三类理论。[39] 尽管不可避免地会在分类上带有不公正的风险，下面将简述这些理论的主要论点。

自由派理论

自由派分析强调产生不同再开发场景中选择的重要性。根据其对于影响再开发活动的政治或经济因素的强调，可对它们进行分类。传统的经济导向研究寻找城市增长过程中的规律，追溯在经济竞争、郊区化和技术变革影响下地方吸引力以及城市财富的变化。[40] 根据这种观点，城市官员在面临城市衰败时，需要为产业发展提供激励，以此弥补竞争劣势。这个观点与结构主义的观点不矛盾，但这个框架只提供了一个较肤浅的解释。因为它没有回答是什么推动了地区之间无止境的竞争，以及因这些竞争产生的冲突，在不均衡的发展和收益之间的紧张关系、民主国家对资本的依赖以及在商界权力影响下最终结果的偏向性，等等。换句话说，它不加质疑地接受了全球资本主义体系的存在。

此外，从更偏政治的视角来看，有一类自由主义流派将经济与政治权力分开，强调政治决策的作用。如达尔和波斯比（Dahl & Polsby），着眼于反对单一的精英决策模型——他们没有特别反对结构主义，其作品完成于20世纪70年代马克思主义思想重新回流之前。[41] 然而，这里面没有明说的是，他们的地方决策研究带有反对经济决定论的意味。他们把地方决策阶层看作由多领域的精英组成，各自专注于不同的问题区域。再开发只是其中一个领域，对大多数人来说不是主要关注对象。主要的决策人是政府官员，这些人由选举和民意所支配。萨维奇（Savitch）更新了多元主义思想。[42] 他将国家理论与理论模型结合，并且与他的前辈不同，他明确否定了新马克思主义的观点，并认为选举官员拥有重要的权力，"能够自主行为和很大程度上自由裁量"。[43] 类似的，斯万斯多姆（Swanstrom）担心那种政治经济学的观点（译者注：即新马克思主义）排除了存在进步的政治行动的可能性，将其称之为宿命论。[44] 在权力结构中，对多元主义的诸多批评集中在它难以解释其系统性地偏好商界特权以及缺乏对利益分配的检查上。

同多元主义者相比，自由主义阵营中更加激进的学者将再开发看作一个更为核心的问题，即这是精英与社区之间的对抗，而不是在大众共识限定下的精英游戏。他们与结构主义者的差别在于将商务精英们更受再开发过程青睐看作共同增长联盟的结果，而不是不可避免的经济压力。[45] 这一观点允许较大的地方差异，足以解释这种联盟如何主导并遏制抗议和选举的原因。与结构主义认为经济的逻辑迫使人们加入城市社会运动不同，它强调政治团体的自愿形成。

然而，左翼的自由主义者未能提供再开发项目存在长期看来有益于非精英团体的例子。这对于反对结构主义分析是必要的。他们认为城市体系中存在不确定性，商务团体并不会自动得逞，而是必须被组织起来，遵循特定的政治策略。但是，他们没有证据显示（再开发的）结果往往会偏向人群的大多数，或者低收入群体也能参与到主导性的联盟中，或者民主资本主义体系在城市决策中为纳入非精英利益提供了制度可能。在反对马克思主义的观点上，他们创造了一个"稻草人"，说明在资本的逻辑下商业利益不一定占绝对主导，但却无法反驳资本的优越性，以及政府和就业者对资本家投资决策的依赖。

结构主义理论

我用"结构主义"来指代认为经济关系主宰社会行动的理论。尽管这些理论根植于马克思主义思想,但它们近期的观点与马克思主义经济决定论很大程度上相背离,再将其标签为"马克思主义"无疑会引起歧义。

当代结构主义尝试解释在全球经济重构、社会和空间趋于极度不平等的时代下资本运作的逻辑。在这个传统下,其对建成环境的分析有着强调生产抑或集体消费空间的差异。

再开发的功能

自由派和结构主义的观察家都指出了城市化和经济增长的关系。雇主需要接近劳动力,生产企业需要靠近供应商和市场。各类经济角色相互集聚,靠近交通节点和通信设施,以此来克服距离的损耗。结构主义对聚集优势的认知进行了两方面的纠正:第一,聚集的形成是源自资本家的利益驱使,而不是工人和消费者的喜好;第二,任何聚集都是不稳定的,因为其带有内在的冲突。大卫·哈维说:

> 资本流动带来日渐增长的隔离和碎片化,因而需要严密的时间和空间统筹。难以想象,没有某种程度的城市化,即"理性景观"的诞生,资本积累如何能够继续。资本积累和城市化生产如影随形。
>
> 这个观点有两处需要修改。利润取决于在一定时间内实现剩余价值生产。资本周转时间……是一个非常重要的因素……竞争能产生强大压力,促使资本加快周转时间。相同的压力同样体现在空间上。因为资本跨越空间运作需要时间和金钱,竞争迫使资本主义想方设法消除资本流动的空间壁垒,进而"以时间消灭空间"。增强时空协调效率的能力是资本主义城市化的标志特征之一。对资本流转的研究表明,为了(资本不断)积累,城市网络和"理性景观"必须不断变化。在这个意义上,同样,资本积累、技术创新和资本驱动的城市化必须同时发生。[46]

从这个论点出发,经济的扩张要求不断拆毁为支撑上一轮经济交易而发生的对建筑物和基础设施建设的固定资产投资。依据19世纪巴黎奥斯曼创建并随后为

20世纪纽约的罗伯特·摩西所仿造的模型,政府支持下的城市重建为"不断转型"提供了工具。然而,因为城市是集体消费的领域,资本主义对其重建的努力常常会受到社区居民和那些仍然受益于在原空间上运作的企业的反对。城市政治源于这一领域的争斗。[47]

卡斯特(Castells)的研究表明城市社会运动产生的根源来自工作场所中的不公平,并提出城市政治冲突在空间上表现为从生产到消费领域的移动。[48]他和其他一些人的研究方法突出了地方政府服务的重要性[49],这根植于资本主义生产模式下地方政府行为的各种矛盾冲突。城市再开发行为不仅仅源于需要提高生产,而且在于通过提供住房和其他服务重构劳动力。这种功能主义的观点与自由派多元论者劳动者出于自愿的观点形成鲜明对比。

为了本书讨论的目的,列出迄今为止结构主义立场提出的四个重要论点:

(1)地方政府必然会卷入资本主义对更高效的城市景观需求中,因为资本家不能依靠自我完成再开发任务。

(2)再开发政策是一个冲突的舞台——不同阶级和社区通过当地政府去间接对抗资本家。

(3)政府的职能有维持自身收入和权力的目标,要依靠私人资本的投资去再生产及扩张城市环境,因而具有对资本的偏好。[50]

(4)再开发过程本身需要房地产开发的专家。然而,他们对融资建造的建筑本身的可营利性存在集体利益,不同于其他资本家着眼于运营过程本身,并且他们产业的这种特殊结构(第二章和第三章将进行详述)让他们承担投机风险,这使他们有别于其他生产者,并会对城市体系带来不稳定因素。

地租理论

结构主义研究的一个子领域集中于马克思的价值理论和地租理论,且对土地利用和生产开发活动有更宽泛的讨论。[51]虽然地租理论也诞生于传统经济学中,但并未在分析城市再开发中发挥核心作用。

新马克思主义理论关注地租如何体现房地产投资市场的特性,以及其中不同角色的策略。投资者在不动产上的回报来自两方面:①通过实现土地的物质性提升以带来更高的产出或更低的生产成本;②租金,在传统的马克思主义分析中,这指的是业主通过合法的业权转移获得剩余价值的部分。因此,它只涉及权利转移,而不涉及增值或者降低生产成本。这一概念有道德审判的意味,因为这一收入既不来自生产,如通过投资机器而提高的回报,也不来自劳动。

地租理论对城市再开发的重要性在于公共补贴对经济增长的影响及其收益。如果补贴最终变现以回报土地所有者——也就说明了,是地租——而不是生产成本的降低刺激了经济增长,这就构成资本的转移。[52] 更进一步,如果地租增长是集体行为的后果——即来自地产之外的因素——但却被私人享有,那么业主就是不劳而获。辨识这种不劳而获的增长是亨利·乔治的经济学基础,他主张利用税收来罚没这种收益。

政体理论

政体理论兼有自由派和结构主义内涵。这种更宏观的研究城市再开发的方法,源于自由主义对政府决策的关注,考量占统治地位的意识形态、议程设定、可达网络和潜在的权力。[53] 克拉伦斯·斯通(Clarence Stone)将其应用于亚特兰大的研究:

> (商界)精英控制这类资源,数量上足以提升政体的管治能力。如果没有这些商业供给的资源,亚特兰大的管治……将很难超越规定服务以外的内容。于是,在亚特兰大,这种强大的治理能力来自与商界之间活跃的合作……亚特兰大的商界精英在社区事务中并不是消极地参与公共事务。精英们有着共同的追求和动因去实现(这些目标)。[54]

政体理论,与新多元主义理论一样,将个人选择视为政治行动的基础:"作为一个解释框架,使用选择性的激励概念作为解释政体起源和再生产的核心,意味着政体理论是建立在理性选择理论的方法论基础上的。应用政体的方法,政治过程被理解……决策是个成本效益分析的过程,拥有自我利益的个体在其中以目的或即方法理性追求最大回报。"[55] 对斯通来说,政府官员的行为在理性地追求个体利益方面是一样的。然而,与多元主义所不同,他认为选举在影响公共政策方面几乎无足轻重,并去质疑这种选择偏好是如何形成的。多元主义者假设公众对城市更新项目的支持反映了大众的利益,政体理论家们则指出管治政体在塑造这种偏好当中所起的作用。⁵⁶ 正如斯通所述："那些拥有更多资源的……有着更优越的机会去为他们偏好的事业争取支持……资源不一定是物质的……尽管物质资源特别有用。"⁵⁷

政体理论在讨论再开发过程中冲突与合作并存的社会基础问题时，能够比大多数结构主义批判更好地解释种族差异和意识形态力量。它注意到引导再开发过程中资本主义政治经济体系当中的结构偏好，但是，不限于这种明显的马克思式的分析，它接受政治和意识形态因素在其中的重要性。它的弱点在于该理论模式主要适用于美国，它关注政治分析，却忽略了（前者）与经济结构显而易见的理论联系。⁵⁸ 换句话说，政体理论认识到经济结构的重要性，但没有将塑造经济结构的力量纳入分析框架。

利益及其解释

本书的研究方法很大程度上应用了政体理论，同时也试图解释塑造社会群体物质利益的特定政治—意识形态建构下的经济因素。巴尔巴斯（Balbus）对马克思学派的利益概念定义如下："个体的发展机会受到相似的客观社会条件影响的被称为拥有共同利益，无论他们是否意识到这种利益的存在。"⁵⁹ 对房地产开发商个体而言，即使他们拥有共同利益，意识形态和不确定性影响到了他们的认识，即最佳利益可以通过何种途径获得。相应地，各权力社团对他们利益的不同解释使得不同的社会结果成为可能。

我的解释不同于凯文·考克斯（Kevin Cox）⁶⁰，他对利益的形成观点比较静态。他断定城市再开发是由依赖当地的资本家的阶级利益所驱动，并假设地方依赖性毋庸置疑。然而，正如下面这个例子所表明的，这种定义是可变的，并根据个体角色所采取的不同策略而变化。例如，一个市中心的百货商店可能加大其分店投资，减少对总店投资甚至关闭它；该百货商店可能会参与到市中心增长联盟当中，更新升级原有店铺，并建立基金资助经济适用房建设；如果这是一个系列连锁店的一员，也很有可能将投资转入位于他处的分店，对原址的再开发项目毫无兴趣。在这种情况下，即使选择都只基于经济利益，不同的结果反映了对客观情况的不同解读，这说明地方依赖的情境是如何决定于认知和行动的。而且，每一个选择都会改变角色们在其中的"客观情况"，正如市中心再开发的命运一样。

换句话说，利益认知既不会自动回应经济地位，也不是在可能的立场之间进行完全唯意志的选择。它更多地代表经济、社会和意识形态力量在一个特定历史时刻互动所形成的结构性位置。[61] 本书用于分析驱动利益形成的经济因素的方法主要来自结构主义思想。然而，我并不假定经济因素只能产生一种可能的利益诠释，或者经济条件（相对于社区、种族和性别）是唯一的需要最大化的"客观社会利益"。相反，利益的形成是本书探究的一个对象，尤其关注再开发当中的非政府角色（如商界和社区）是如何构建他们观点的。

正因为利益的定义包含了这样重要的解释要素，那些影响下意识的因子在塑造人类行为时特别重要。因此，价值传统、意识形态和个性都是构成城市发展的背后的成因。它们不能简单地归结于某种社会生产关系，因为它们的本源——即使是以经济为基础——许多都可能被追溯到更早的历史时期，或者是社会碎片的产物，而不是一个社会关系的总和。[62] 此外，阶层身份并不总是服从于特定经济利益——并且不是简单地由特权精英操纵的结果。

重要的是什么？

自由主义和结构主义对城市再开发进程的解释，主要的理论差异在于前者坚持权力和决策的重要性，而后者坚持经济逻辑和阶级主导。[63] 对多元自由主义者们来说，权力并不只是简单的经济优势的体现，它需要选择消耗资源。这些资源除了金钱之外还包括组织、政治支持和信念。马克思主义者将所有形式的权力追溯于生产关系当中，并将其中角色的战略选择作为他们经济地位的体现；更灵活的结构主义者承认社会制度相对的主动性，但把种族和性别看作额外的决定因子。政体理论家代表了两种观点的一定融合，对资本的控制重于其他权力资源，但是对城市开发过程的理解不能以简单的资本主义"逻辑"去分析，因为这种逻辑是人类活动本身创造的，包括其他族群对资本家目标的抵抗。[64]

地方官员能创造公平的增长吗？

在城市再开发的研究中，地方往往被认为是嵌入到一个全球性的经济体系之中，而这一体系总体而言并不会回应地方的行动，因而地方行为的有效性具有争议性。城市再开发行为发生在资本具有超级流动性、国际和国家之间竞争加剧的更大框架范围内。这些因素无情地使得传统城市的制造业和就业不断衰落。在这一背景下，社会科学家们质疑地方角色——无论谁控制地方政权——是否能影响他们的经济，或者实施（有效的）再分配政策。[65]

世界各地政府狂热地吸引投资的行为动摇了那些经济决定论者的观点，即市场力量能够自行将经济功能配置到最佳区位。有趣的是，无论是保守的经济学家还是批评政府给商业补贴的激进人士都信奉市场的力量。[66] 两者都认为，企业选择一个区位，不是由于政府激励措施有效，而是劳动力价格或客户资源等因素，这些直接影响生产成本或市场营销效率。因此，企业不会因为政府提供的优惠而落户，但会利用这种由纳税人付费的补贴来提高自己的利润。[67]

保罗·彼得森（Paul Peterson）在他颇有影响力的一书《城市极限》（*City Limits*）中指出，地方政府可以影响辖区内的经济形势，但无力直接提升穷人的福利。[68] 他明确否定了地方政府进行收入再分配的可能性，而是认为政府必须追求经济发展，制定再分配政策只会牺牲竞争优势。对彼得森而言，如果地方官员试图帮助穷人，会增加企业税收负担并吓退它们，结果是地方政府将没有可重新分配的资源。

作为回应，桑德斯和斯通（Sanders & Stone）[69] 认为，政治冲突决定城市再开发的成败。虽然他们没有明确提出再开发存在的其他路径，但他们暗示以社区为基础而非（简单的）市中心扩张是有可能的。换句话说，地方政治问题不但在决定再开发项目的地理位置时有影响，而且能够决定谁受益。根据这一学派说法，城市政策制定者不必追随资本主义逻辑；如果他们这么做了，那也不是因为经济上的必要性，而是迫于政治压力。[70]

这个问题可以解决吗？

有几种方法可以试图回答这个地方自主权问题。美国与欧洲城市之间的差异，和那些在三十年前经济基础相似的城市之间的差异，暗示政治因素会影响城市适应新经济形势的能力。[71] 在美国，地方政府在福利支出上的发言权比英国地方政府更大，经济状况接近的城市在穷人上花费了不同数量的投入，这表明城市参与分配的程度不仅仅取决于地方政府之间的竞争。同时，社会福利支出紧缩的压力成为20世纪70年代中期以来所有先进资本主义国家的基调，约束了地方异端的诞生。[72]

然而，要基于观察给出明确结论并不可能：每一个地方行为促进更新或再分配的例子，都有一个看似不可逾越的外部力量的反例存在。我的立场是，激励对投资者的确有作用，但与再开发项目通常的结果不同，增长带来更多的平等是可能的。但是，也许我们对这个问题最好的处理就是去辨识那些在资本主义整体经济结构中可利用的不确定性领域，也就是说，辨识何种行动能产生更多的或更少的增长、更激进或者不那么激进的社会政策，而不是等待市场位置当中不可避免的经济轨迹，或者通过有效的政治行动在一个城市里创建社会主义。于是，研究问题是认识这些关键节点，而不是去思考地方是否有影响力。调查的对象因此转变为地方角色的决策、影响他们选择的因素以及在什么条件下这些战略能够以及如何影响到结果。我的目的是通过研究伦敦和纽约过去二十五年建成环境的巨大变化，从而指出这些问题。

空间

许多城市地理学家一直坚信，空间很重要。[73] 对他们来说，空间关系是社会基础结构的一部分。尽管经济和政治在影响社会群体和经济企业选址方面占据了首要位置，影响区位决策的空间配置仍然在塑造人类关系方面至关重要。

在这种认识框架下，20世纪80年代和90年代后半期全球城市明显加速的房地产开发可以部分归结于空间效用以及金融资本和商务服务在世界经济体系当中的影响。在世界各地，生产基地和金融市场变得越来越分散，金融公司和投资顾问有必要应对（更紧密的）全球协调和交易。[74]

相应地，核心区域成为扩张中的金融产业交易的关键地区。[75] 中心区作为制造业、火车或者港口设施服务的价值已经消失，但通过为多方高级别谈判提供面对面交流的场所、商务活动的聚集，中心区在这里又重获新生。[76] 不同尺度的空间主要在两方面进入这一过程：紧凑的城市中心提供交易的谋划场地；世界经济的末端需要通过金融协作而联系起来，从而使分散在不同区位的原材料、劳动力和资本联系在一起完成特定的生产功能。

事实上很少有人明确否认空间关系的重要性，因此关于空间的"争论"多少有些一边倒。地理学家更多是指责大家忽略了它们[77]，如爱德华·索佳（Edward Soja）创造的名词"隐藏的空间化历史"。[78]索佳和其他地理学家的基本论点是空间的不平衡发展是资本主义投资的动力来源。[79]当应用这一理论审视城市再开发时，可以解释为什么中心区的再开发异常有利可图。城市中心区（往往）为低收入居民、边缘化的企业或者荒废的待抛售的设施所占有。如果这片土地能够拆除或者再利用现有的结构，改变业权和使用，就适宜成为有利可图的开发。[80]通过居住区的士绅化，原本被分割成小单位的建筑被改造成更大的单元，最初的居民被置换；商业建设中小的业主被并入大型连锁商业和管理。投资者从中所获取的巨额收益来自原本被低估的物业——没有不均衡发展，这种投资优势无法实现。

什么在何时重要？

在关于什么因素重要的争议中，有两种截然相反的倾向：一是过于极化，例如认为只有结构或代理人、经济学或政治学、空间或历史才是所有结果的决定因素；另一种则认为所有因素都重要。本书的理论框架优先考虑经济和空间结构，因为它们在以经济发展为导向的战略选择约束上比其他结构要素更具影响力。所有因素都重要，但不能等量齐观。尽管如此，其他社会角色采用何种策略的不确定性，个体和社会理性的冲突，意识形态构建人类理性行为的力量，非经济动机的作用——这些因素都使得特定行为的后果具有不确定性。并且，可以肯定的是，个体行为的集合不断再生和改变经济和空间结构。调查者的任务不是弄明白通常意义上什么更重要，而是针对某种结果，厘清什么因素在何时重要。

按照这种方法，在一定的约束变量范围内，开发商、政客和地方活动家是重要的，城市政体的特征在决定城市间再开发效果的差异上是关键因素。即使服务带动的增长首要动力来自全球经济，这一过程的展开与特定地方的动议和回应有关。[81]生成伦敦和纽约城市再开发空间的战略与行动构成了本文的研究对象。

伦敦和纽约

为什么研究伦敦和纽约？首先，伦敦、纽约以及东京是卓越的全球城市，在现代世界体系具有指挥和控制的重要功能。[82] 迄今为止，房地产开发商对全球城市的贡献甚少被发掘，大多从金融行业角度来审视。[83] 然而，从物质性和更大的波动性来说，开发公司不同于纯金融机构。它们与全球化的联系和整体的经济稳定性，以及与其共生的金融机构主导了全球城市的经济，都需要进一步的研究。

其次，伦敦和纽约是探索房地产引领下再开发的理想基地，因为在过去的二十年里房地产行业对它们的影响独特且巨大。两个城市都是几个超级项目以及诸多跨国企业的集合地。而且，这两个城市的房地产行业在快钱横流的时期创造了巨大的财富，成为时代精神的象征。

20世纪80年代伦敦和纽约扭转了经济衰退，很大程度上得益于房地产的繁荣。矗立在曼哈顿的特朗普大厦和伦敦的宽门大厦项目象征着新的财富的诞生，似乎证明了普遍的繁荣。事实上，新建设的繁荣恰逢就业、收入和税收收入的增长。[84] 大西洋两岸，通过公私合作伙伴关系促进城市再开发的政策，被誉为经济成功的关键。

20世纪90年代，伴随着经济急剧萎缩、房地产崩盘，产生了对这种模式的质疑。办公楼和公寓房空置不仅直接拖累了经济活动，也使得深陷泥潭的许多金融机构的稳健性受损。房地产低迷影响了美国和英国的所有城市，但纽约和伦敦受创最深。纽约和伦敦集中了世界上主要的房地产开发企业和金融机构，这些金融机构为房地产提供资本支持，也消费了大量空间。然而，在20世纪末经济衰退结束时，便宜的、空置的空间以惊人的速度促进并强化了这两个城市的竞争力。这一结果提出了一个重要的问题，如在第十章所讨论的，房地产周期对城市经济的影响。

地方条件和国家背景

对伦敦和纽约的比较中较为有益的一点是，两者之间惊人的相似之处简化了研究国家差异的任务。两大都市的经济历史发展如此同步，突出了背后的社会、制度和政策差异，以及政治文化。两个城市都起步于伟大的口岸城市，都是世界贸易中心——并且对支持贸易的金融体系的需求使得两者都成为世界最重要的金融市场所在地。两个城市都是主导全球经济力量的金融之都,同时面临着其他世界中心的竞争。尽管英国的世界经济地位在下降,伦敦仍然维持了它作为金融之都的地位。从 1960 年到 20 世纪末,两个城市的制造业就业都减少了约四分之三,而办公就业增加(在纽约表现得更显著)。[85] 就业增长刺激了办公空间扩张,包括主要的政府资助的开发计划,对便利区位上的住房形成压力。[86] 这两个城市都有贫困聚集的内城,为周边富裕的郊区所环绕。同样地,便于内城贫民就业的制造业工作岗位被逐步迁出。

然而,这两个城市的政治制度截然不同。纽约由市长和议会管理;政府部门向市长办公室汇报。伦敦分为 33 个地方政府,每个地方的议会都比整个纽约市的大。自治区(borough)议会与国会的组织方式类似,多数党领袖担任议会头目,成员们各自负责一项特定的政府职能。纽约市政府相对自治,不受上一级政府控制,但它的宪章和财政收入手段必须得到纽约州政府批准。伦敦的地方权力机构严格服从中央政府,后者能够否决任何地方行动,没有类似美国州政府这样的区域管理机构。虽然 2000 年 5 月伦敦选出了他们的第一位市长,但他的权力相比纽约市长非常有限——中央政府继续强力控制地方行为,而自治区议会负责提供大多数(公共)服务。市长的主要责任是战略规划,他在这方面的权力仍有待观察。

在 20 世纪 80 年代,英国和美国的地方政府体系逐渐差异化,撒切尔政府撤销了英国最大的城市群的大都会权力机构。可以简单地说,这样复制了美国的情况,一个地区由数量众多的、相互之间缺乏协调的市政府组成。然而,美国没有哪一个像伦敦这种尺度和密度的聚居区域不具有通常意义上的统领的政府。并且,这种中央政府对地方政府实施越来越严厉的财政和政策控制,限制了地方的自治,在美国是无法想象的。大伦敦议会(Greater London Council, GLC)在取消前,负责管理绿带内伦敦的规划、环境控制和交通,大伦敦政府具有相当的操作余地。大伦敦议会的行为可以与国家政策有着显著差异,例如大幅降低公共交通票价和参与经济规划。然而,后来这种重大偏差的可能性被完全阻止了。

1997 年,英国新工党政府上台,决定为伦敦设立一个民选的市长和议会,代表着这种不断加强的中央集权趋势的转变。然而,这些新的实体会拥有哪些实际的权力,还有待观察。前工党领袖肯·利文斯通(Ken Livingstone)在 2000 年 5 月赢得了第一任市长选举。这惹怒了首相托尼·布莱尔（Tony Blair），他认为"红色的肯"并不代表"新工党"。既然大多数市长的法定权力取决于中央政府认定，伦敦新政治首脑的影响力肯定会远远逊于纽约市长及议会。[87] 伦敦自治区议会比纽约社区委员会的权力大得多，为表达社区利益提供了重要的机制。伦敦被组织在相互竞争的政党及其不同的主张之下。纽约几乎可以说是一个"专制"的城市，尽管在1993年，共和党人鲁道夫·朱利安尼（Rudolph Giuliani）赢得了市长选举，议会压倒性地由民主党组成，宪章限制纽约市长最多获得两个四年任期，（目前看来）共和党内没有可能的继任者。然而，民主党并没有机制执行任何计划，事实上，他们也没什么计划；本质上说，政府官员独立于政党的控制。

在国家层面，两国的政策框架有着很大差异，尽管这种差异在20世纪80年代英国保守党执政并大幅消减国家在规划和社会福利上的作用后显著减少。[88] 20世纪的大多时候，英国政府比美国政府在促进和规范城市开发方面发挥了更强的作用：新城建设、福利住房，禁止私人投资在未经规划许可的条件下改善土地。美国政府很少直接从事建设活动，更倾向于为私营部门提供激励措施；他们建设的公共住宅跟英国完成的相比微乎其微。[89] 美国政府提供的社会服务和娱乐设施也远远低于英国的公共部门。获胜的"新工党"致力于限制国家的作用；因此，工党执政并没有带来社会福利活动的增加。尽管如此，其执政鼓励了土地使用和交通规划的复兴，使得这个领域中两国的差异再度拉开。

英国的政党体系与美国的差异还在于前者更有计划性。保守党在撒切尔领导下中央集权更甚；布莱尔的对应政策如何改变工党的性质，效果还未可知。大不列颠现在有三个政党（或者更多——如果算上苏格兰、威尔士和北爱尔兰的地方政党）；在城市层面，并没有单一政党主导，这也代表了大多数的美国大城市政府的特色，并塑造了战后的纽约政治。伦敦取消了大都市区级别的政府，这意味着没有单一的政党控制伦敦；相反，政党的控制在33个地方议会之间存在显著差异。1991年保守党和工党在地方议会中占多数派的各为16个，还有一个为自由民主党所控制。2000年，出现了一个独立的工党市长，而自治区议会中18个议会属工党控制、4个受保守党控制、3个自由党、1个独立，还有7个没有多数党派控制。[90]

尽管有这些重要差异，伦敦和纽约越来越多地具备一些政治和社会共同特征。政府机构在每个城市都积极追求私营投资，遭受到社区和保护主义者的强烈反对。

伦敦自治区议会和纽约的社区委员会是讨论规划问题的基础平台。这两个城市的种族隔离冲突加剧。两个城市都有房租管制政策，但是伦敦与纽约的不同之处在于大多数人都拥有住房。在20世纪的最后二十年，每个城市都在趋于保守的和市场导向的国家意识形态环境下，但在其内部都存在强烈的政治力量要求国家干预，包括要求国家提供社会服务和住房的传统。事实上，考虑到在历史上政府的行动主义传统，纽约是最"欧洲的"美国城市。

这两个城市在男女之间的关系方面也都发生了重要变化，代表了男性和女性在经济转型、新家庭结构和自我意识方面的变化。这些大都在使用空间上影响和被影响着，例如女性寻找工作，寻找更好的住房，以及寻求抚育下一代的帮助。妇女在劳动力中的增加，家庭和工作"双重负担"的压力增加了对便捷的工作区位、更完善的交通运输系统和幼托的需要。她们在政治上的活跃也加深了对不考虑她们需求的住房系统、土地利用和交通的社会反抗。

在20世纪八九十年代的大部分时间里，两个城市的管治政体因循类似的再开发策略，也导致了相似的结果。城市环境重构在相似的经济压力下发生，并秉持类似的保守意识形态之名。经济因素不决定这些意识形态，然而，意识形态形成的力量却增强了城市的经济和空间系统重组的过程。世界经济一体化程度的加强突出了这两个全球城市的重要性，它们占主导地位的金融行业对世界投资机会的影响增加。而全球化同时又威胁着它们的地位，越来越多的其他城市觊觎它们的经济地位，期盼取而代之。

研究方法

为本书第一版进行的调研差不多进行了七年——尽管主要是在1989—1992年完成的。1999—2000年，我再次访问了原址，并进行了新的、较为简单的访谈。数据来自访谈，政府、研究机构和商业来源公布的统计资料，房地产公司报告，以及社区团体的出版物和学术研究。在第一轮工作中，我深入访谈了大约100个来自这两个城市的开发商和金融机构的官员、公共和私营部门的规划师、特许测量师、政客、社区领导人和一些有心人。1999—2000年，我另外进行了30个访谈，一些人是我之前访谈过的，但大多数是取代过去访谈中角色的新人。[91] 对受访者的选择基于他们的声望，我依靠知情者提供能够有助于我研究展开的人的名字。我选择受访者或是因为他们在城市再开发领域有着杰出成就或是因为他们消息特别灵通。当几个独立的信息提供者存在共识时，本文会加以总结。在许多方面，我的方法与其说是标准的社会科学研究，不如说更接近调研记者。我更多的是重复受访者论及的、在我看来有见地的观点，而不是寻求统计意义上的平均数。因为我对受访者承诺匿名发表，所以通常不会引用他们的名字。

所有比较研究都会遇到单位和数据可比的困难。国与国之间记录保存和计算方法从来都不统一。更难的是，分析以城市为单位，其管辖边界往往并不匹配建成的或经济的边界。城市的描述性统计数据通常来自非常小的样本估计。有时可比较的区域根本不是统计单位，必须从其他单位数据当中构建。伦敦和纽约现在尤其令人困惑，因为伦敦在1980—2000年的大部分时间里没有一个官方边界，而纽约市仅仅代表了一个跨越三州地区大都市的核心区域。出于实用性的原因，这本书的分析很大程度上局限于绿带之内的伦敦（原被取消的大伦敦市的边界，也是新的伦敦市长的行政范围）和纽约市本身。这两个地方的劳动力市场区域远远超越了政治管辖区域，这里讨论的以核心区域为主，然而包含了大多数再开发空间，这是本文研究的焦点。

关键问题

我研究的主要对象是当地经济、政治、社会和环境因素对由房地产主导的城市再开发的影响[92]。我的问题是：什么是城市再开发的逻辑，其后果是什么？然而，本文的假设是，这个逻辑不是抽象的，而是建构的，它包含归纳和演绎的因素。

我聚焦于再开发政策的目标和影响，以及作为一个经济部门的房地产行业。政策制定者和学者们似乎认为，房地产开发是一个简单地对经济机会反应的过程——明显由资本主义逻辑所决定。根据这一推理，如果存在对办公楼或住宅空间的需求，开发商将随之行动并满足它；如果政府计划让开发商建设更多、更大的项目，他们就会赚更多的钱。我的假设前提是，开发行业通过其领导人的信念和行为来构建及感知机会，这一切充满了不确定性。房地产开发商参与的是一个动态过程，在其中他们把自己兜售给政府、金融机构和租房者，打击对手，并推测竞争者意图。他们不只是应对客观的形势，也生存于一个自我创造的主观环境当中。通常来说，他们的开发项目成功机会并不大,也会莫名向政府施压以推出一些可能并不符合行业长期利益的政策。因为个体的回报并不完全依赖项目最终的营利能力,政府和行业内的个体常常一厢情愿地去推动更多、更大的开发。

我研究的一个主要目的是概述房地产行业的普遍特点和伦敦、纽约两地的房地产市场。我审视政客、社区团体和开发商之间的关系,我观察并与这两个城市房地产行业里的顾问、金融家、开发商互动。我研究如下七个关键问题:

(1) 经济重构和房地产开发条件之间的关系是什么?在哪些方面,再开发是经济重构的一种功能回应和动因?

(2) 城市再开发政策的内部矛盾是什么?房地产开发商基于什么选择他们的项目?在资本主义发展中,房地产周期的原因和后果是什么?

(3) 房地产受政府计划的影响如何?它如何影响政治体制?如何解释当地公共部门的再开发政策?规划师的角色和城市规划的功能又如何?

(4) 伦敦和纽约具有类似的经济基底,却又有完全不同的制度传统,这两个城市的再开发活动有何异同?

(5) 房地产作为一个经济部门,有何特殊特征?它是否有助于真正的城市经济增长?或仅仅有利于虚拟资本增长?这里的虚拟资本是指因为预期未来收益所增加资产的账面价值。(虚拟资本是一个有用的概念吗?)[93]

(6) 我们应通过什么标准评估再开发过程?在什么条件下,谁会受益,谁会损失?

(7) 再开发应该怎样被纳入一个现实的、进步的经济增长政策?

本项研究寻找"现实主义"的方法,要点不在于描绘一个适用任何时代、任何地点的普遍过程。相反,目的是理解一般和特定的混合因素,及时理解这一时刻的伦敦和纽约的建造。虽然一些城市显示出类似的特征或具备相似的结果,但恰恰因为伦敦和纽约的存在,这些城市注定有所不同。换言之,我们必须理解伦敦和纽约的建造过程,这样,将来我们才能理解为什么其他城市拥有其他功能。20世纪后期的大都市没有单一的模型,而是一个网络空间,其中有一些垄断性的特例或者专业分工。因为英国和美国的金融资本分别聚集在伦敦和纽约,其他城市虽受其影响,但有所不同。纽约和伦敦都是特殊案例,但它们的典型性值得研究,不是因为它们被视作其他城市的样板,而是因为它们体现一种的特别有影响力的城市等级。

注释

1 Logan et al., 1987.

2 Turok, 1992.

3 尽管其他行业通过贷款、政府资助、税款减免和就业培训的方式获得了补贴，但其涉及的总金额远低于政府在房地产开发项目上的直接投入。

4 伦敦规划咨询委员会（London Planning Advisory Committee, 1991），2000 年委员会（Commission on the Year 2000, 1987）。伦敦规划咨询委员会由 33 个自治区委员构成；在撰写本报告期间，委员会被授权为伦敦政府办公室提供建议，在其改组为环境、运输和区域部之前该办公室位于英国环境部。参见 Simmie（1994）关于 LPAC 报告的讨论。2000 年委员会是一个特殊的被委任的委员会，由市长爱德华·科赫召集的一批知名人士组成。

5 本书将"房地产"（real estate）和"不动产"（property）开发两个术语互为替换使用，前者完全是美国习惯用法。

6 参见 Harvey, 1973。另参见 Lamarche, 1976；Massey et al., 1978. Dear et al.（1981）的诸多作品为 20 世纪 80 年代初期的讨论作出了重要的贡献，尤其是 Shoukry Roweis & Allen Scott, Chris Pickvance，以及 Martin Boddy 的作品。

7 特别参见 Balchin et al., 1988；Healey et al., 1922；Healey & Nabarro, 1990；Healey & Barrett, 1990；Ballet et al., 1985； Hamnett et al., 1988；Corbridge et al., 1994；Simmie, 1994；Hall, 1996, 1998。在英国该类研究比在美国更为活跃，大部分原因在于英国将特许测量视为一种学术领域和职业领域的存在，而这在美国是缺席的。专业测量师的培训涉及对房地产业全方面的研究，包括公共政策；其包容性与更多的学术导向与美国房地产从业人士的培训具有本质上的区别。澳大利亚和新西兰同样在房地产开发方面做了工作。参见 Berry et al., 1992；Low et al., 1990；Searle et al., 1999；Moricz et al., 1997。在芬兰，Anne Halla（1988, 1991, 1999) 也做了广泛的研究。在日本，参见 Dehesh et al., 1999。

8 参见 Downs et al., 1985；Feagin et al., 1990；Frieden et al., 1990；Weiss, 1989；Logan, 1992；Smith et al., 1999。

9 Frantz, 1991, 3。Shachtman（1991）评论说："这些人和他们的同龄人（纽约市的开发商）……更多地分享了他们对高耸建筑物的喜爱，不只是将其价值视为一种资产。"（p.7）

10 "进步型的"（progressive）城市是其中的例外。其政治领导者由左派或反开发人士选举产生，并努力探寻新的开发路径，该路径区别于由中央商务区向邻里渗透式发展的典型模式，试图从以营利为目的的开发商处获取更多的公共利益。参见 Clavel（1986）有关五个进步型城市的研究；Krumholz 等人（1990）有关克利夫兰经验的审视；Squires 等人（1987）有关市长 Harold Washington 在任时的芝加哥研究；Conroy（1990）有关佛蒙特州伯灵顿市的研究；Lawless（1990）关于谢菲尔德市劳工部门策略转变的研究；Goss（1988）记录了伦敦工党自治区南华克区的经验；以及 Brindley 等人（1996）检验了伦敦自治区的"流行（popular）规划"和格拉斯哥市的"公共投资（public-investment）规划"。在文献中描述的多种进步型城市中，只有少数城市努力在几次选举过程中保持了一贯的姿态。

11 在诸多城市再开发研究中，为该故事展开提供文献支持的有 Fainstein, 1986；Stone, 1976, 1989；lmbroscio, 1997；Saunders, 1979；Brindley, Rydin, Stoker, 1996。

12 1943 年在 Richard King Mellon（匹兹堡顶尖银行的管理人）的领导下组织成立，阿格勒尼会议制定了匹兹堡从制造业向服务业转型的计划。公共部门的首要角色是阿勒格尼会议战略的执行者。私人和公共部门的协同合作在该市的城市重建局已经制度化。参见 Sbragia, 1990。

13 Jonas et al., 1999; Molotch, 1980; Molleokopf, 1978.

14 Rydin, 1998; Fainstein et al., 1978.

15 Harloe et al., 1992; Harloe, 1995.

16 两个战后工党政府最初曾试图将所有未开发的土地国有化。

17 Balchin et al., 1988，第九章。

18 Saunders, 1979.

19 Ambrose, 1986, 98-103.

20 大伦敦地区包含 33 个地方当局。其中 31 个称作自治区，2 个称作市（维斯明斯特和伦敦，二者构成了中央商务区）。伦敦城（City of London）通常简称为"城市"（the city），本书也翻译为金融城。

21 Pickvance, 1981.

22 Hamnett et al., 1988; Badcock, 1984, 162-168.

23 Forman, 1989.

24 许多研究做了明确对比并达成了某种共识，认为全球经济结构调整对英美两国城市的影响具有相似性，同时影响着 20 世纪 80 年代两国城市政策的走向。见 Parkinson et al., 1988；Barnekov et al., 1989；Savitch, 1988；A. King, 1990；Sassen, 1991；S. Fainstein et al., 1992；Zukin, 1992。

25 Rydin, 1998.

26 Imrie et al., 1999.

27 Green, 1991.

28 概括总结出该段内容的相关研究，参见 Parkinson et al., 1988；Squires, 1989；Logan et al., 1990b 有关增长策略及其有关经济和社会影响方面的内容；Ambrose, 1986；Sennett, 1990；Sorkin, 1992b 关于多样性和环境影响的研究。

29 Cox, 1991，其质疑实证研究的理论一致性。

30 Dahl, 1961.

31 Wolfinger, 1974；Domhoff, 1978；Polsby, 1963；Bacbrach et al., 1962；Yates, 1973，1977 有关纽黑文权力结构争辩的讨论。

32 Wolfinger, 1974.

33 Paul Peterson （1981）提出一个有争议的论点，即经济发展计划再一次得到了达尔和沃尔夫芬格研究成果的支持，但忽略了与该结论相左的后续研究。

34 Fainstein et al., 1986a.

35 Bachrach et al., 1962.

36 Stone, 1976.

37 有关美国城市再开发的文献不胜枚举。特别参见 Altshuler, 1965；Beauregard, 1989；Caro, 1974；Cummings, 1988；S. Fainstein et al., 1986；Friedland, 1983；Judd et al., 1990；Logan et al., 1990b；Mollenkopf, 1983；Parkinson et al., 1988；Rosenthal, 1980；M. Smith et al., 1987；Squires, 1989；Stone, 1976, 1989；Stone et al., 1987；Swanstrom, 1985；Wilson, 1966.

38 早期关于英国规划、住房和开发活动的重要文献包括 Foley, 1972；Pahl, 1975；Young et al., 1957；Marriott, 1967。彼得·霍尔（1963, 1973, 1989）具有深远影响的关于城市增长和转变方面的研究更多地直接影响了政策制定者。因此，其研究对可观察到的发展方向的评论要小于结构主义传统的内在发展的影响。但是即使是他也在批判"保护主义规划"保护的是上流社会生活，而工人阶级则挤在"一个相比于一个世纪前更卫生版本的工人住房"中（Hall et al., 1973, 628）。然而，霍尔认为这些并不是规划体系的"真正受害者"；最大的输家是穷人，占据了城市中心的私人租赁住房，却无法获得郊区的业主所有权或公共住房部门的供给。关于英国再开发研究的文献还包括 Simmie, 1974, 1981；Saunders, 1979；Marris, 1987；Brindley et al., 1989；Goss, 1988。

39 Judge et al., 1995.

40 Sternlieb et al., 1975; P. Peterson, 1981.

41 Dahl, 1961; Polsby, 1963.

42 Savitch, 1988.

43 同上，7。

44 Swanstrom, 1993.

45 Mollenkopf, 1978; Molotch, 1980; M. Smith, 1988; Harding, 1995.

46 Harvey, 1985a, 190.

47 对哈维的构想展开攻击的文献（Saunders, 1986，第 7 章；M. Smith, 1988）指责他关于城市政治争论的结果是预先支持资本，而不是受制于事件的偶然性以及机构的人为干预。事实上，虽然哈维在其更为抽象的理论构建中陷入了机械化语言的误区，但他比任何人都更重视历史上重建发生时相关机构的作为（参见哈维著作 Consiousness and the Urban Experience 中与巴黎相关的章节，1985b）。

48 Castells, 1977.

49 Preteceille, 1981.

50 David Imbroscio（1997, xv）追溯了当今（美国）政权中"城市公共行政人员的'外部经济依赖'和'内部资源依赖'的形成过程。第一个是指市官员吸引和维持非固定经济投资的需求；第二个是指城市官员需要从当地社区获取额外的资源，以便有效地管理他们的城市"。

51 Raila（1991）总结了各种理论，并讨论了土地市场的经济功能以及土地和房地产投资的回报。

52 Harvey（1985c）更普遍地关注租金在土地用途分配以及协调资本流入建成环境中的作用。这些功能和不同类型租金的影响在这里不需要关注。

53 Elkin（1987: 68）讨论了商业主导型政权的含义，并评论道："企业家政治经济的核心是商业精英创造和维持一个政治体系的能力，在这个政治体系中，选举的人和任命的办公部门不必被告知该做什么。"Norman Fainstein 和我（1986b）用"指令性"（directive）一词来描述那些计划进行大规模重建而没有多少反对意见的城市政体，因此很少会对非精英的利益让步。

54 Stone, 1989, 234.

55 Painter, 1997, 133.

56 Stoker, 1995.

57 Stone, 1993, 11.

58 Lauda, 1997; Harding, 1994.

59 Balbus, 1971, 167.

60 Cox, 1991. 以及我的回应；S. Fainstein, 1991a.

61 在后来的研究中 Cox 更接近于该位置。参见 Cox, 1997。

62 Beauregard Buck et al., 2000.

63 当然，词汇上存在明显的差异："经济发展"与"资本积累"，"商人"与"资本"，"回报率"与"利润"或"收入"与"剩余价值"，"衰退"与"积累危机"。

64 Stone（1993, 2）指出，政体理论"承认私人控制投资具有巨大的政治重要性，但是，到目前为止这样做并没有确立起经济决定论的地位……政体分析人士探讨了多元主义者与结构主义者的中间立场,一方面多元主义者假设经济只是几个离散活动领域中的一个;另一方面结构主义者将生产方式视为普遍存在并统治着其他活动领域,包括政治的存在"。

65 Cooke, 1989; Harloe et al., 1990; N. Smith, 1987; M.P.Smith, 1988; S. Fainstein, 1990a.

66 Swanstrom, 1988.

67 Fisher et al., 1998;新英格兰经济评论,1999。Nestor Rodriguez et al., 1986;Nestor Rodriguez(1986)的论文根植于政府行为的左翼批评,对于地方行为的有效性得出了相反的结论。他们调查了历史上造成城市在世界经济体系中占据特殊地位的因素,否认了捕获利益是由于看不见之手的逻辑——也就是说,它不仅仅是对市场力量自动反应的产物。他们反而认为,专门的经济中心的存在是植根于企业领导人的政治行为之中,他们将其野心强加于地方政府,使地方政府在直接向他们提供援助和游说更高级别的政府方面扮演他们的利益代理人。因此,在某一特定位置(例如金融中心、石油服务业资本)的竞争中,哪一类群体的获胜取决于当地企业和政府精英的活动。

68 P. Peterson, 1981.

69 Sanders et al., 1987.

70 Logan et al., 1990a.

71 M. P. Smith, 1988,第一章。

72 Gonrevitch, 1986.

73 不足为奇的是政治学家肯定政治的显著性,而地理学家则坚持空间的重要性。

74 Castells(1989)在其纽约城市讨论中也着重强调金融资本在克服距离阻力方面的协调功能。

75 Sassen, 1991, 1994.

76 集聚优势概念最初是在19世纪由Alfred Marshall提出,在最近的经济地理学家和经济发展战略家的研究中重新获得重视。特别是Michael Porter的研究一直处于核心地位,他有关内陆城市竞争优势的文章极具影响力(Porter, 1995)。Amin和Thrift(1992)认为,伦敦中央商业区的特殊性和纽约金融及商业服务的专业化可作为产业集群案例进行分析。同样,中心城市内娱乐区域的重要性也因类似的过程而增加。

77 在这里,"它们"的含糊性是经过深思熟虑的。人们怀疑这种忧虑不仅仅是对空间决定因素的忽略,更是将这门学科与其他社会科学隔离开来。

78 Soja, 1989, 47.

79 N. Smith, 1984.

80 N. Smith(1979)创造了"租金差"(rent gap)这个词来形容这种潜力,因为它适用于住房的士绅化。

81 Massey, 1995.

82 参见 Friedmann et al., 1982; Friedmann, 1986关于"全球城市假说"的展示。关于全球城市的研究,参见 Savitch, 1988; A. King, 1990;Sassen, 1991, 1994;Fujita, 1991;Mollenkopf et al., 1991; S. Fainstein et al., 1992; Sudjic, 1992b; Knox et al., 1995。

83 Saskia Sassen(1991)对全球城市地位的最根本原因做了最权威的调查,但她未能将房地产业的行为与金融和商业服务业的行为区分开来。

84 有关这两个城市的就业数据见附录。

85 参见附录。

86 S. Fainstein, 1990b.

87 在撰写本文时,理事会的选举尚未举行。

88 Thomley, 1999; S. Fainstein et al., 1992.

89 Buck et al., 1992.

90 该资料由 Andy Thomley 提供。

91 我亲自进行了几乎所有采访，但纽约方面的一小部分是由一名研究助理完成的。

92 Pasty Healey 和 Susan Barrett（1990）支持类似的方法："分析者的关键任务是试图了解建成环境的生产过程，考察外部压力如何被反应，并如何受个体代理决定他们的策略的方式和处理项目时的相互关系，以及考虑他们未来活动的方向等影响。"

93 Harvey（1982）对"虚拟资本"进行了广泛的讨论。而房地产是虚拟资本中一个重要的组成部分，这个词包括基于预期收入的所有价值，因此并不特指空间方面。其管理需要评估投资机会、构建交易模式和配置资本。

第二章 房地产业与城市再开发

房地产在某种程度上是纽约的支柱产业。

——琳达·大卫多夫（Linda Davidoff）[1]

有朝一日，如果一位著名大学商学院的社会学家开始关注 20 世纪 80 年代的商业地产开发情况，他将大吃一惊。他会发现，在十年里，所有事情都变了。

——《西利亚·派克》杂志（Hillier Parker）[2]

第二章 房地产业与城市再开发

20 世纪 80 年代伦敦与纽约房地产开发迎来了异乎寻常的繁荣,而在 80 年代末则又产生了程度相当的衰退。从 20 世纪 90 年代中期直至 2000 年后,是新一轮的繁荣周期。两个城市的房地产盛衰起伏,主因是这二十年里金融与商务部门发展所带来的爆发式经济增长,以及后期传媒和旅游业的扩张。虽然 90 年代延续了以往的趋势,但正如本书即将谈到的,也存在着许多不同以往的因素。

以伦敦与纽约林立的新楼为标志,80 年代的繁荣达到顶峰之际,身居高位的政府官员们庆祝着"城市复兴"。与此同时,作家、学者和基于社区出发的批评者却谴责这些新建项目的意图及其社会影响。汤姆·沃尔夫(Tom Wolfe)在他的畅销书《虚荣的篝火》(*Bonfire of the Vanities*)中,描绘了纽约投资公司一个交易大厅的场景。他的用词捕捉住了世界城市中那些伟大的金融市场的物质环境与社会氛围:

> 那是一个巨大的空间,大概六十乘八十英尺[3]……这是一个压抑的空间,强烈的炫光、痛苦的剪影,还有咆哮。从北侧落地玻璃望出去,可以俯瞰纽约港、自由女神像、斯塔顿岛,以及布鲁克林和新泽西的岸线。扭曲的剪影是年轻人的手臂、躯干,只有少数人的年纪在 40 岁以上。他们脱掉了西装外套。他们激动地来回走动、大声喊叫,从早晨就开始焦虑、咆哮。这是受到良好教育的白人青年乞求金钱的声音。[4]

房地产投资市场不像股票和债券交易那样集中于数个交易大厅,然而它是汤姆·沃尔夫记录下来的 80 年代投机环境的重要一部分。它独特地与其推动的、醒目的物质建造行为结合在一起。房地产开发是 80 年代金融繁荣的原因、后果以及象征。大型项目的收益、美国房地产开发产业贡献的巨额税收[5],以及房产抵押贷款证券的交易利润形成了巨额财富的基础。随着他们的财富及其关注度在文化与社会场景中变得举足轻重，这些开发商的名字也被广为人知，如纽约的唐纳德·特朗普（Donald Trump）、小威廉·泽肯多夫（William Zeckendorf Jr.）、莫蒂默·扎克曼（Mortimer Zuckerman），伦敦的斯图亚特·立顿（Stuart Lipton）、戈弗雷·布拉德曼（Godfrey Bradman）、特雷弗·奥斯伯恩（Trevor Osborne）。为房地产市场提供支持的金融机构也十分兴旺。例如，刘易斯·拉涅罗（Lewis Ranieri）领导下的所罗门兄弟公司（Salomon Brothers）的房产抵押贷款部门，让相关债券交易成为华尔街最赚钱的业务。

> 美妙的动力十足的（所罗门兄弟公司）抵押贷款部是你的理想选择，只要你的生活哲学是：预备、开火、瞄准。这些虚张声势的突袭者的报酬，按照当时标准，多得令人震惊。1982 年……刘易斯·拉涅罗的抵押部赚取了 1.5 亿美元的利润……虽然没有官方数据，但在所罗门公司里风传的是拉涅罗的交易员在 1983 年赚了 2 亿美元，1984 年 1.75 亿美元，1985 年 2.75 亿美元。[6]

扩张的金融机构及其配套服务业，加上意外暴富的雇员们，他们对办公空间的需求不断快速增长。房地产业自身既创造也填补了这种办公需求，包括支持它的金融机构与服务商。房地产投资回报大幅提升，刺激产生更多的开发计划，收入的增长看似背书了成本的提高。闪耀的摩天大楼，容纳了神话般利润丰厚的投行及热闹的交易大厅；高层公寓和改建 LOFT，是城市年轻白领的休息港湾；装修一新的豪宅和顶楼大平层是他们高管的住所；那些流光溢彩的大理石贴面的购物广场、节庆市场、豪华酒店以及高级餐厅满足了他们的消费冲动，成为那个时代富裕的象征。

在一场国际规划师会议的主旨发言中，大卫·哈维宣称，毒品与房地产开发是摧毁纽约的两种力量。[7]虽然哈维全盘否定开发商的评语可能会引起异议，但很少有人能否认投机性开发确实改变了 20 世纪 80 年代纽约与伦敦的功能和面貌；他们也无法否认，尽管公共财政资助了这一物质建设，当家做主的却是借钱的私营企业家们。开发商们知道如果建造工厂或工薪阶层住宅，毫无疑问利润会十分微薄，因此他们以建造办公楼和高档住宅为主。他们这种开发策略的结果重构了伦敦和纽约空间，造成了明显的非均衡结构。

持续的投资或不投资，造成贫富之间泾渭分明、两极分化，最鲜明的对比是在那些最富裕的社区里游荡着的无家可归之人。[8]在财富增长的对面，相对和绝对贫困的城市居民的数量同步增长：或由于经济结构调整而丢掉了工厂的职位，或由于士绅化和金融危机而丧失了住房，或因残疾而又无法得到照护。这种对立的表征意义，在左派看来，是私营部门引领的经济发展计划固有的不公正性；在右派看来，这是个道德的教训，显示了努力和不努力、企业家和败家子所获得的回报的差异。

80年代的大多数时候，持续的喧闹宣告着新开发项目开工，建筑吊车的大军不断改变着伦敦和纽约的天际线，尽管远非完美，这一切的确带来了进步。然而大量新建设带来的视觉效果和希望，让人们容易忽略批判的声音。那些批评大型项目对邻里造成负面影响的社区代表，被视为站在进步的对立面。尽管随着时间的推移，美国其他城市的办公楼空置率不断上升，纽约开发商仍继续筹划着更大的项目。而在伦敦，随着有关20世纪70年代中期房地产崩溃的记忆消退，银行不断追加对房地产的投资。

伦敦与纽约在1980年都没想到会见证这样的加速发展。[9]那时两个城市的就业与人口都在下降，既有存量的开发让获取土地变得困难且昂贵；高租金使得商业租赁前景不容乐观；规划限制条件和社区的反对也限制着开发商的野心。随后突然之间，伦敦和纽约的经济轨迹开始转向，世界贸易增长，全球金融交易升级，生产服务业的国内市场扩张，共同指向了这十年里经济交易的成倍增长。

然而，1987年的股市暴跌，预示着两个城市发展的另一次变道。1989年的房地产市场随着股市暴跌也出现了衰退，在长达五年时间内经历了空置率不断上升、价格一泻千里和部分开发商的破产。20世纪80年代因投机性投资引发了办公楼供应巨量增长，但需求转而下滑。然而紧接着，两个国家的经济迅速从这个剧烈而短暂的衰退中恢复，两个城市的经济也开始复兴。廉价、空置的空间提供了优势，增长中的公司发现它们可以无阻碍地扩张。并且，开发商和金融机构这次表现得比过去更为审慎，结果没有出现新开发超过需求的情况。实际上，在21世纪初，空置存量已经被吸收，租金比通胀率增长得快得多，公司们渐渐发现寻找充足的空间变得很麻烦。这时期的开发以将空地或未充分利用的仓库和工业空间改造成居住和办公为主，新建不多。这样，两个城市的面貌改变相对较少；但是，在80年代完成的物质建设在此时被固化了。

本章首先检讨了20世纪晚期全球城市在世界经济中日益增加的重要性；其次描绘了空间生产及其需求的变迁；最后分析了经济变迁与政府政策在伦敦和纽约物质环境开发中的效应。下一章调查了1980—2000年伦敦与纽约房地产市场周期的原因与结果，以及两地市场的异同。

日益重要的全球城市

纽约和伦敦，以及东京，如果以它们在世界金融市场的影响力来衡量的话，是顶级的全球城市。最近的研究强调这些城市在深度参与全球资本流动方面并不特殊，跨国交易并没有占据它们经济的最大份额，其他城市的金融与商务部门也在快速增长。[10] 然而，从金融与商务部门的总量、有业务往来的外国公司数量，以及城市与世界的文化和社会联系上，伦敦和纽约能够宣称自己属于不同阵营。一项有关房地产投资背后的驱动力调查揭示了那些与全球经济有着更密切联系的经济部门在促进开发上起到了更主导的作用。特别是在20世纪80年代，金融与商务部门是关键；在90年代，虽然两个经济体逐渐多元化，金融商务部门——特别是证券业——继续扮演重要角色。[11]

最初对于全球城市日益增加的重要性的分析中[12]，提供了出现这个现象的三个理由：①世界资本流动更大的规模和速度；②在分散化的世界经济中，对集中的命令与控制中枢的需求日益提升；③金融商务产业对技术基础设施需求强化。这些讨论都基于20世纪80年代金融商务部门引领经济增长的观察。后来，这些城市新的快速扩张也伴随着令人惊讶的传媒、信息和文化企业的快速增长。特别在纽约，90年代见证了互联网和通信（IT）公司的爆发性增长，这一点在本书第一版写作时还无迹可寻。

世界资本流动

多个因素推动了金融商务部门的爆发式增长，促进了伦敦与纽约在20世纪末的经济增长和物质再开发。投资国际化及国际贸易增长，极大提升了金融产业及金融市场的重要性。公司的重构、快速扩张的企业并购，和跨国公司无休止地搜寻低成本生产地点和营销优势，都使得资本波动性加大，扩大了专业管理资本流动的公司的作用。根据萨森（Saskia Sassen）分析，交易更多地在金融中心的公司之间发生，而不是大型美国银行内部。[13]换言之，随着制造业与零售业的经营越来越倾向于在大型企业内部进行整合，通过合资、交易和交换，更大的资本流汇集了更多的参与者。在90年代的牛市中，风投资本和其他细分类型的投资公司增长，纳斯达克交易量扩张，都进一步扩大了金融部门，而不是像传统银行部门在规模缩减和并购后出现补偿性的收缩。

20世纪70年代开始的债务危机削减了对第三世界的投资，与此同时金融机构继续从退休基金和共同基金中获得大笔资本。而且，这种资本越来越多地由投资者以购买发放利息的债券或购买公司股份的形式直接借给借贷方。因而，与储蓄流向商业银行，然后这些银行向寻求增长的公司贷款不同，基金超越了传统银行系统的资金周转（被称之为"去中介化"的过程）。这一变化增加了活动等级，也提高了投资银行家利润，他们是这些工具的承销商与交易商，投行也因此增加了更多职位和运作空间。

大量其他的金融"产品"被设计出来，包括"掉期"[14]——机构间的债券交易、垃圾债券——评级低于投资级的高收益票据[15]，以及股指期货——选择一揽子股票作为未来某个时间预订交割价格的协议。投资与生产的全球化增加了汇率贬值或者意外事件损失的概率，无法预期的市场变化刺激了新金融工具的开发以对冲风险。债务证券化（最初是房产抵押贷款和第三世界债务，然后是消费者债务，包括学生贷款）意味着银行机构能够"捆绑"——换句话说，集合——这些债务向商业机构和个人销售，通过出售基于预期回报的贷款折现，将之转化为现金流。

这些新的金融产品市场的发展，增加了在最发达的国家交易的金融工具数量，这里的资本流动系统变得越来越封闭且不稳定。同时，收购和杠杆收购增加了新的债务问题数量。从前趋于保守的投资机构——从大学捐赠基金到大型保险公司——开始追求投机性金融工具所带来的高回报率，成为高度活跃的金融世界中更加冲动的角色。[16]

对金融业的监管放松，加上各类产品创新，以及资本流大幅增长，增加了交易活动和贸易，这在两个城市的金融世界中都表现得十分鲜明。在美国，里根和老布什政府都没兴趣施行反托拉斯法，允许兼并、收购和杠杆收购吸引越来越多的公司和资金，伴随着法律与金融顾问机构更大规模的集聚。在20世纪90年代，除了广为人知的围绕微软违反"反托拉斯法"的调查以外，克林顿政府也没有更多拘泥于阻止这一时期泛滥的巨型收购或者大量兼并，尤其是银行与传媒业。之前存在于不同类型金融机构之间的壁垒被放宽，例如投资、储蓄和商业银行[17]，这更加刺激了金融服务业的增长。

在20世纪后四分之一的岁月里，世界金融体系的变化直接引发了伦敦的空间重构，尤其发生在构成金融城的"平方英里"之内。面对国外竞争，通过1986年的"大爆发"系列改革[18]，伦敦弱化了对金融公司的监管。同时国内证券交易取消了固定佣金（该举措在美国十年前就发生了），股票交易第一次直接向国外机构开放。这些变化不仅直接刺激了更多数量的商务活动，也吸引了无数的国外公司开始在伦敦城周边寻求空间。就像迈可·普瑞克（Michael Pryke）所描述的："城市不再是一种出于文化认同、慢节奏的、帝国主导的金融交易政权，而是一个快速运动中的资本主义枢纽，城市本身同样日趋国际化。"[19] 然而，许多新来乍到者发现，金融活动的增加并没有满足他们的预期。

当公司债务从银行贷款转移至直接借款，大银行失去了在金融交易中的传统主导地位。毫无疑问，最早从20世纪70年代初开始，外国银行的分支机构数量在伦敦和纽约就日趋增多，这种趋势延续到20世纪末。[20] 国际贸易数量的增多、在所有经济部门中更多的国外分支机构、与跨国经济紧密联系的国外经理人数量的增加以及固定利率的终结，都促进了对零售和商业银行服务的需求。房地产业发展刺激了银行扩张，因为大部分建设贷款都来自银行部门。并且，像巴克莱（Barclays）和花旗这样的大型国际银行，逐渐增加了更多的投行功能，为企业合并与兼并提供资金，它们在公司投资领域，也深深卷入了投机性增长的浪潮。[21]

集聚效应

大部分证券交易主要发生在单个公司的交易大厅中，而不是通过交换活动发生。然而，大型投行以及商业银行总部感觉有必要靠近传统市场。因为在金融公司之间、金融部门之间存在非常高密度的互动，以及为此提供法律、公关、管理咨询与其他服务的需要。这类企业因此会选址于金融与先进服务业已经存在的地方。[22] 会计、法律、税收咨询，以及其他服务于交易的咨询机构，也高度重视靠近投资银行家，因为这些机构在多方参与才能达成的交易过程中需要时时在场。尽管郊区化逐步展开，大型的郊区公司仍然依赖曼哈顿来满足大多数的服务需求。[23] 因而，即使是总部位于伦敦和纽约中央商务区之外的公司，也经常会发现在这个高度密集的高端服务集群的超级市场中获取商务服务是更加便利的。[24]

邻近性对于大型交易参与者来说非常关键。例如，《门口的野蛮人》(*Barbarians at the Gate*)所记录的雷诺兹-纳贝斯克(RJR Nabisco)收购事件的马拉松式谈判中，出现了众多投资者，可以说美国国内几乎所有重要的法律公司和投行都参加了。[25] 虽然纳贝斯克总部在乔治亚州的亚特兰大，但它的分支机构遍布世界，收购发生在纽约，卷入了数以百计的公司管理层、投行银行家、律师和金融咨询师。很多时候讨论持续到黎明，首席执行官可能被要求在奇怪的时间突然出现。不能想象还有其他地方能像曼哈顿一样，能够聚集所有的参加人。只有选址在金融与法律部门共同集结的大型金融中心，才可能完成必要的交易。

房地产开发活动响应了容纳快速增长的金融商务部门及其从业者的空间需求，也受到了流入该产业的充裕资金的强力支撑。房地产投资变得能够与其他形式的债务、股权互换。最初，由于它的低流动性和独特特征，房地产投资仅仅是一小撮金融机构和经验丰富的个体从事的活动。然而现在，房地产投资企业联合组织带来更多的机会，有限合伙人（除投资之外）无须采取任何行动即可获得收入流，并且能够随时轻松卖出项目收益，在选择投资项目时不考虑回报率之外的其他任何理由。房地产市场具有高投机收益预期，吸引了许多参与者。更重要的是，房地产业在英国和美国都享有税收优惠，尤其是后者，因此资本流不断向开发产业倾斜。

生产的分散化

萨森在探讨全球城市成因时，强调了制造业的离散效应，商务服务功能对产品的日常管理在她看来能够起到更好的监控作用。[26] 她的观点是，大型公司空间上的分散化，使得复杂的管理职能精细化成为必要，从而不至于失去对各分散部门的控制。她断言那些管理控制功能在空间上是集中的："经济活动的空间离散带来中央功能的扩张以及服务于这种中央职能的专业化公司在层级中的重要性上升。"[27] 只有少数城市才能提供充足的高级人员、技术能力以及咨询服务，使得这种复杂组织成为可能。因而，少数公司内经济控制功能的集中，使得地理中心有必要存在，以管理离散的生产与营销体系。

萨森的分析有部分是正确的：专业化公司能提供服务，让跨国公司的管理能继续集中，正如前文中引用的舒瓦茨研究那样。然而，萨森却没有令人十分信服地证明（为什么）"中央功能"发生在全球城市，实际上，她在后来的研究中修正了这个观点。她认为只有特定类型的（公司）总部才需要位于主要城市，比如那些从事高度竞争与创新活动的公司，或者拥有高度国际化业务，或者包含生产服务业复合体的公司。[28] 纽约的制造业、交通运输以及零售公司总部的向外迁移，表明了中央管理功能与地理位置并无必要联系。[29] 在1965—1976年，纽约的福布斯500强中制造业和采矿公司总部减半；在后面十二年里，这个数字进一步下降了43%，从84家下降到48家，500强的工业总公司仅剩不到10%；与此同时位于纽约的大型金融公司总部不断扩张。[30] 1999年，45%的最大型公司总部位于纽约市，包括金融和传媒公司，另外有20%位于纽约市的郊区。[31]

相比于美国，英国的工业公司总部继续集聚在伦敦，到1990年仍然占据了全国公司总部数量的一半以上。[32] 伦敦的控制地位，主要来自文化因素，以及一个高度集权的国家对资本的政治霸权，而不是纯粹的经济原因。[33] 换言之，经济效率以外的因素使得英国公司将总部选址在伦敦。但即使是在英国，伦敦对大型制造业公司实施内部控制的重要性也在逐渐下降。

大型跨国公司依赖地理上分散的供应商与销售商网络，它们的办公场所、生产基地和实验室也在全球扩散。因而，公司总部选址在全球城市不会使它们邻近管理（所需）的基本内容。此外，无需地理临近，这些公司也能够便捷地购买会计、广告和法律服务。简言之，随着重构逐渐增加了少数公司在全球产品与服务供应上的影响力，那些公司的总部并没有必要挤在全球城市。但是，总部工作趋于高强度化，可能确实增加了伦敦或者纽约的就业岗位和交易发生。再者，在这些城市之外的很多公司会在那里保留代理处或办公室，这样进一步增加了经济活动。[34]

技术因素

许多当代理论家强调信息——而不是自然资源或者物质资本——对经济发展的重要性。用曼纽尔·卡斯特（Manual Castell）的话说[35]，现代资本主义由"信息的发展模式"所界定。电子通信与计算机技术通过两种方式影响企业的区位选址。新技术通过降低生产链条上参与者对空间邻近性的依赖，促进了分散化，使得这些单位不受限于城市中心的区位优势，去寻找核心之外的区域，而不是继续靠近公司的日常管理部门。因而，在日常运营部门离开之后，总部能够留在伦敦和纽约，而其他公司未设在纽约和伦敦的总部也能与其保持"在场"。

在《流动的空间》（*Space of Flows*）一文中，卡斯特刻画了新世界经济的特征，那些拥有足够劳动力市场和支撑管理全球经济的计算机和电子通信系统技术的特定地点脱颖而出。金融与先进商务服务的大量扩张主要依赖于技术的发展，足以掌控迅猛增加的交易量。并且，反过来，也只有少数中心能拥有足够的活动来支持必需的基础设施。[36]

然而，根据库柏和莱布兰德·迪洛特（Coopers & Lybrand Deloitte）的研究，伦敦和纽约并没有技术上的绝对优势。[37]至少有六个其他的商务中心（新泽西、芝加哥、洛杉矶、巴黎、东京和新加坡）都存在充分的技术基础，并且这类城市的数目还在增加。对于依赖信息攫取和处理的现代公司，需要密集的交流支撑网络和相应的技术人员储备来操作与维修设备。现代办公结构也需要配备物业管理者持续升级信息和电子通信系统。[38]1980年的许多老建筑即使更新也不能再满足对大面积交易大厅或充足的容纳电缆及出口设施的需求。许多城市的商业领袖和公共部门关注到这些需求，不断投资来增加供给。迅速安装的光纤系统连接了大多数的大型办公中心，进一步降低了伦敦和纽约的前沿地位。到20世纪末，几乎所有二线城市也都能提供宽带光纤电缆。更进一步，这两个全球城市都以严重的交通拥堵和历来匮乏的交通投资（一个不需要高技术却非常重要的基础设施）而闻名，这意味着这两者都不能提供前往商务区的便捷联系。因而，尽管伦敦和纽约的技术基础设施是它们全球城市地位的一个重要组成，但却不能保证它们未来的统治地位。

概括地说，那时的伦敦和纽约利用它们在证券和资本市场上的世界领先地位，在绝对意义上，抓住了金融与先进服务业在20世纪最后二十年的显著增长。与此同时，相对于竞争对手，它们的地位在下降（纽约之于美国其他城市，伦敦之于欧洲）。它们已经获得了大量的关键资源，足以引导资本流撬动世界经济，但它们也需要提供合适的空间满足未来扩张的需求。这些需求包括提供满足计算机时代技术要求的办公场所，以及建造高档居住与消费设施，来吸引快速扩张产业的领导者们。虽然其他城市都在激烈地竞争办公产业，但就算是拥有更低运营成本的诱惑，也没能动摇扎根于伦敦和纽约的多数公司。不过，毕竟它们的竞争优势受到了威胁，一个重要的因素驱动着政策，那就是担忧对手能提供更优质的、更低成本的空间。

20世纪80年代的繁荣

伦敦和纽约相对于其他城市的比较优势体现在以办公为基础的服务业中心（表2-1）。世界范围内，只有东京和巴黎在办公楼规模上位于同一水平；而在英国和美国国内，它们的地位至高无上。

在资本价值总量上，1990年，伦敦中心约占英国整个办公楼存量的60%。[39]而纽约占全国总量的份额相对小一些，不过也接近主导性的21%的份额。[40]洛杉矶，即使在20世纪80年代实现了大幅增长，且整体经济和人口竞争力较强，但（它的办公楼存量）还不到纽约办公空间的三分之一。最接近的挑战者——芝加哥，也未达到纽约的一半。这个地区最接近曼哈顿办公楼体量的是其大都市区域边缘的新泽西、南康涅狄格州，以及西切斯特县（Westchester）；这些临近地区在1990年拥有1 941.7万平方米的办公楼。[41]虽然在20世纪80年代后期发展到了繁荣顶峰之际，其他欧洲和美国城市都增加了大量办公楼，但这些尚不能与伦敦和纽约建造的绝对数量相提并论（表2-1）。[42]

表2-2显示了办公楼开发在80年代的大幅增长。在这两个城市，尤其在伦敦，最新的投资是商务而不是住宅物业。[43]伦敦的办公楼供应量增加了近30%，纽约超过20%，几乎所有建设都位于再开发地区而不是"绿地"（green-field，即未开发地区）。这些再开发或是发生在已开发的中央商务区（CBD），或是在临近的被住宅和小型企业占据的区域。一些需要拆除现存建筑，但最大的项目往往是利用闲置土地，大多是被废弃了的、陈旧的交通、制造业、批发市场用地，以及港口设施或填埋造地。[44]

表2-1　　　　　　　　　办公楼市场：城市比较

城市	1990年办公面积存量（万平方米）*	1985—1990年增加面积（万平方米）
纽约	2 260	330
东京	1 760	—
巴黎	1 600	60
伦敦	1 440	240
芝加哥	960	170
法兰克福	770	80
洛杉矶	700	190

* 不同的来源对这些数据的测度有所不同。Richard Ellis（1991）预计巴黎的存量在1 720万平方米，法兰克福800万平方米。这里没有2000年的比较数字，但是考虑20世纪90年代相对较少数量的办公建设，本表对列出城市所拥有的办公部门规模的相对关系提供了较为准确的图景。（译者对数据进行了从英制到公制的换算，后同。）

资料来源：Byrne et al., 1991。

表2-2　　　　　　　　1981—1990年办公楼存量和净增

序号	类别	伦敦[a]	纽约[b]
（1）	1990年办公存量（万平方米）	1 440[c]	2 260
（2）	1981—1990年净增（万平方米）	420	490
（3）	（2）占（1）的百分比	29%	22%
（4）	（1）占大都市区存量百分比	61%	54%

a 仅包括伦敦中心和码头区地区。

b 仅包括曼哈顿。

c Richard Ellis 认为伦敦中心数字为1 410万平方米，不包括码头区地区。到1990年7月码头区完成了额外的30万平方米，另外60万平方米在建设之中（Meuwissen et al., 1991）。

其他来源对伦敦中心和曼哈顿的数字估计更大。对办公存量的变化估计取决于是否包括政府拥有和使用的办公楼，毛面积和净面积如何计算，建筑是否转换了用途或者属于混合使用，以及对伦敦而言，伦敦中心城东边界如何划分。

资料来源：Byrne et al., 1991；Byrne et al., 1990；Real Estate Board of New York, 1991；Jones Lang Wootton Consulting and Research, 1987；Richard Ellis, 1991；Cooper et al., 1991。

住宅的再开发在 20 世纪 80 年代和 90 年代都得到了增长，但这两座城市后期都未能超越前期的顶峰。如以承包商新获取的订单价值衡量，在 1980—1987 年，在大伦敦地区内年度私营住宅建筑活动增长了 6 倍，期间净增加 11 万个住宅单位。[45] 在伦敦中心的新增加住房，大部分通过转换用途实现，主要是在卡姆登（Camden）、肯辛顿（Kensington）和维斯明斯特或在码头区废弃地的新建设。[46]

纽约市在 1981—1987 年净增了约 5 万套住房，这是四分之一个世纪以来住房存量第一次实现连续六年增长。[47] 在 1987—1996 年，增加了另外的 15.5 万套。[48] 许多增量归因于市长十年住房计划下的废弃房屋再利用。[49] 在 1981—1987 年，3.3 万套住房存量增加是通过将非住宅转换为居住用途实现，或者是居住用途内部的改建[50]；在 1993—1996 年，共改建了 7 000 套以上。[51] 几乎所有的这些改建都发生在士绅化的曼哈顿和布鲁克林社区。并且，新的住房建设大部分发生在曼哈顿之前使用过的土地（即再开发）。[52]

伦敦

到 20 世纪 80 年代末，伦敦见证了其史上最大的办公建筑热潮。70 年代的利率上升，意味着房地产公司开始入不敷出；在十年投机性增长之后，它们摇摇欲坠的财务状况已经威胁到许多银行，以致需要英格兰银行加以干预。[53] 然而，十年之后，冗余空间被吸收，并且金融大改革以及欧洲一体化进程带来了高需求和高回报率的预期。随之而来的繁荣表明，在 70 年代的第二次银行危机之后，银行重返大型房地产借贷业务，尽管保险公司和养老基金仍对房地产市场保持警惕。[54] 少数开发公司被大多数新的投机企业所取代[55]，大部分的融资来自日本银行。

促进伦敦再开发活动的倡议并非如许多美国城市一样，来自商界领袖和政府官员的地方增长联盟。[56] 相反，它来自中央政府，代表了玛格丽特·撒切尔夫人的观点——即私营投资者在自由市场运作将产生本地经济增长，从而将投机资本引入原有严格监管下的伦敦房地产开发领域。根据哈丁（Harding）的分析，地方政府的工作重点从强调社会福利转向经济振兴是"从国家层面强力推动的"。[57]

1979 年撒切尔政府上台后，引入了一系列旨在刺激私营经济活动和减少地方政府干预的措施：1982 年资本利得税按通货膨胀率进行调整，大大提高了房地产所有权的潜在营利能力；进一步减少公司税，鼓励了房地产公司的活动。英格兰银行放宽了一级银行必须位于它所在针线街（Threadneedle Street）的"平方英里"[58]以内的要求，为其他区域办公空间引入银行业务提供了可能。[59] 政府也成立了伦敦码头区开发公司（LDDC），码头区的狗岛（Isle of Dogs）企业特区吸引了大量资本进入从前被遗弃的地区。[60] 此外，地方当局受到中央政府施加的相当大的压力，从而放宽了规划管制和房地产出售，与私营部门合作开发。中央政府通过一系列通告、立法，并通过国家环境部长的决定，要求地方当局放宽规划许可审批。中央政府还给地方政府支出"盖帽子"（即限定支出总额），迫使地方在一些原本公共资助的项目上不得不向私营部门寻求合作。中央对地方税收增长能力的限制，造成地方当局向开发商销售公有土地作为一种潜在的收入来源；中央政府禁止土地储备也刺激了地方将土地转让给开发商。

构成大伦敦地区（图 2-1）的 33 个地方当局，各自制定自己的发展政策。直至 1986 年大伦敦议会（GLC）被取消前，伦敦的自治区（borough）名义上应遵从 1969 年大伦敦议会通过的大伦敦发展规划（Greater London Development Plan）。这项规划高度重视社会住房[61]建设和激励制造业就业。由于该规划不受保守党政府支持，因此在实际废除之前，已经名存实亡。[62] 大伦敦议会被取消后，其规划丧失了法定地位，国家环境部长负责向地方当局提供"战略规划指引"，每个地方当局都被要求制定发展规划，从而能够"在保护当地环境的同时促进发展"。[63] 20 世纪 80 年代的开发商会避免在那些会找麻烦的地方议会的管辖区域进行建设。[64] 尽管英国国会将营业房产税种收归国有，在新的税收体系下地方当局无法因吸引企业而得到直接的回报，但没有哪个地方能够忽视新的投资所带来的就业和服务增加的好处。[65] 因此，地方之间的竞争越来越激烈，甚至那些比较顽固的自治区议会最终也会采取更支持发展的姿态。到 20 世纪 90 年代末，所有地方当局已经成为开发计划的积极合作者。与此同时，伦敦战略规划得到更新和强化，码头区不再享有特殊地位，这意味着自治区之间的竞争减弱了（相比之下在纽约大都市地区，纽约和新泽西之间争抢办公楼客户的竞争，可以说大大增强了）。

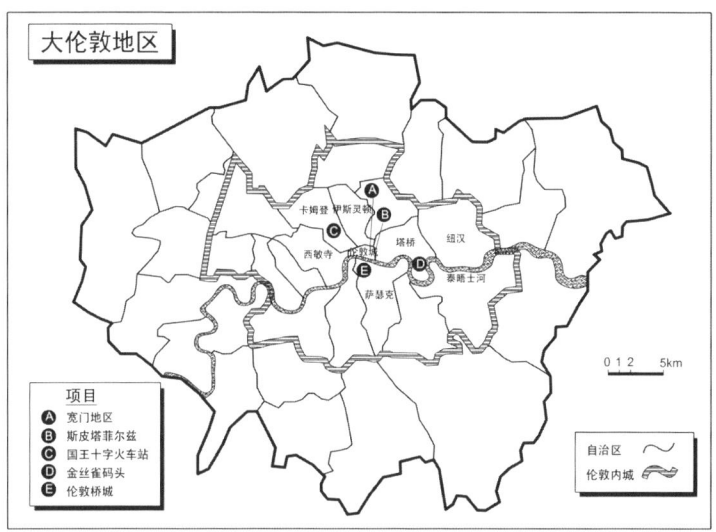

图 2-1 大伦敦地区

大多数新的办公楼建设基地产权原为公共机构所有，出于刺激经济的目的，它们被撒切尔政府释放出来。地方当局最初出于准备建造住房或者其他公共设施的目的收购了下来。其他政府机构——例如英国铁路和伦敦港口管理局——拥有大片的、原用途已过时的土地。这些空置或被遗弃的土地成为重大建设项目的基地。

这些被释放出来的可开发用地，特别是伦敦许多火车站周边地区，伴随着潜在租户对更多的现代建筑的需求，促成了许多开发计划。长期以来开发商们习惯了在伦敦获取规划许可以建设新项目时受到的各种障碍，这一次他们很快抓住了新机遇。当被问及选址标准时，一个英国最著名的投机开发商宣称："项目会选在人们允许它在的地方。"[66] 另一个大型公司的高层评论说："规划处于无政府状态，混乱、无法预料，充满了陷阱。你像个疯子一样浪费时间去讨价还价。可能需要二十年时间才能获得规划许可。"这回地方政府异乎寻常的配合释放了开发的洪流。同时，技术的变化使得大多数现有低矮的、小面积的办公建筑变得不合时宜。潜在租户表示，与核心区位相比，他们更偏好高品质的空间，而前者以往曾经是选址的必要条件。[67] 结合边缘地段项目的早期成功，例如位于伦敦金融城边缘的宽门地区（Broadgate）开发，这种转变使得在那些从前被认为不适合办公的地区进行办公楼开发变得可行。

房地产泡沫

紧随着 1987 年 10 月起股市长达两年的熊市，伦敦和纽约的房地产市场崩溃了。（熊市）一旦开始，房地产价值的下行就变得既快又猛。大多数观察家未能预测到繁荣的终结加剧了崩溃的突发性。经验丰富的房产市场分析人士也没有对未来市场的先见之明。本书第一版的出版之际恰逢房产价值崩溃式下滑，伦敦一家房地产咨询公司的成员（还在）以这样的开篇方式评论房地产行业的前景："1987 年和 1988 年确定了房地产行业明确的转折点。在我们看来，这代表了房地产在过去十五年经历了两次主要的衰退后，最终价值回归。"[68] 意识到潜在的不稳定性，他们接着说："事实上，房地产公司可以作为撒切尔时代经济模式的典范：更自由的市场、在贷款和股权融资支持下一系列新的企业的迅速增长——和一批新的百万富翁的出现，为我们提供了范例。"[69] 同样，琼斯·朗·沃顿（Jones Lang Wootton）咨询和研究机构，在房地产衰退前夕，宣布了其对 1987 年办公需求的研究"提供了进一步的证据表明伦敦市中心写字楼市场的强劲"。[70]

在大西洋的另一边，分析师只是轻描淡写地提及（形势）不那么乐观。在股市大幅下跌的后一年，港务局研究机构在一份纽约经济报告中显示了些许谨慎："我们希望有些建议项目被推迟或取消。这是一个务实的图景：曼哈顿房地产市场并不像通常认为的那样过量建设了，它将继续是美国最强劲的市场。"[71]

1988 年和 1989 年持续的投资信心所产生的效应是滞后的，当数十万平方米的新空间建造完毕之时，需求已急剧下降。平均租金和空置率的数字表明房地产价格在 1989 年达到顶峰后开始急速下降。表 2-3 记录了写字楼市场的突然滑坡；[72] 实际情况可能更严峻，因为租赁数据有高度的误导性，它们只反映了一级租户支付的租金，这些租户很有可能在转租时进一步遭受了损失。[73] 在许多案例中，房屋价值的跌幅超过了它们抵押贷款的本金金额。

房地产价值崩溃迅速扩散到整个金融业；反过来，持有大量房地产投资的金融机构的困难又加剧了房地产问题，因为它们的办公需求也萎缩了。根据《经济学人》（*Economist*）数据，在 1990 年的前五个月，伦敦股票市场中一半的房地产上市公司损失了超过其市值的四分之一；[74] 其中 80 个这类公司中 25% 的债务超过资产，利息支出是租金收益的两倍以上。[75]

房地产市场疲软导致不良贷款增多,破坏了主要银行的资产基础。1987—1990年银行拥有的英国房地产借贷从100亿英镑增加到340亿英镑,约占总贷款的8%。尽

表2-3　　　　　　　　　平均办公楼租金和空置率

伦敦					英镑/平方米(净建筑面积)	
年份	平均租金	空置率	平均租金	空置率	平均租金	空置率
	全市		西区		码头区	
1986	323	3.5%	269	4.0%	161	—
1988	592	4.0%	538	3.0%	269	—
1990	538	15.0%	592	7.0%	258	—
1991	474	17.1%	560	10.0%	258	—
1998	560	6.0%	592	—	—	—
1999	560	5.0%	646	—	355*	2.5%
纽约—曼哈顿					美元/平方米(净建筑面积)	
	平均租金	空置率	平均租金	空置率	平均租金	空置率
	中城				下城	
1980	246	2.1%			143	5.1%
1982	432	4.1%			301	2.1%
1984	426	5.4%			337	6.4%
1986	441	8.9%			339	11.6%
1988	443	10.7%			380	12.6%
1990	422	14.5%			340	17.6%
	中城北		中城南			
1996	398	10.5%	248	14.0%	271	21.0%
1998	506	8.5%	323	8.0%	334	12.0%
1999 [12月]	552	6.8%	366	5.1%	369	9.9%
	中城					
2000 [8月]	566	4.9%			452	5.0

注释:数字采集于各种相应的来源,彼此间不一定一致。
金丝雀码头(Canary Wharf)租金大约398英镑/平方米,而码头区其他地区租金大约为301磅/平方米。

资料来源:Byrne et al., 1990; *Economist*, May 5, 1990; *Walls*, 1991; *Financial Times*, April 30, 1992; Real Estate Board of New York, 1992; GVA Grimley, 2000; Insignia Richard Ellis, 2000; GVA Grimley, 1999; *New York Times*, September 19, 2000。

管因为约 40% 的借贷来自海外银行，英国银行体系相比美国较少遭受资产价值下降的后果。此外，海外——尤其是日本——风险投资在伦敦比英国银行卷入得更多，因为英国银行受限不允许进行过于投机的行为。[76]

房地产风险使得纽约最大的两个银行，化学银行（Chemical Bank）和汉诺威制造商（Manufacturers Hanover）信托在 1991 年合并，这本身就导致它们的空间要求大收缩，随之而来市场的进一步削弱。[77] 化学银行腾出位于公园大道 7.4 万平方米的总部大厦，以及市中心 11.1 万平方米的数据处理设施空间；两家银行还放弃了城市其他地方的一处额外的 7.0 万平方米的办公空间，关闭了 70~80 个分支机构。[78]

随着房地产危机恶化，大型开发商发现自己的日子越来越难熬。纽约的代表人物，唐纳德·特朗普在 20 世纪 80 年代经历了前所未有的巨大债务的煎熬，估计超过十亿美元。[79] 虽然特朗普没有正式宣布破产，但他基本上将资产控制权给了债权人。[80] 同样，伦敦罗斯豪 PLC（Rosehaugh PLC，股票上市公司）的戈弗雷·布拉德曼（Godfrey Bradman）——另一位开发商中的名人，他的冉冉上升曾象征着时代的胜利——也发生了贷款违约。布拉德曼被迫放弃该公司领导权，净负债 3.1 亿英镑。[81] 最摇摇欲坠的是奥林匹亚和约克公司帝国（Olympia and York Developments Ltd，O&Y），世界上最大的开发公司——纽约炮台公园城和伦敦金丝雀码头的缔造者[82]、纽约市最大的写字楼业主（控制近 204 万平方米）[83]、伦敦中心区的巨头[84]。O&Y 欠款超过 180 亿美元，该数字超过了大多数第三世界国家的债务。[85] 它的债务纠葛使两个城市的市场形成了共生关系，因为它用其拥有的年代更老的纽约建筑作为抵押来为伦敦金丝雀码头的股权出资。

就像其他开发商面临的麻烦一样，O&Y 无法为偿还贷款进行再融资，投资者切断了对房地产部门的贷款。因为所有的建设贷款都是短期的，只有在完工后才能通过长期房产抵押贷款的方式进行再融资。缺乏市场的抵押贷款支持，断送了开发商接近完工的建筑的"生存希望"。如 O&Y 公司，它们以其拥有的建筑物作为抵押发行短期债券，用于资助进一步的增长，必须按季度偿清或者按月滚动发新债，导致局面特别困难。

房地产衰退并不限于商业开发；事实上，住宅市场的低迷要早于办公市场。虽然伦敦和纽约持续存在严重的中低价格住房短缺，1987 年股票市场的崩溃冲击首先引爆了高端市场；码头区数以千计的新单位，原本期待成为伦敦市冉冉上升的新星；此外还有曼哈顿新住房，在减免421a税收补贴时建造，急急忙忙涌入一个萎缩的市场。

在纽约，集体式住宅（co-ops）和公寓的开发商遭遇的问题，被1986年的联邦税收改革法案（Tax Reform Act）加剧，该法案意图抹去个体房地产投资者的被动损失，从而将纸面上的损失转化为现实。由于税收损失的计算来自贬值公式，是基于房地产价值而不是个体投资者的实际贡献，多年来政府没有计入的这部分税收价值大大超出了投资者的贡献部分。一旦税收优势丧失，投资者不再能保有闲置的房产，理论的过剩变为现实。[86]因为成千上万的公寓是出于享受税收政策而被购买的[87]，优惠的终止沉重打击了高端市场。

此外，对经济适用房的持续需求，并没有引起伦敦或纽约的公共部门的供给增加，一些非营利机构的活动只是某种程度地弥补了政府的退场。在大伦敦地区，地方当局建造的住宅从1980年超过16 000套缩减到1987年的1 260套，1990年只是略微上升到1 818套，而非营利住房协会在1990年建造住房的数量与地方当局大致相当。[88]纽约在20世纪90年代早期之前，大部分涉及政府补贴的住房建设都由社区非营利开发公司建造。然而由于新的财政危机，城市资本预算削减，对这些团队的支持相应严重减少。[89]1992年的规划终止了所有住房建设计划，包括中等收入和中产家庭计划以及主要空置建筑的再利用计划，只保留了正在使用建筑的必要翻新。[90]

同时，英国和美国在80时代末普遍的经济衰退波及了零售业。结果，零售物业普遍空置，纽约的店面租金回报下滑。开发商曾对临街建筑的混合使用持乐观预期，认为沿街的办公零售和居住零售建筑将有较高的回报率，结果却落得一场空。在伦敦，尽管空置率上升，零售业租金下降却很轻微。而在曼哈顿，在80年代的最后三年里，高档的上东区租金从每平方米1 615～3 229美元下降到969～2 422美元租金。[91]零售业还存有一线希望，没有办公楼那么高的空置率，在一定价格上仍保持了空间需求。办公用途不断萎缩，许多潜在的、先前被排斥在市场之外的零售商进而享受了便宜货。结果是曼哈顿的零售空置率在1988—1990年上升了75%，但在1991年开始下降。[92]虽然许多场所的收益不足以支付业主的持有成本，但没人乐意让这些物业继续空置。因此，曼哈顿零售租金下跌刺激了边缘服务场所的轻微复苏，如咖啡馆和书店，它们在80年代曾被挤出；而限制级影片租赁店、杂货店，以及来自郊区的连锁店等则填补了缺口。

复兴

英国国家经济的改善逐渐刺激了伦敦房地产市场恢复。从1989年中到1991年初，城市经济产出年增长率为负6%，直到1992年才出现正增长。然而，1994年伦敦的地区生产总值预计增长了6%，并在随后几年里都保持了这一水平。[93] 全部就业岗位数量在1988年大概为350万，在随后五年里下降了大约50万，直到十年后才恢复到略微超过1988年的水平。[94] 20世纪90年代大部分办公楼的增长与建成空间再利用有关；同时，很多纯办公与仓储建筑已经转为居住和娱乐用途。[95] 新的办公楼价值在1993年相比1989年下降了超过五分之一，在1998年底才略微上升，相比1989年水平增长了40%。[96] 由于改造为主、增长有限，租金在90年代中期的最低点开始强劲复苏，1999年甚至上涨了接近7%。[97] 相比办公楼建设，新住房建设迅速增长，在1997年就超过了1988年的最低点。[98]

20世纪90年代良好的经济状况并没有刺激出早期房地产市场那样狂野的投机性投资。如果说80年代的办公楼市繁荣为涓涓流入的资本所驱动，90年代逐渐的供给增长主要是回应需求，借贷方审核项目更加严格，并要求房子建造之前就签好租约协议。银行与保险公司在允许资金进入房地产投资上变得谨慎，需要开发商以自有资金持续投入建设项目，并要求持有建造资产的部分股份。新建设和改造考虑了办公用户的专业要求。与此相对比，住房市场更加投机。金融业的高收入和就业趋于普遍专业化提高了对奢侈住宅的需求。[99] 即使在持续的新建设和居住改造之下，空置率也维持着较低水平。

90年代伦敦的政策制定者改变了他们的规划和更新方式。现在政府的废弃用地规划要求参与者形成伙伴关系，由商业公司、政府和社区代表共同参与。最初是由保守党政府提出了城市挑战计划（City Challenge program），然后延续至今的专项更新预算（Single Regeneration Budget，SRB），要求在制定目标区域的开发计划时多方合作。伙伴关系的概念迅速扩展，不限于特定项目合作，各种各样的由地方政府、商务团体和非政府组织组成的合作形式如雨后春笋。这些伙伴关系开展研究、制订战略，改变了开发进程的特征，更少竞争性及产生出更积极的外部性。这种由规划奖励（例如开发商提供好处换取规划许可）[100]而增加的社区发展的可能使得原先反对大规模发展的社区变得更加顺从。虽然某种程度上接近美国的地方增长联盟，这种伙伴关系不那么被狭隘的商业利益所主导。伴随伦敦规划咨询委员会（London Planning Advisory Committee，LPAC）的成立，该委员会包括33个自治区代表和伦敦政府办公室，地方权力机构之间的协作增强了。

虽然随着时间推进这种促进协调发展政策的努力开始起作用，在撒切尔政府下台、新伦敦市长上任之前的二十年间，伦敦的33个地方当局仍然采取着各不相同的立场。因此有必要在记录这一时期的发展历史时将大都市区的一些部分分开讨论。

伦敦城[101]

伦敦城无疑是政府推进地方开发活动成效最显著的地方，在1985—1990年建成了153万平方米办公空间。[102]在1983年之前，因为历史保护的顾虑，以及各种行业协会及特权家庭所拥有的古老的永久产权的存在，抑制了这一平方英里内的许多潜在的开发。[103]然而，伦敦城不像周围那些工党主导的自治区对商务活动存在明显的敌意，因此一旦限制增长可带来经济收益的时代结束，其对物质变化的态度变得更加灵活，对传统的保守减弱了。

长期以来，靠近英格兰银行的金融公司得益于其垄断地位，缺乏支持扩张性政策的动机。放松金融管制和竞争改变了利益平衡关系。附近码头区具有竞争力的办公楼开发威胁到了伦敦城法团[104]的利益。如果放松监管刺激了金融部门的活动，而金融城拒绝提供新的空间去容纳的话，未来的重心可能东移，选址在老城的公司就可能失去其区位优势。此外，法团内部的土地业主们，包括法团本身——拥有其管辖范围内20%的土地——通过更高强度的开发，能够获取可观的利润。并且，当中央政府出台全国统一的营业房产税时，与地方政府的分成按照公式计算，然而伦敦城被赋予了保有其辖区内15%营业税收的特权。因此，增加当地商务地产的价值将极大提升城市的收入水平。

一旦法团决定改变原有保守的方向，城市的行政官员就开始了积极营销。规划主管征求需要空间的企业意见，鼓励开发商申请规划许可来建造容纳这些需求的建筑。[105] 并且，他标识出城内可供新开发的土地，包括快速路和轨道上空的空间。在此过程中，地方发展规划进行了调整，普遍提高了建筑面积比率（"容积率"），平均可建建筑物体量被提高了 25%。不过尽管地方政府放宽政策，并谨慎地接触开发商和潜在客户，它并没有像伦敦码头区开发公司（LDDC）模式[106]那样直接上市吆喝，也不像疯狂的纽约模式那样参与交易。只有在欧洲重建和开发银行（Europe Bank for Reconstruction and development）的例子上，当银行已经考虑在码头区选址时，法团开出了诱人的条件希望它选择城里。来自管理机构的一位有影响力的人物声称，这种行为"过于低三下四"。相反，他说："我们（应）创造一种氛围。"不过他没有否认市长大人拥有可用于招待外国客人的特殊信托基金，他补充说："我们愿意与人们见面交谈，但我们采用更加私人的方式。"

最初，因为这种微妙的公共关系处理或者只是简单地回应新的优质空间的供应，住户们涌向了城里的办公楼存量。从 1981 年到 1987 年年中投放市场的新空间，几乎使用率是 100%，其中 57% 由银行和金融企业进驻，直至当年十月股市崩盘。[107] 到了 80 年代末期，对存量增加贡献最大的单个项目是宽门，由私营企业斯坦霍普和罗斯豪（Stanhope and Rosehaugh）和公有的英国铁路公司（British Rail）合资开发。到 1991 年该项目耗资超过 20 亿英镑，这个仍在持续的业务改造了邻近利物浦街车站的废弃铁路编组站，将之建设成为一个零售和办公综合体。它选址于城市"边缘"，靠近东伦敦哈姆雷特塔桥（Tower Hamlets）的低收入住宅及商业区，代表了与传统的背离。当首批十四幢建筑完成，即使是在 1987 年金融市场动荡之际，这个项目仍然取得了初步成功，吸引了不少明星客户，似乎向开发商们预言了愿意投资于技术最先进、定位奢侈的项目的无限可能性。

这个故事到 1990 年发生了剧烈的转变，其后的十年又再次反转。作为金融业持续收缩、刺激性大规模投机建设毫不停歇的结果，伦敦城在经济衰退期间的商务空间空置率大大超过伦敦内城其他地区。然而，像曼哈顿一样，它在 20 世纪末迅速恢复。由于剩余空间被吸收，空置率下降到 5%，而租金上升到平均每平方米 560 英镑（表 2-3），黄金地段则大大高于这一价格。

新的建设在 1996 年才开始再次回升，超过 11.7 万平方米的办公楼开工；1998 年单年施工进程超过 46.5 万平方米。[108] 最初的新空间开发主要来自欧洲大陆的公司自用。亚洲金融危机造成了一段时间的观望，1999 年底再度活跃。根据伦敦城法团的首席规划师所说，20 世纪 90 年代的开发特征与从前相比有着很大的不同："在 80 年代，大人物是开发商。从 1995 年开始，大开发商不见了……大人物是商务人士，房地产去响应业务需求……这使得环境更加稳定。"[109] 公司愿意选择根据其要求量身定做的建筑，而不是迁入既有空间，即使这会延迟其迁入。

早期的伦敦城法团致力于吸引公司，现在不再那么在意码头区的竞争，而自我定位在辅助那些已经确定进驻的商务活动。规划师尤其努力帮助那些公司获得更大楼板面积的批复，即使该地区的历史重要性和拥堵现状对此有所限制。它还更加紧密地与周边自治区政府合作。这部分是回应中央政府要求地方协作的压力，也是看到了开发其边缘地带的好处。法团热衷于保持伦敦黄金中央商务区的定位，金融城只有在活动不断向临近市县扩张的前提下，才能继续保持其地区核心的地位。大量办公向居住空间的改建使得新的领域拓展更为急迫。[110]

维斯明斯特

作为王室、议会、政府部门、知名私企的所在地，同时有着伦敦最高档的住宅和酒店，维斯明斯特对办公开发总是极具吸引力。然而，不像伦敦城，这里办公楼不得不与住宅、酒店和零售竞争用地。[111] 在不同土地用途的集合方面[112]，这里类似曼哈顿上东区，维斯明斯特同样拥有许多不喜欢开发商和商务活动的居民。20 世纪 70 年代，在开发考文特花园一个老的伦敦副食品批发市场之际，爆发了一场旷日持久的斗争。该市场位于维斯明斯特中心的剧院区，发动了众多的保守团体和居民（参与）。争议最终将旧的市场建筑保留为商场，并将周围众多的建筑列入名单（即作为历史建筑保护）。这场冲突使得（对再开发的）不信任一直延续，并在 20 世纪 80 年代英国皇家歌剧院打算建设一幢办公大楼以资助其主楼更新之时重新被点燃。经济衰退让这场争论销声匿迹，因为办公楼市场已不复，歌剧院的改造最终延迟到 1999 年，由国家彩票公益金资助。

考文特花园更新激励了其周边地区转变为时髦的零售和娱乐用途,从时尚前卫的商店到咖啡馆、饭店和书店。市场地区的变化和维斯明斯特古老的商业街区一起带来的是旅游业的兴旺,而不是为本地居民提供的服务。如曼哈顿的南街海港一样,再开发的考文特花园满足的是只关心保护老建筑的历史保护主义者的需求,并表明了无论是新建还是改建,房地产开发商都可以获利,由此招来代表低收入群体的社区机构和强调原真性的保护主义者的不满。

当伦敦城政府部门放松规划管控之际,尽管维斯明斯特的议会中保守派占多数并与撒切尔政府关系密切,他们却走向了相反的方向。高强度开发着实威胁到地区的公共福祉[113],居民受到抬升的土地价格的排挤[114]。议会越来越将其使命定位于保护其居民而不是促进商务拓展[115],尤其是在新的统一营业房产税之后,很明显地方纳税人从商业增长中不能获得任何好处。维斯明斯特议会拒绝通过区划将住宅调整为商业用途,坚持以居住为主开发帕丁顿盆地(Paddington Basin),90年代末在那里建设了一条连接帕丁顿车站与伦敦希思罗机场之间的新轨道线路。维斯明斯特议会与伦敦城法团不同,它的选民只包括本地居民,在新开发中没什么经济利益。相应地,这里的开发计划受到更严格的审查,其规划官员致力于从开发计划中获得更多规划收益。1990—1999年,该市居住人口数量增加了25%,从17.5万增加到22万。

这种办公楼建设的慢节奏,使得维斯明斯特相比伦敦城的租金更高,在衰退期间空置率更低,办公物业的业主从90年代末飙升的房地产价格中获益颇丰。此外,这里商业用途性质有所改变,需要更大楼板面积的商务办公东移,娱乐休闲功能取而代之。坐拥众多从西区剧院到维斯明斯特教堂的旅游景点,这一地区容纳了伦敦最主要的酒店。议会曾试图严控酒店建设,但在20世纪末发放了一些小酒店的施工许可。

工党控制的自治区

20世纪80年代,尽管开发商偏好在保守党选区运作,有些大型项目和许多较小项目仍然被规划或者建设在伦敦内城几个工党控制下的自治区里,包括南沃克(Southwark)、卡姆登(Camden)和伊斯灵顿(Islington)。伦敦泰晤士河南岸的萨里码头（Surrey Docks）再开发在1989年基本完成，代表着第一个跨河的大型优质升级改造项目。那里最重要的项目是由科威特银行独资开发的伦敦桥城（London Bridge City）。项目毗邻伦敦桥车站，距离伦敦城一站之隔，含十万平方米的办公和零售综合体。它也是都市周边富人通勤区的轨道终点站（俗称"诸郡"，home counties）。这个综合体的成功，吸引了许多国内外银行的日常运营（"后台办公"）业务，包括花旗集团、国际阿拉伯银行（Banque Arabe et International）和劳埃德（Lloyds）等。附近另一个10万平方米规模的建设项目是为了容纳《每日邮报》（*Daily Mail*），它和许多伦敦其他的报纸一样放弃了伦敦城的舰队街而选择了更宽敞的码头区。并且，到1988年中，房地产市场崩溃之前，萨里码头区还建成了或在建共5 000套住房，其中近90%预备销售为业主自用住房。[116]

在工人阶级为主的自治区里，社区的激烈抵制对这些项目影响不大。新开发最初与周遭环境无关，公园和商店不是为当地人服务的，新的工作岗位很少提供给当地居民。由于80%的住房出售给外来人口，自治区的人口结构开始发生变化。由传统的工党政治家构成的议会最初对那些以社区为基础反对项目的激进主义者极端冷漠。于是它出于本能地拒绝了社区组织要求寻求其他开发方案的建议。[117]有意思的是，这个从前从工会劳工组织成长起来的议会，对新的开发可能带来的功能转换毫无压力。相反，议员们相信办公楼建设会复兴社区经济，工薪阶层居民的儿女们将能够在新来的这些白领企业里找到工作。[118]

随后，对老工党领袖的驱逐并没有改变开发进程。在这十年的中期，原先被排除的激进分子控制了政党机器，但这一地区的规划权力现在属于码头区开发公司，议会的敌意难以对抗受市场驱动的房地产投资战略。最终，议会的新政治领导屈服于中央政府施加的压力，五年后，地方政府正在积极寻求与私营开发商达成规划协议的方式，包括优惠的住房、城市设施和职业培训计划。

一位受雇于90年代的规划和开发总监，成为商业开发的热情支持者。其任期内恰逢以往破旧的滨水区被转换成娱乐休闲中心。[119]议会最初反对的莎士比亚环球剧院及其邻近展览空间的重建，后来成为吸引游客的著名景点。硬币街的开发，由与其对立的社区联盟统筹，容纳了工艺品商店和低收入住宅，亦包含了伦敦最时尚的餐厅之一。改造后的管家码头（Butler's Wharf）成了一个餐厅、画廊和零售中心。新的泰特现代艺术画廊占据了从前一个巨大的老发电站的用地，在2000年春天盛大开幕。其他各种博物馆、美术馆和修复的地产项目纷纷出现，包括克林克监狱（Clink Prison）博物馆和伦敦地牢（London Dungeon），以"酷刑、枪决和开膛手杰克的故事"而闻名。[120] 所有景点都由一个有吸引力的沿河景观步道所联系。根据开发总监所说，河畔没有总体规划；相反，议会见机行事："如果我们能用文化吸引我们想要的开发，我们会做的。"[121]

不过，从河畔仅仅向南多走一个街区，就可看到南沃克的大部分地区仍深陷贫困。开发总监说："我们不是不顾虑士绅化。我们必须克服集中的贫困。我们需要一个平衡的、混合的社区。"南沃克议会旨在通过增加强度来实现这一目标。规划特别聚焦于象堡地区（Elephant and Castle），一个人口主体是少数族裔的商业和住宅区，伦敦政府办公室已经将之确认为一个战略发展节点。2000年春天，21个开发团体竞标开发此地超过9.3万平方米的商业空间和8 400套的住房。规划策略就是利用市场价格的房屋去补贴现有4 200套经适房的更新。此外，国家专项更新预算（SRB）提供了2 500万英镑用于基础设施和就业安置计划。由于议会拥有这里的大部分土地，并享有其余土地的规划许可权，它应该可以控制开发的走向。

在卡姆登市，经验丰富的社区团体在80年代里与开发商的动议强烈对抗。[122] 尽管如此，英国铁路公司看见了利用它所拥有的靠近国王十字车站土地的机会，开发商很快显示出对项目的强烈兴趣。[123] 最后，议会觉得自己别无选择，同意与开发商协商。同样，在伊斯林顿，尽管仍然有相当大的社区争议，工党地方政府仍非常主动与开发商谈判。虽然这里（首相托尼·布莱尔的家）的士绅化在整个80年代进行得十分迅速，但大型开发商的兴趣姗姗来迟。在卡姆登和伊斯灵顿，90年代的房地产下跌暂停了计划实施的努力。这样，尽管工党控制地区也默认了房地产引领下的更新，但由于时机问题，开发机会暂时过去了。结果除码头区开发公司控制的部分，这些地区仅获得相对较少的房地产投资，直到90年代后半期，这里的房地产市场才重新获得发展动力。市议会此时改变了观念，比如南沃克就将开发看作做生意的机会，而不是对其利益的威胁。因此，21世纪伦敦规划最大的三个项目，分布安排在南沃克（象堡）、国王十字和格林尼治（格林尼治半岛）。[124]

纽约

20世纪的后四分之一岁月里，纽约经济经历了过山车式的起起伏伏。纽约遭受了巨大的就业岗位损失，还有70年代中期市政府事实意义上的破产，然而，意想不到的经济复苏在1977年开始了。纽约前几年的城市衰退相比伦敦更明显；相应地，它的复兴也更具戏剧性（图2-2）。[125] 1981年，办公楼建造开始飙升，虽然还没有超越70年代初的速度，但也不分伯仲。90年代的衰退期间，办公楼建设停滞，并在90年代后期缓慢恢复，因为此时的银行不太愿意像早期一样参与投机性融资。90年代的再开发很大程度上是再利用和改建的形式，而不是新开发。根据《克雷恩纽约商业杂志》（*Crain's New York Business*），纽约在1998—1999年内通过更新办公和改造工业空间增加了139万平方米的高级办公面积，总投资30亿美元。这堪比80年代繁荣期的高峰年（1987—1989年），年均增长面积64万平方米。[126] 特别是曼哈顿西区42街以南，成为电子通信和互联网相关企业觊觎的区位。[127] 这得益于众多的光纤电缆连接及与主缆的接近，超大的空间、额外承重的楼板，和老厂房里的巨型电梯。该地区也成为众多艺术画廊的家，这些画廊被精品店和高租金驱赶出苏荷（SoHo），而被廉价的、已废弃的工业空间吸引。

曼哈顿的下城在20世纪90年代也兴盛起来。遭受过经济衰退期的最高空置率之后，它成为开发政策的重点。这个地区的商业利益形成了下城联盟——一个商务提升地区（BID）和有效的游说团体。因为政策制定者担心办公楼的多余空间——尤其是B等级空间——不会很快被消化，市里为这一纯商业地区的办公楼改建成住宅提供了税收优惠政策。如《纽约》（*New York*）杂志所描述的，"保护主义者、好政府、技术人员——和自由市场在一起——将这座摩天大楼的国家公园转变为24小时的都市村庄"，打破了商务、娱乐和日常生活之间的地理和心理空间。华尔街明日世界（Tomorrowland）的工作模式构成这样一个错综复杂的城市蜂巢——密集、狂热、共同呼吸，一个艺术、产业和通信的集合体（Critical mass）。[128]

城市也为技术基础设施升级提供奖励，以吸引通信、媒体和互联网等"新经济"领域公司。主要是由于这些部门异乎寻常的增长，下城再次超越人们想象成为热门的办公地点。事实上，对办公楼的需求变得如此之大，开发商不得不搁置住宅

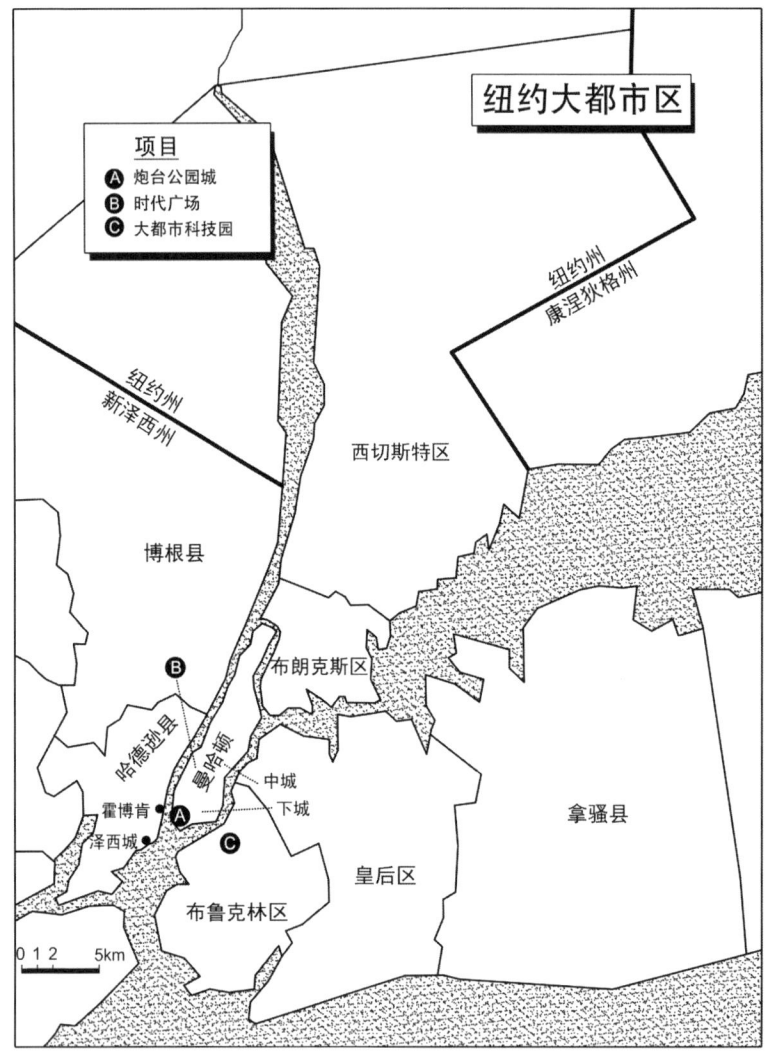

图 2-2 纽约大都市区

改造，让位于利润更丰厚的商务办公楼市场。因此，纽约的"硅谷"包括曾经是一个工厂区的切尔西、以前是次级办公区的中城南部，以及曾经是纯金融产业的下城。

尽管城市经济在这一阶段经历了非同寻常的扩张，在时代广场之外只有一个新建的办公项目。在老体育馆旧址，之前用作会议中心，由史蒂芬·罗斯（Stephen

Ross)领导的瑞联集团(Related Companies)正在建造哥伦布中心——一个超级尺度、混合使用的综合体。在20世纪80年代,纽约三区隧桥局(Triborough Bridge and Tunnel Authority)作为纽约老体育馆的业主,坚持只接受其土地的最高出价,最后的建筑方案因规模过大引发了强烈抗议。

由于社区的反对,该计划被延误,并导致项目遭遇房地产衰退。原在1985年获得开发权的开发商莫蒂默·扎克曼(Mortimer Zuckerman)在1994年弃权。最后,2000年,瑞联集团被授予基地控制权两年之后,罗斯从通用汽车公司获得了13亿美元的建设贷款。这个项目,在缩减后仍然具有高达19.5万平方米的体量,预计容纳美国在线(AOL)—时代华纳的总部、林肯中心的爵士乐礼堂、一个五星级东方文华酒店、225套豪华公寓和几个楼层的高档零售空间。[129] 它包含了世纪之交房地产融资的两方面特点:第一,开发商从非银行机构借款,而不是依靠传统银行的建设贷款;第二,融资是在成功锚定租客之后实现的。

商务团体

商务利益对于促进下城有着非同寻常的作用。或许是因为他们的利益遍及全球,纽约的商务领袖不像其他美国城市的同行那样,为他们的大都市积极寻求计划。[130] 甚至商务新闻界都注意到,集团首脑不愿意卷入到城市问题当中,"他们将自己视为全球企业,只不过恰好位于纽约而已……关注和参与发生在本地的事情太乡土;这种地方兴趣应该是芝加哥和亚特兰大乡下人所应关注的"。[131] 纽约的精英热衷慈善,他们出现在纽约众多文化机构的董事会中,并为此慷慨捐款。一些上层社会的善政组织(good-government groups),有些历史可以追溯到20世纪初,是大型土地使用计划听证会的可靠把关者。然而,与伦敦类似,纽约没有强大的商务导向的增长联盟制定全市性的规划战略。纽约房地产委员会(Real Estate Board of New York)负责行业发展的特定问题——例如,房产和租金税、区划调整。区域规划协会(Regional Plan Association,RPA),一个非营利组织,提出过纽约地区的发展规划,但影响甚微。"纽约城市伙伴"(New York City Parternership)是纽约首席执行官的联盟,会赞助经适房建设,并举办不定期论坛,但大多时候行事低调。

在1975年市财政危机期间,纽约商务精英大力推行以保守手段回应预算缺口;¹³² 之后，尽管他们全面游说反对税收、支持公共部门的再开发动议和交通改善，但并没有积极参与再开发规划。相反，商务的特定部门——特别是开发商和证券公司——通过对政治竞选的重磅资助而直接影响政治家。¹³³ 这些在政治上具有影响力的人并未寻求纽约问题的综合解决方案，他们关心的是从减税或者区划变更当中获得特定的好处。

公共项目

20世纪70年代中后期，财政危机和私营部门的萧条导致大型投资项目支出几乎完全停止。¹³⁴ 1981年以后，随着城市经济复兴、地方收入增加，以及州和联邦政府为促进经济发展提供的财政补贴，启动了一批重大开发项目，增加了地方财政收入。其中最主要的是南街海港、炮台公园城、贾维茨会展中心和时代广场万豪酒店和君悦酒店，都位于曼哈顿下城或中城。市政府负责基础设施配套，提供税收优惠；它也动用联邦城市开发行动基金（UDAGs）资助海港，开发商唐纳德·特朗普的君悦酒店——他第一个大项目，毗邻中央火车站——以及位于时代广场中心、尺度惊人的万豪酒店。一个以促进纽约州的经济发展为使命的半独立机构，城市开发公司（UDC），后更名为纽约帝国开发公司（Empire State Development Corporation, ESDC），通过州政府新的资金注入从破产边缘复活。它成功主导了会展中心建设，以及炮台公园城规划及其基础设施配套。公司的法定权力，通过独立注册子公司为每个项目提供补贴（会展中心开发公司、炮台公园城管理局、时代广场再开发公司），避免了城市资助项目被监管的要求；它可以越过项目批准需要社区咨询的正常程序；如果不符合区划法要求，它可以不必申请特殊许可¹³⁵；城市的管理机构对它的行为无权干涉。

税收补贴

除了参与公共当局主动倡议的那些大型项目，私营开发商也受益于对新建设的税收补贴计划。按照纽约州法律，所有地方财政收入办法必须由州政府制定，这些项目可以说是州立法活动的产物；然而，它们适用地方税而不是州税责任。工业和商业激励委员会（Industrial and Commercial Incentives Board, ICIB）制定了税收激励计划，鼓励企业参加办公楼、酒店、零售项目，最初几乎所有项目都位于曼哈顿。虽然ICIB的最初目的是振兴纽约制造业基础，它很快就变成了一个房地产开发项目，在该计划资助者眼里，新的办公大楼建设开始等同于经济增长。两种住宅开发的税收补贴方案——适用于新建设的421a计划，以及适用于改建的J-51条款[136]——也被大量用于协助曼哈顿奢侈住房的开发。东区是纽约最富有的地区，公共资助项目包括唐纳德·特朗普的君悦酒店和他那著名的特朗普大厦、包括奢侈品零售和公寓，以及由菲利普·约翰逊设计的后现代宣言式建筑AT&T（现在的索尼大厦），以及对面的IBM大楼。在1981年和1982年，在曼哈顿已经非常密集的中城东区，开发完成了十二幢办公楼，超过65万平方米的净面积。虽然税收激励政策最终被限制并逐渐引向城市中不那么富裕的地区，在80年代末期这些限制发生之前，几乎每幢为富有的商家所用或为富人所住的建筑都申领了该补贴。（这项政策后来在曼哈顿下城又恢复了。）

这种为租约到期或寻求新的以及额外空间的公司提供税收优惠的策略在爱德华·科赫（Edward Koch）、戴维·丁凯斯（David Dinkins）和鲁道夫·朱利安尼（Rudolph Giuliani）领导下的数届市政府中始终贯彻。税收优惠涵盖了曼哈顿最佳区位上非常富有的公司，根据某种说法，若非如此，高租金和运营成本会将它们驱出城去。因而，比如说，投资公司贝尔·斯登（Bear Stearns）获得了7 500万美元的销售税豁免；部分减免的目的是为了创造新的岗位。[137]纽约还为已经得到大量税收优惠的公司提供额外税收减免，作为它们使用建筑物的一揽子奖励的一部分。[138]朱利安尼政府在五年内批准了超过20亿美元的税收减免，去补贴超过48个纽约市最大的公司。[139]不像伦敦那些为了规划收益的交易，除了为保留和创造工作岗位的努力，政策实施的目的值得质疑，没有对公共利益的要求，很明显有着对中小企业税负转移的不利影响。

90年代的曼哈顿下城受到了如上新补贴计划的好处，以避免企业逃离城市的名义给予具体项目更大的补贴。目前悬而未决的是一个即将耗费市和州政府大约10亿美元的交易，即"挽留"威胁会迁移到新泽西的纽约证券交易所。交易所声称它需要额外的空间来扩大交易大厅，但最近证券交易已经转移到一个完全电子的交易系统，所以其对于大面积的需求值得怀疑。[140]截稿为止还不清楚这项交易未来是否会兑现，但它显示了公共部门是如何为了特定企业把各种特殊优惠组合在一起的。

媒体反应

纽约的出版社很大程度上是房地产投资的可靠助推器。主流媒体关注特定规划引发的冲突，而不是提供城市再开发紧迫性的普遍评价或在城市层面展开对恰当的经济策略的讨论。《时报》（Times）的建筑评论家常常发现某个建筑体量有问题，偶尔抨击城市未能形成扩张的连贯战略，[141] 但媒体总的说来不会质疑将房地产开发等同于经济增长的观点。[142] 特别是唐纳德·特朗普，纽约最著名的（虽然肯定不是最大的）开发商，熟谙利用媒体宣扬他那令人目眩神迷的摩天楼，[143] 并且连带出上东区弥漫的奢华。特朗普不只是个人也是象征。《纽约》杂志从他的自传摘录一段引言，宣称："唐纳德·特朗普是飞扬的80年代最引人注目的人物——时代的真实产物。他远不止是一个纽约房地产开发商和交易商，他是巧取豪夺和胆大妄为的化身。"[144]《新闻周刊》（Newsweek）以他作为封面人物，惊叹到：

> 唐纳德·约翰·特朗普——房地产开发商、赌场运营商、公司收购者，也许是未来的政治家——是一个时代的象征。他拥有弥达斯的拳头。在20世纪80年代，无论好坏，拥有强烈的野心、令人惊讶的财富并毫不羞愧地对此吹嘘是没有问题的……对新的富裕阶层来说——一个纽约的房地产经纪人如是说——"建筑物上有特朗普"这个名字是"地位"的代名词。[145]

虽然特朗普在经济衰退期间有点狼狈，他仍设法避免了破产。到了2000年，他开始建设延迟多年的西区公寓综合体；在东区，则开始建设让邻居们咋舌的世界最高住宅建筑。

开发强度

纽约不像1986—2000年的伦敦，有着统一的、集权的城市政府和城市规划部门，它从未制定过全市性的发展规划。开发采用一个项目又一个项目推进的方式，由开发商准备基地、融资，并利用可用的补贴。如果他们不需要区划特别许可或寻求区划奖励，[146] 他们完全不需要规划许可，自然获得授权。[147] 区划图则通常为大多数划为办公用途的地块提供了12∶1的容积率（即每平方米场地可以建造十二平方米的楼面面积）。它可以给提供公共设施（如广场、地铁站等）改善的开发商额外的奖励；通常这种奖励可以将容积率提升到15∶1，是伦敦水平的三倍。开发者也可以从邻近的建筑物购买空权[148]，奖励和优惠放在一起可以建得更高。[149]

市政府基本上不制定发展计划——明确优先的特定设施、理想的位置，或所需的空间规模。当由市艺术协会（Municipal Art Society）所领导的有影响力的民间团体抗议东区开发过量时，城市规划委员会以报告回应，建议限制东区开发而在中城西区提供更多区划许可，从而"引导开发向西转移"。[150] 然而，随后几年当计划开始实施的时候，没有哪片东区的可建土地不是已经在开发过程中了。新中城区划将西区可建楼板面积率从 15：1 提升到 18：1，即便没有减税预期，许多十万平方米级甚至更大的办公楼已经开始建造。该计划最初准备作为一个临时的六年奖励计划。因而，在计划的最后一年里，开发商赶在最后期限之前建设了八栋建筑，共计 42 万平方米的空间。[151]

直到 1987 年之前，所有的新住宅建筑几乎都针对高端奢侈市场，[152] 只要基地不是历史街区就不受任何阻碍。对市中心极强的居住需求让开发者得以获取高额投资回报。即便如此，城市在 421a 计划下继续给豪华住宅开发提供税收优惠。到 1986 年市政府终于决定结束曼哈顿中心区的建筑补贴时，开发商匆忙开工，以赶在税收优惠消失前谋得好处。[153]

在繁荣的 80 年代，高度活跃的开发活动显著改变了曼哈顿的外观。[154] 中城和下城的办公核心区扩展得更大、强度更高。在上西区，大型公寓建筑取代了低层建筑，也填补了始于 20 世纪 60 年代的西区城市更新计划所留下的空地。华尔街西侧的炮台公园城，以及翠贝卡（Tribeca）、金融区北面的老工业区，建造了成千上万个住宅单元，形成了纽约市新的住宅区，而这个地区在过去一个世纪以纯商务为主。巨大的新住宅建筑在哈德逊河和第三大街之间带状延展。几乎所有曼哈顿新建筑都需要拆除老建筑。相反，在 20 世纪末的爆发更依赖于转换和再利用，对城市面貌的影响也较小。

曼哈顿繁荣的扩散效应越过哈德逊河影响了新泽西。在那里，1989 年之前，许多新的、大的商业和住宅项目都沿着滨水区开发。21 世纪伊始，10 万平方米甚至更大体量办公楼建造在滨水房屋后面，这包括：高盛、大通银行、潘恩韦伯、美国运通和美林。[155] 虽然纽约市周边的行政区感到了住房压力，但其内商业区仍然鲜有办公楼建设。只有一个大型项目，在布鲁克林闹市区的大都市科技园（Metro Tech），代表了纽约市分散办公功能的认真尝试。[156] 该项目在科赫任下完成，似乎并没有影响到朱利安尼，其在曼哈顿外除了建造棒球场，基本上没有重大项目。

曾经有一个在皇后区西部（Queens West）猎人点（Hunters Point）的大规模开发计划，直接从曼哈顿中城跨越东哈德逊河，因为没能吸引开发商兴趣被拖延了十年。[157] 最终，一幢住宅建筑出现在基地上；到2000年时，还有三幢正在建造。（该区）对商业项目的渴望直到2000年仍未实现，因为不仅缺少企业搬到皇后区，政府也不愿意提供足够补贴。[158] 市政府不是没有一些激励政策促使企业迁往周边区域。有评论家相信场地整理和基础设施投资是必要的先决条件，从而塑造出该区能作为主要办公中心的区位。根据曾在周边区域最为活跃的开发商观点，创造新的商业中心需要市政府进行土地整理，而不是简单地为企业提供激励。[159]

经济和房地产周期

20世纪最后二十五年的商业周期深刻地影响了伦敦和纽约。它们与全球金融市场唇齿相依，无论是面对繁荣时狂热的投资气氛，还是衰退期恐慌性撤资，（这两座城市）几乎都是束手无策。在80年代它们到达了一个财富制造的顶峰，反映在此起彼伏的巨大尺度的新建筑上。然后，突然之间，在1987年10月金融市场崩盘后的几年里，建设大潮搁浅了，伦敦和纽约作为全球城市光辉未来的热烈肖像黯淡了下来。报纸的商务版面成为违约和破产的断奏曲，以前占据版面的则是交易者的新闻发布会。起重机消失了，空置的办公楼和楼盘取而代之，提醒着人们（过去十年）乐观主义的结果。十年间获得的新的就业岗位消失了，除了这些建成的数十万平方米的楼房，没有什么其他东西能够留下来铭记那段流金岁月。伦敦和纽约在这场国家经济衰退中遭受了不成比例的打击。最糟糕的是，在80年代曾是经济战略目标的那些产业——它们曾经作为经济增长的源头和成就的象征——丧失了最多的就业。伦敦1990—1992年的金融和商务服务业工作岗位减少了9万个，完全回吐了之前五年该行业的就业增长。[160] 在1989—1991年，纽约也损失了数量相当的就业岗位，如金融和商务服务业部门的就业岗位减少了9.1万个，回归自1983年来城市就业水平的最低点。[161]

伦敦的复苏非常迅速，纽约则慢一些，虽然没有哪个城市完全恢复了在这段时间内它失去的就业岗位。在 90 年代的大多时候，经济和建设活动遵循 80 年代确立的路线图：核心优势继续聚焦于金融和商务服务，建设集中在办公楼和高档住宅。然而，差异或多或少存在着。旅游和媒体对经济增长贡献强劲。特别在纽约，与信息技术相关的"新经济"企业爆发性增长；而如果以增长率来衡量的话，电影制作成为增长最快的行业。[162] 用一个房地产顾问的话说："没有人在 90 年代会看好这些（科技公司）。我们从来没有预料到像贝塔斯曼、迪士尼、维亚康姆一样的（娱乐与传媒）公司（会取得成功）。零售业的本质发生了变化。零售和娱乐更密切地结合在一起。"建设已变得不那么投机。相比于 80 年代，新办公楼数量相对增加较少，而如前所述，产业空间改建或现有办公的升级所带来的增量更多，但在观察天际线变化时则没那么明显。

下一章将考察房地产繁荣与萧条的前因后果，探索政府政策对这些变化的影响。

注释

1 琳达·大卫多夫（Linda Davidoff）是纽约一个活跃的民间组织——公园委员会（Parks Council）的执行理事。引文来自 "参议员奥伦斯坦关于曼哈顿的报告"（*Senator Ohrenstein Reports to Manhattan*），1992 年州参议员曼弗雷德·奥伦斯汀（Manfred Ohrenstein）给他选民的简讯。
2 无日期（可能是 1990 年左右），第 17 页。这本光面的、价格高昂的杂志，是由英国一家拥有特许测量师组成的最大且最国际化的公司出版的。
3 约 18 米 ×24 米。——译者注
4 T. Wolfe, 1987, 57.
5 1981 年税法将房地产投资折旧计算的期限从 22 ～ 40 年缩短至 15 年，从而促进了房地产联合组织的激增。保守的房地产项目投资者可以通过他们相对较小的项目上的税收减少大量的账面损失；因此他们投资房地产（即成为联合组织的一员或者拥有不动产）不是为了潜在利润，而是因为房地产对他们税收返还的影响。这种联合组织收到了大量费用，投资者获得较多的税收优惠，开发商也不必为吸引资金而承诺可观的利润回报（Downs, 1985，第 6 章）。
6 拉涅罗获得的惊人利润并不涉及新建工程的直接投资，而是提供一种工具，被放松管制的储蓄业和借贷部门可以通过抛售损失惨重的房地产贷款，并同时购买由所罗门背书的其他存款机构的不良贷款的抵押债券，以获取流动资金。由于联邦政府为房地产抵押贷款和存款人作担保，它承受房地产波动的最终成本以及 20 世纪 80 年代末席卷全国的银行违约。（见 Lewis, 1989，第 6 章。）以 20 世纪 90 年代末的标准来看，列出的金额总数似乎没那么夸张，因为当时互联网公司的投机活动创造了更多的财富。但在当时而言，这个金额是惊人的。

7 美国规划院校大会（ACSP）和欧洲规划院校大会（AESOP）联席会议主旨宣讲。牛津大学，英国，1991。

8 Mollenkopf et al., 1991.

9 Buck et al., 1992.

10 Logan, 2000; A. Markusen et al., 1994.

11 Bram et al., 1999; McCall, 1998.

12 Sassen, 1991; Leyshon et al., 1987; Thrift et al., 1987; Thrift et al., 1990; Pryke, 1991; Castells, 1989, 第 6 章；Beauregard, 1991; Healey, 1990.

13 Sassen, 1991, 19. 卡斯特（1989）与萨森一样，将对纽约经济的大部分讨论放在资本市场分析上。参见 Buck et al., 1992。

14 Leyshon, Thrift & Daniels（1987, 19）将掉期（Swaps，也称互换）定义为"交易双方之间的债券交换，目的在于利用不同利率或各自获得流通机会"。Leyshon, Thrift & Daniels（1987）将这种掉期市场描述为最重要的新市场，并相信它能带来一个日益一体化的世界金融体系。

15 虽然一直是高收益的债券，但投资银行德崇证券公司（Drexel Burnham Lambert）的迈克尔·米尔肯（Michael Milken）给其取绰号为"垃圾"，并且在高度繁荣时期才曾是金融市场中极小的一个部门转变为他们最大最赚钱的部门。见 Bruck, 1989。最终，米尔肯被判犯有证券欺诈罪。

16 在美国，对于商业银行和支付给存款人的利息高于房地产抵押贷款收益的储贷部门（S&Ls），以及被迫放款来对抗低于新基金价格的人寿保险政策的保险公司来说，偿债能力取决于找到高利润的投资。房产抵押贷款证券化允许银行以低于面值的价格兑现旧的贷款，并将资金尽可能地投入到回报更高的产品。S&Ls 在其只限于房产抵押贷款投资的限制放松后，受抵押贷款证券化的影响最大，利用突然放开的流动资金涉足高风险的金融工具。由于抵押贷款资产减值造成的损失，它们特别受制于此，尽管这种损失部分因税收减免而得到补偿，过去十年支付的税收得以被减免（Lewis, 1989, 103-104）。随后垃圾债券和房地产市场的崩溃导致了银行和 S&Ls 失败的浪潮。

17 在英国，建房互助协会（building societies）大致相当于美国的储蓄银行（也称作互助储蓄机构，thrift institutions），主要的商业银行被认为是清算银行。

18 "金融大爆发"（Big Bang），或"金融大改革"，特指发生在 1986 年伦敦金融城的政策变革。该变革旨在大幅度减少监管。改革后，外国财团被允许购买英国上市企业，伦敦金融城投资银行和经纪公司的构成和所有权发生了巨大变化。

19 Pryke, 1991, 210.

20 在 1977—1986 年，伦敦外国银行和证券公司的雇员人数翻了一倍多，从 24 294 人增加到 53 833 人（Thrift et al., 1987）；在纽约，仅外国银行雇员（不包括证券公司）就增长了 25%，从 1979 年的 125 000 人增长到 1988 年的 149 000 人，所有的银行雇员从 15% 扩展到 24%（Byrne et al., 1991）。1990 年，伦敦有 450 家外国银行，2000 年有 479 家（GLE, 2000, 26）；纽约 1990 年有 392 家，1993 年增长至 450 家（PANYNJ, 1991; 1994, 4）。

21 Sassen, 1991, 78-83.

22 Amin et al., 1992.

23 Schwartz, 1992, 1994.

24 研究发现，基于可获得的数据，郊区的财富 1 000 强企业全部都使用曼哈顿的投资银行家，89% 的企业使用曼哈顿的法律公司和商业银行，59% 使用曼哈顿的审计师，43% 使用曼哈顿的精算咨询师（Schwartz, 1992, 15）。

25 Burrough et al., 1990.

26 Sassen, 1991.

27 Sassen, 1991, 19。Castells（1989, 343）承认了萨森著作对他的影响，他同样将空间集聚归因于管理离散的生产网络的功能需求，"如何解释这种信息的全球流动日益集中在一个特定城市中几个拥挤的街区去控制全球资金流的悖论？几个因素似乎在起作用。第一个因素是美国经济中的高水平总部企业活动的集中"。

28 Sassen, 1994, 67.

29 Schwartz, 1992.

30 Buck et al., 1992, 99.

31 作者自己计算。

32 Buck et al., 1992, 99.

33 Pryke, 1991; Harloe et al., 1992.

34 Bruck（1989）讲述了三角实业（Triangle Industries）企业总部从新泽西州新不伦瑞克迁移到曼哈顿的故事。尽管看似与我的观点矛盾，实际上是对我观点的印证。迁移并不是由于公司生产细丝电线的需要，而是其所有者的个人决定。他为了接管国家制罐公司（National Can Corporation），利用德崇证券（Drexel Burnham）设计的垃圾债券，将其变成一个空壳。国家制罐公司仍留在芝加哥，三角实业的电线制造公司最终关闭。因此，当三角实业在搬去曼哈顿时，名义上是一家制造公司，但实际上是一家金融控股公司。

35 Castells, 1989, 10.

36 Castells, 1985; Moss, 1986; Sassen, 1991.

37 Coopers et al., 1991a.

38 Daniels et al., 1990.

39 Walls, 1991, 13.

40 Byrne et al., 1991, 13.

41 Byrne et al., 1991. 在其他条件相同的情况下，房地产投资者更愿意将其资源投入既有的大市场中，因为更有可能出售资产并由此提供流动性。Dijkstra（1991）指出在 1985—2000 年，新泽西城（Jersey City）增加了 92.9 万平方米的办公空间，并且正计划在接下来五年内建设同样数量。2000 年新泽西 A 级办公空间的租金是 344 ~ 377 美元 / 平方米，而曼哈顿是 431 ~ 646 美元 / 平方米（Traster, 2000, 61）。

42 东京可获取的数据前后极其不符，因此我无法发表任何看法。

43 英国环境部（U.K. DoE）（1991）；纽约和新泽西港务局（1991）。尽管大部分投资是在办公空间，仍有相当多的酒店建设，尤其是在曼哈顿，其主要酒店的房间数量增长了 32%，从 1980 年的 45 000 间增长至 1990 年的 57 301 间（REBNY, 1987, p.10）。伦敦和纽约许多办公开发是混合用途的，包括一层的零售。

44 临近华尔街的纽约炮台公园建于垃圾填埋场上，技术上来说是新的开发而非再开发。但其绝对中心的位置，意味着即使先前没有使用过，它也包含了核心区的重建。

45 U.K. DoE, 1991, 表 1.3 和 9.1。从新住房建设价值的贡献角度来讲，1980—1987 年公共部门贡献了约三分之一。尽管 1980 年公共投资超过了私人投资，但私人份额稳步增加，1987 年是公共部门的 3.7 倍（同上，表 1.3）。

46 Hamnett et al., 1988; Harloe et al., 1992.

47 Stegman, 1988, 199-200. 伦敦的净收益超过了纽约是因为其拆迁和遗弃的比例很低，而非由于有更多的新建设。

48 Lee, 1999。

49 见第五章。

50 Stegman, 1988，表 9.1。

51 Lee, 1999，表 4.2。1987—1992 年非住宅转换的数据未能取得。

52 REBNY, 1985, 1990。

53 Smyth, 1985，第 7 章；Ambrose et al., 1975。

54 Morley et al., 1989，第 1 章。

55 在一次采访中，英国房地产投资数据库（Investment Property Databank）的总经理鲁珀特·纳巴罗（Rupert Nabarro）估计 20 世纪 80 年代繁荣时期 50% 的房地产开发是由五家开发公司进行：奥林匹亚 & 约克（Olympia & York）、斯皮霍克（Speyhawk）、斯坦霍普（Stanhope）、格瑞可特（Greycoat）和罗斯豪（Rosehaugh）。

56 Mollenkopf, 1983。

57 Harding, 1994, 374。

58 Square Mile, 平方英里，是伦敦金融城的昵称，因其历史范围长期在一个平方英里左右而得名。——译者注

59 Pryke,1991。

60 见第九章。

61 原文为 Council housing，英国社会住宅的一种，由地方议会负责兴建与运营，主要建设时期从 1919 年横跨到 20 世纪 80 年代。——译者注

62 Thomley, 1991; Ambrose, 1986。

63 U.K. DoE, 1989, 5。

64 作者采访的开发商表示，他们会绕过那些他们认为不配合的自治区（通常是工党领导的或者是保守的环保主义者）。

65 在 1990 年引进统一的营业房产税之前，缺乏商业纳税人的地方当局得到一笔中央政府的拨款补偿。统一营业房产税施行后，任何地方都无法通过吸引商业来增加税收。

66 没有引用出版的资料来源，材料是由作者采访后总结的。

67 Daniels et al., 1990。

68 Key et al., 1990, 17。

69 Key et al., 1990, 40。

70 Jones Lang Wootto, 1987: 3。

71 PANYNJ, 1988: 6。

72 在纽约，1992 财政年度房屋评估价值相比上一年减少了 8.6%（New York State OSDC, 1991: 12）。

73 据报道，美国电话电报公司（AT&T）将其在曼哈顿上东区的总部以 215 美元 / 平方米的价格转租给索尼，仅超过那个地区平均水平的一半（Barron's, 1991, 10）。同时也有报道加拿大丰业银行将其市中心的一些空间以 129 美元 / 平方米转租给一家金融公司，并且有一年的免租期（*Crain's New York Business*, 1992）。租赁数据也不能反映交易，例如，大多数开发商必须提供免费设备、买断当前租赁等来吸引租户。

74 1974 年，英国房地产崩盘，价格下降了 40%，空置率仅为 11%（*Economist*, 1990, 82）。

75 纽约的开发公司是私营的，并不像公共公司那样需服从公开资料的要求，因此无法获得用于比较的数据。

76 Byrne, 1990。

77 S. Fainstein, 1992. 在 1991 年，两家银行共持有 41 亿美元尚未还清的房地产贷款，10 亿美元止赎房产，

以及 67 亿美元止赎贷款和问题贷款。陷入更多麻烦的是纽约最大的银行花旗银行，它持有 70 亿美元尚未还清的房地产贷款，20 亿美元止赎房产，140 亿美元止赎贷款和问题贷款（Barron's, 1991）。当然，这些贷款并不局限于纽约。

78 *Crain's New York Business*, 1991a. 银行合并除了直接影响就业和重组银行机构的空间利用外，还引起许多为之前两家银行提供服务的公司的裁员，因为现在只需要一个供应商。

79 Barrett, 1992.

80 60 多家银行，其中许多是外国银行，参加了联合承销特朗普的资产。另一位纽约最著名的投机开发商，彼得·卡里克（Peter Kalikow），在 1991 年中旬寻求破产保护。他超过 10 亿美元的债务主要是欠纽约银行。他还欠这个城市 100 万美元的房地产税（*New York Times*, 1991）。

81 *Financial Times*, 1991.

82 见第九章。

83 为吸引租户搬进这两个大型的新开发区，O&Y 买下了他们现有租约的全部产权。因此，除了在这两个城市拥有大量老建筑外，该公司还持有许多集团空间的租赁权。

84 关于其在伦敦所持股份的复杂描述是，它参与其他开发公司的股权投资，包括斯坦霍普，拥有其 20% 的股权。

85 在 1987 年第三世界债务危机的高峰期，66 个第三世界的债务方中，仅四个国家（阿根廷、巴西、墨西哥和委内瑞拉）的银行债务超过了 180 亿美元（U.S. Bureau of the Census, 1991，表 1486）。

86 Feagin et al., 1990, 84.

87 税收优惠是这样的，投资者即使用低于他们承担的成本的价格出租公寓，也能因为税收的计算而获利。他们能做到这一点，是因为即使他们借贷了大部分成本，但可以将住宅全部成本的贬值作为他们个人所得税的减免额。

88 U.K. DoE, 1991，表 6.4。住房协会得到来自中央政府对房地产公司的补贴，但协会是自主经营的并且对私人董事会负责。

89 这座城市最初计划于 1992—1996 年为经济适用房的补贴 13.4 亿美元，后来建议减少了近 38%（约 5.1 亿美元）（*New York Times*, 1992f）。

90 *New York Times*, 1992a.

91 REBNY, 1987, 1990.

92 *Crain's New York Business*, 1991b. 办公楼租赁市场尽管持续收缩，但降低租金成功地预先阻止了曼哈顿的公司先前打算搬至郊区的计划（*Crain's New York Business*, 1992）。

93 GVA Grimley, 1998, 1.

94 GLE, 2000a, 表 3.

95 1993—1998 年，估计有 85.5 万平方米的办公空间转变为住宅或酒店用途，并且还规划了 47.4 万平方米的空间（London Property Research, 1999, 23）。

96 GVA Grimley, 1999, 1.

97 GVA Grimley, 2000, 2.

98 GVA Grimley, 1999, 1.

99 Hamnett, 1994.

100 关于开发商额外贡献的规定见第 106 条条款规定。在美国与规划收益相似的概念叫做"exactions"，本文翻译为强制要求。——译者注

101 伦敦城指 City of London，是伦敦中心区的一个市行政管辖区域，包括伦敦金融城和核心历史地段。伦

敦城是伦敦最初的起源地，为罗马人在公元1世纪创建，仅为今日伦敦大都市区的一小部分，因其面积接近1平方英里（约2.9平方公里）被称为"平方英里"（Square Mile），或the City。因为各个地方当局的政策不同，下文对伦敦的讨论包括伦敦中心城部分地区的单独描述，以及整个伦敦中心城的分析。

[102] Byrne et al., 1990.

[103] 1991年，22个保护地区被指定，影响伦敦城28%的土地面积。

[104] 伦敦城法团（Corporation of the City of London），正式的法定名称为伦敦城市长、社团及公民共同体（the Mayor and Commonalty and Citizens of the City of London），这是伦敦城的市政管理机构。该法团是英国也是世界上历史最为悠久和持续存在的地方市政管理机构，其设置与权力架构、地位较为特殊，不同于其他自治区（borough或者city）。2006年，大伦敦市一级权力机构恢复后，为避免混淆，该法团更名为Corporation of London。伦敦城由一家159名普通议员和26名市参议员组成的法团管理。不同于成员仅由居民选举的自治区议会，伦敦城法团的成员由商业公司和少量常住人口选举。大约有14 000名选民选出法团的成员，选民大部分不是居民。选举系统最近有了些变化，不仅允许企业投票的原则被保持了下来，以前被排除的一些企业现在也获得了选举权。

[105] 直到20世纪80年代，伦敦城没有规划师，只有关心自己设计是否得到批准的建筑师。

[106] 见第九章。

[107] Jones Lang Wootton, 1987.

[108] 伦敦城法团（1999）。

[109] 访谈，2000年1月11日。

[110] 1993—1998年，伦敦城内超过4.6万平方米的办公空间已经改建为酒店和住宅，以及另外规划有6.8万平方米的空间（London Property Research, 1999）。

[111] 1985—1989年，维斯明斯特增加了超过37.2万平方米的办公空间，大约是城市总量的25%（Byrne & Kostin, 1990）。

[112] 虽然上东区不能称其居民如女王和首相那样有名，或者称其建筑如维斯明斯特教堂和白金汉宫那样尊贵，但它确实容纳了联合国及其相关大使馆，以及城市最理想的住所。

[113] 1990年维斯明斯特有12 000栋登记入册的建筑物（即保护建筑）。

[114] 除了住宅存量的商业压力，商务旅客的短租需求抬高了价格，超出了未来永久居民的购买能力。

[115] Westminister（1988）.

[116] 信息由LDDC提供，1989年1月。

[117] Goss, 1988, 92.

[118] Goss, 1988, 101.

[119] P. Newman et al., 2000.

[120] Southwark Council（未注明日期）。

[121] 访谈，2000年1月6日。

[122] Edwards, 1992. 彼得·霍尔记录了英国新国家图书馆在卡姆登选址的争议。他对原先涉及布鲁姆斯伯里地区的大量拆迁的规划评论道："自英国建立以来，很少有决策能立刻激起这样的谩骂。"（Hall, 1980, 177）作为伦敦大学和众多文化机构的故乡，卡姆登市的社会构成有点类似于纽约上西区，居住着许多表达力很强的居民，他们在开发问题上与工人阶级邻里联合起来。

[123] 见第6章国王十字车站项目的细节讨论。

[124] 2000年，位于格林尼治半岛的千禧巨蛋，预期成为当年伦敦年度庆典的展出地。但实际情况相反，它成为了一个规划灾难，不仅游客数量未能接近其预测，而且成为被媒体广泛嘲笑的对象（Thornley, 2000）。

125 Buck et al., 1992.

126 Aron, 2000, 35.

127 Holusha, 1999; Rothstein, 1998.

128 Williams, 1996, 35.

129 Croghan, 2000a, 3; Dunlap, 1998.

130 尼古拉斯·里恩曼（Nicholas Lemann）已经观察到，在美国，即使是在以前有强大商业领袖的城市，大型企业所有权的影响已经削弱了当地资本家与其所在城市之间的关系，"有人将地方企业的推翻与破产联系起来，如同在经济大萧条情况下……但今天正是经济繁荣在推翻他们，通过买进和交换他们之前控制的机构"（Lemann, 2000, 44）。

131 *Crain's New York Business*, 1992, 11.

132 1989年开始的第二次财政危机，除了菲力克斯·罗哈廷（Felix Rohaytn）、拉扎德公司（Lazard Freres）的合伙人以及纽约市援助公司（Municipal Assistance Corporation）的负责人，其他商业领袖基本都退出了重要角色。据称，他们之前小心谨慎和近来被动的原因是20世纪70年代中期纽约银行大举投资纽约债券，这次他们必须确保不会有严重的风险（Fainstein, 1992）。

133 Sleeper, 1987; Newfield et al., 1981; Barrett, 1992.

134 Fainstein et al., 1998.

135 区划特殊许可（variance）是指允许开发商免除区划法规中的一项。区划法规指定了地块可能的土地使用类型（如办公、生产等）、高度、容量和建筑密度，与街道的关系，沿路控制等。

136 具体参考管理法规的相关条款。

137 Bagli, 1997a.

138 Bagli, 1997b, 1999a.

139 Bagli, 1999b.

140 Bagli, 2000c; Sandler et al., 2000; Kolbert, 2000.

141 《纽约时报》社本身就在努力为其拟建的在第八大道的新家要求税收优惠。

142 杰森·爱普斯坦（Jason Epstein）（1992）在有影响力的《纽约书评》（*New York Review of Books*）的一段长评，将城市不支持制造业并且大量支持房地产发展作为论据的基础，认为这是纽约明显恶化的原因。尽管写在1992年，但是在房地产市场完全不景气的环境下，它代表了一个相当迟来的回应。

143 Barrett, 1992, 311.

144 *New York*, 1987, 50.

145 *Newsweek*, 1987, 52.

146 区划奖励是指允许超过区划法规定的空间限制。

147 即 as of right。——译者注。

148 空权（air right）是在建筑物没有充分利用区划法规允许的建造体量（envelope）时存在的。从本质上讲，一位没有用完可建的建筑体量的业主可以按照法律，将未使用的部分出售给相邻基地的开发商。

149 关于对通过提供设施换取建筑面积奖励的建筑抽样调查研究预计，开发商由此获利的市场价值为1.08亿美元，虽然他们提供设施的成本大约是500万美元（New York State OSDC, 1988, MS-3）。

150 NYCPC, 1981.

151 信息由 Real Estate Board of New York 提供。

152 1986年，科赫（Koch）市长推出了十年住宅计划，旨在1987—1996年建造、保留和修复252 000套经济适用房单元（见第五章）。

153 超过 12 000 套豪华住宅（上一年的两倍多）是在项目的最后一年 1985 年开始的（REBNY, 1990）。

154 1985—1990 年，上东区的市中心增长了 50.2 万平方米，上西区市中心（增长了）72.5 万平方米，下城（增长了）164.4 万平方米。信息由 Real Estate Board of New York 提供。

155 Lentz, 2000a.

156 见第七章。甚至那些住在布朗克斯、布鲁克林、皇后区和斯塔顿岛的人把曼哈顿称作城里（the city），把他们所在的地点称作"区"（borough）。在伦敦，通常的区别是由伦敦郡议会管辖的伦敦中心城和"外部诸郡"之间。大部分外围自治区更像是纽约的郊区而不是行政区。伦敦绿带外的区域被称为"外围大都市区"，大致相当于纽约外围的郊区。

157 Fainstein et al., 1987.

158 Trager, 2000.

159 Ratner, 2000.

160 SERPLAN, 1992, 3.

161 PANYNJ, 1992, 6-8.

162 1992—1998 年，动画电影的工作机会上升了 24 000 个，代表了 13.2% 的复合年增长率。按百分比算，下一个最大规模的是商业服务，增加了 752 000 个工作机会，或者 5.1% 的复合增长率（更大的基数）（纽约和新泽西港务局，1999）。

第三章 市场、决策者和房地产周期

第三章 市场、决策者和房地产周期

对房地产市场波动有不同的理解方式。房地产一直符合高度周期性变化的趋势，一些理论也力图解释这一轨迹。[1] 我的研究试图找出使 1978—2000 年伦敦和纽约市场起伏的潜在因素。

一个典型的房地产周期通常是这样的：在经济扩张期，对空间的需求急剧上升，但由于空间供应在短期内相对缺乏弹性，租金和房产价值会迅速上升，结果那些预料到需求增加的人将享受飙升的利润；这时其他人会注意到供应不足的情况，开始建设大量的项目，当投资者预期建筑物的价值上升超过其他投资增长时，就会发生空间的生产过剩；然而，供应通常会迅速超过需求，并且正如在 20 世纪 80 年代后期发生的，如果整体经济收缩造成空间需求的萎缩，就会更快出现过剩，价值下行得像增长般迅速；业主通过降低租金、免月租金、订制家具等，拼命争取去吸引或保持租户；开发商发现自己拥有的建筑物空置或半空置，既不能指望用现金流偿还建设贷款的债务，也无法长期抵押已建成的建筑物来为他们的贷款再次融资，金融机构不愿意再投资房地产，丧失的抵押品赎回权使房地产价格进一步降低，因为借贷方不得不低价处理这些房产。

市场收缩之后，新建设停滞，这意味着当商务开始再度扩张或寻找新的符合标准的区域时——例如提供多种宽带光纤电缆出口的——先前产生的剩余会被逐步吸收。由于金融机构仍不愿投资于房地产，开发商没有准备好兴建新建筑，需求再次开始超过供应，房地产的收益又迅速上升，然后这个循环重新开始。

为什么会有周期？

伦敦和纽约的房地产市场一直特别依赖金融和商务服务业，一方面 20 世纪 80 年代的繁荣和 90 年代初的崩溃可以直接追溯到金融与商务业的关系，金融业的增长与高度依赖于金融业的商务服务（例如会计师、律师事务所，管理顾问）增长之间的密切联系。在 90 年代后期情况更为复杂。虽然这个时期房地产的价值上扬部分是由股票市场的急速增长所驱使，金融服务业的就业却没有像其收入增长那么迅速。对空间的需求来源广泛，包括商务服务业，如广告、建筑业，这些与电信、信息技术、休闲娱乐联系更紧密，而非金融业。因此，在 20 世纪末，这些行业和为他们服务的部门的扩张吸收了空间的大多数需求。与此同时，银行和其他金融机构在房地产投资方面变得更加小心，这意味着经过连续七年的经济繁荣，空间的需求相对于供应日益增加，商务租金暴涨。[2] 这种平衡是否能继续，更加多元的用户是否将导致更高的稳定性，这些都无法预言。本章其他部分将会更紧密关注过度供应和短缺的状况。

过度供应

对房地产生产过剩的标准解释是，项目需要较长时间完成，投资者不容易预测其完成时的市场状况。正如农民必须在了解作物市场之前就开始耕种，开发商没办法简单调整库存以适应目前的需求。在这方面，房地产投资本身性质就是投机的。

行业结构也增强了其周期性倾向。正如农业部门一样，由于很多相同的原因，房地产行业往往会生产过剩。而房地产行业比农业竞争力弱，没有少数企业能够占据足够的主导地位以控制市场过度供应问题；[3] 因此，即使开发商预期供大于求，他们也不能控制建设总量。开发商有的试图在开工前就预定出租建筑物以减少风险，而且金融机构一般在确认有重要租户前不会轻易借贷。[4] 80 年代的银行非常愿意借钱给有投机性质的建筑物；到了 90 年代，银行不再这样做。正如我们将在第九章看到的，伦敦的奥林匹亚和约克公司（O&Y）通过买入其他开发公司处心积虑地谋求控制市场，但最终仍然失败。

到了 1987 年，伦敦和纽约已规划的项目显而易见能够满足所有可能的需求。此外，这两个城市的投资者可以看到许多其他地方过度开发写字楼市场的例子，尤其是在美国的所谓阳光地带（Sun Belt）。早在 1986 年，财富杂志就曾称这一时期为"最糟糕的房地产时期"，并指出尽管总体经济在扩张，美国超过五分之一的办公空间是空的。[5] 丹佛、迈阿密和达拉斯整个 80 年代的空置率徘徊在 18% 以上，见证了建设者是如何积极建设以十万平方米计的空间来回应服务业扩张的需求。⁶ 稍微谨慎一点就能断定，伦敦和纽约也是如此。然而，开发商继续梦想做更大的项目；银行增加放贷；房地产分析师继续建议客户投资房地产；政府部门坚持房地产为主导的发展是弥补财政和就业不足的良方。

建设的压力

当我问领头的开发商、贷款机构官员、房地产顾问以及政府官员，为什么在成山的市场走弱的证据面前，项目还持续进行，他们的反应相当一致：从众的本能在起作用（"这些基金经理跟羊群没两样"，一家公司董事毫不犹豫地说）。一位英国最大的公司首席执行官声称自 1986 年以来已开始逐步出售房产，因而在暴跌中完好无损："失败来自愚蠢。这个行业里大多数人的智力水平处于赤贫状态。大多数贷款人没有受过教育，没有良好的训练。"一个知名的投资公司合伙人说了几乎同样的话："银行有从众心理。它们没在 1974 年里学到任何教训。它们没有智商。"另一位伦敦的首席执行官判定："这个市场的驱动不是靠经验或技术，它靠感情。"

同行业的美国人得出了类似的结论。用一位曾担任多个公共及私营部门高层职位的观察者的话说，"金融机构钱太多。它们永远也不吸取教训"。一位顾问表示："每个人都想去房地产业。大家对房地产有很大的偏见。在 70 年代这种势头就有了。80 年代彻底爆炸。预测总是美好的。谁都不愿意看到饱和出现。有一种乐观主义叫'我的项目是最好的'，加上现金满地都是。"许多观察家表示赞同，每个开发商都设法说服自己和投资者，即使其他人不行了，他们的项目终将成功。对这样的莽撞行为流行的解释是"更傻的傻瓜"理论：根据这一假设，再不好的房地产项目也可能脱手。⁷

知识渊博的分析师一致认为，资本供应决定市场，只要有人愿意提供必要的资金，开发商就会愿意建设。⁸ 根据一个开发商的说法："通常的认识是银行资助建造者的建设。事实上，反着说也对。金钱是必要条件。如果你有钱，你就建。"80 年代的开发商在一个项目上只需投入很少的自有资金，因此他们几乎没必要谨慎行事。另一位开发商评论说："每一个人都喜欢盖房子。他们忘记了风险。他们花的不是自己的钱。用别人的钱盖房子多好啊。"即使开发商预见到问题，他们也可以规避个人风险——大部分开发公司拿到的融资是无追索权的，贷款用建筑抵押，建筑商违约了不用负责任。[9] 开发商还受到政治领袖的鼓励，认为这样可以创造就业和税收。

此外，如果没有新项目，开发商就不能保持他们的组织运营和薪水开支。一位开发商把他的运营和电影制作相比，在其中他是制片人，带领建筑师、承包商、律师、会计师、财务顾问、投资人、建筑工人等一起创造和支持一个建设项目。虽然开发公司本身雇佣的核心人员很少，但任何规模的削减都会给未来的生产造成困难，威胁到背后企业组织的私人关系。

银行家们似乎应该比开发商有更大的积极性抑制风险。但是，正如另一位首席执行官的评论："银行通过竞争来获得交易，而不是先做一个全面评估。"一位投资银行家觉得自己与开发商无异："投资银行家只是中间商。只要有买家买（债券），他们就承销。"商业银行看上去跟投资机构的位置不同，因为对贷款承担直接风险，因此想必有理由更加小心（虽然连他们都能够通过捆绑贷款并最终证券化过滤掉一些风险）。[10] 然而，他们缺乏其他贷款出口，再加上他们会因为发放资金的服务而抽取费用。一位在房地产领域投资过度的美国顶级养老基金副总裁回想："商业银行一直是房地产资金最大的来源，它们被收益所驱动。相对于其他业务，在这个领域能获得的单位时间回报率最高。"

一位来自英国非常大的、相当保守的房地产投资公司总监回想起在20世纪80年代遭受的压力："我像是在一台上市公司的跑步机上。那些分析师们无时无刻不在盯着你。"如果公司资产没有充分杠杆，就会是一个诱人的被收购目标，他因此被迫投入大量精力去克服这样的可能。虽然1991年时他对自己公司的稳定非常自豪，仍然对在扩张的年代里遭受的辱骂耿耿于怀："他们指责我们晕头了。"在超常活跃、交易频繁的80年代金融世界里，被指控昏昏欲睡似乎是所有侮辱中最尴尬的。

事实上，交易的压力并不是简单源于跟风或时不我待的精神。公司的长远利益可能取决于明智的投资行为，个人寻求及时的回报则要依赖公司的业务增加而获得奖金、晋升和不断上升的股价。对于公开上市企业，股票价格取决于增长。对银行和其他投资机构，很多在80年代都承诺给投资者和储户高利率，都在急切地寻求高报酬的出口。[11] 过去利用房地产作为对冲通胀的成功经验进一步强化了投资者认为地产代表一种明智的投资选择的观点。

供应不足

20世纪80年代、90年代房价急剧上扬，一些特定产业突然开始了一段意想不到的增长。在80年代是金融及相关商务服务业；在90年代是基于信息技术的"新经济"的各个部门以及旅游和休闲产业。如果一个人浏览这二十年开始时的经济预测，会发现找不到显示这两个时期特定产业发展的任何迹象。1980年曾有过就业岗位持续郊区化或流失国外的顾虑。没有人预见到日益的全球化会强化原金融中心城市商务区的重要性。90年代信息技术的发端预计会推动进一步离散化，也没有人预言互联网革命。即使有人做到了，他们也肯定不会想到这股浪潮会召唤平面艺术家、广告公司和媒体人物为其服务，而这部分人才大多住在伦敦和纽约的市中心。意外的还有文化产业的再度走强，包括纽约和伦敦的剧院，甚至远郊的主题娱乐公园都搬回了两个城市的中心。这些新的或更新的活动集群成为提高经济活力的动力，并因此要求新的建筑和土地用途的改变。事实上正是这些预测的失败，也许解释了为什么房地产业往往不愿意依靠研究和分析作为决策基础的原因。

建议与研究

房地产开发商和投资者需要两种类型的信息去思考企业发展：第一，当开发完成时整个市场形势可能的走势；第二，什么类型的项目在哪个地块上最有可能产生最大的回报。在我的行业调查中，我试图发现这些信息的来源及其对投资决策的影响。

正如在其他任何大产业一样，房地产投资和开发公司既雇佣内部员工，又聘请外部顾问用于咨询和研究。伦敦和纽约两地对于这类人的培训是不同的。在英国，特许测量师的职业资质要通过正规的教育和实习培训，他们学习有关房地产的各个方面，从建筑技术到融资、估价。许多大型开发公司的人员经受过这样的培训，地方政府的许多规划师也是如此；并且，测量师事务所同时为公共和私营部门提供咨询服务。[12] 美国没有类似的专业存在，它的职能由规划师、律师、房地产经纪人和商学院毕业生分门别类地提供。相应地，在美国的战略分析更趋于碎片化和感性。尽管如此，伦敦和纽约房地产市场在20世纪90年代的经济衰退中有着相似的境遇，测量师的专业知识貌似可有可无，事实上在伦敦仅有小部分的银行和开发商会敢于冒大型投机风险，这再次说明，有分量的分析只能提供给那些愿意寻求者。

两个城市里都没有几个开发公司开设内部的研究部门；有的也不过主要是在早期开发时调查消费者满意度以调整设施配套来促进未来的销售。大西洋两岸的开发公司负责人都表示不信任正规研究行为的实用性。一个很大的伦敦公司首席执行官说："我们有过各种市场研究顾问。他们做研究。但他们看错了（市场）。"一位1991年徘徊在破产边缘的大公司董事长这样怀念过去美好时光："我们不会做很多的研究。我们了解市场。对市场的感觉是最重要的。"一家英国大房地产公司的负责人表示："我们没有真正的研究部门。研究在我的脑子里。我每天都在和（金融）市场的人交谈……我们有一个圈子。"某位纽约杰出开发商也这样宣称："大多数开发商靠直觉感受哪儿有机会。他们不靠经济研究……一个实际问题是：你在猜测未来，所以过去不会告诉你想要知道的。"另一位纽约CEO也驳斥了研究成果的实用性："这是用今天的智慧外推未来。"开发行业少数女性中的一位认为："应该本能地去觉察事物，去接触它们。"

到了90年代末，两个城市对研究之无用开始有所分歧。一位伦敦开发商评论："现在研究领域还是有些不错的人。在80年代统计根本不行。现在信息质量好多了。"一位房地产顾问公司的首席点评："我们现在在做的几乎所有的事情（即发生在伦敦的）都是规划引领和研究引导下的。"一位来自英国合伙公司（English Partnerships，伦敦一家受政府支持的半独立更新机构）的总监表示："以前过度的投机热潮是基于不切实际的数字和预测。现在我们审核数字非常谨慎。"一个大开发商表示他聘请研究顾问对他感兴趣的基地进行研究。金丝雀码头公司执行总监宣称："我总是在做很多研究。金丝雀码头都被研究透了。研究是对更大市场的理解。我们需要了解客户的需求。这里有能力做到这个程度。我们尝试更大范围地分析行业，以回应客户的需求。"

纽约最近关于研究的使用与价值也发生了变化。一位开发商称："房地产业是企业家行为的最后领地。每一个基地自成一格。研究也无济于事。这是运气。"一位顾问认为，研究比以前用得多了，它"已经使行业更为保守"——不一定从好的方面而言。他的公司为开发者提供咨询如何识别技术租客，以及需要什么物质改进和财务措施来吸引他们。一名知名规划师断定那些"房地产领域的家伙没有任何的分析能力"。

第三章 市场、决策者和房地产周期

尽管对研究和分析有了更多的依赖，直觉和关系仍然在行业运作上保持着根本作用。几个开发商表示，他们选择基地主要依靠小道消息和偶然的机会。据一位纽约开发商说："我根据建筑上看到的告示来挑选基地。我知道这个地段好就会跟进。经纪人随时随地会给我电话——有些很有用。律师介绍也很重要。"一名房地产律师发出这样的评论："如果你从事这个行业，你会接到很多电话——从经纪人、朋友、客户或是任何知道点消息的人那里——他们都希望收点中介费。他们给我（即律师）而不是客户打电话，因为他们知道这样一来，许多客户都成为潜在的买家。在这个阶段你不是律师，你只是一个中间人。"

即使是在金融机构，个人关系也在判断某开发是否值得资助时占用一席之地。某总监管理着持有最多房地产资产的美国养老基金的纽约分部，她表示投资决策从根本上取决于谁是开发商："我们跟主要的玩家非常熟络。我们的投资几乎都是给打过交道的开发商。我们必须信任那些开发商、认同他们的理念。我们员工不多，因此我们必须依靠开发商的决策。"英国一位投资公司的管理合伙人表示："我们如果涉足一项房地产交易，首先是因为相信这个人，然后是市场，最后才是区位。"一位大银行的房地产金融副总裁断言："我们只和我们知道并信任的人做交易。"

开发商只有在有非常具体的问题时会来征求意见。他们向贸易机构，如英国房地产协会（British Property Federation）和纽约的房地产委员会（Real Estate Board of New York，REBNY）寻求有关税法规定、租赁立法和建筑法规的信息。一旦确定希望开发的场地，他们向规划师和律师咨询规划许可和区划方面的援助。他们的研究主要是针对所开发的单个房产可能的前景，假设目前整体的趋势将延续，影响市场宏观走向的力量通常不是调查对象。只有零售开发商做很多市场调查，但他们的重点主要在人口预测，而不是他们的竞争对手可能的行动——也就是，他们预测需求变化，而不是供应。

在做决定时，机构投资者通常比开发商更依赖市场数据。[13] 各种各样的金融咨询公司给其客户提供定期的市场更新。这类公司的一位总经理说："伦敦内部的金融机构会仔细研究市场，利用（20世纪80年代的）牛市增持房地产。建那些建筑的人都是投机商，不做研究，不思考长期（回报）。大部分资金来自非传统渠道，尤其是日本银行。"在纽约，比较难划分哪些机构依赖于研究、得以在市场见顶之前退出，哪些更愿意资助投机性质的房地产开发。许多美国国内大型银行和保险公司都在 1989 年的房地产崩溃之前陷得很深；更谨慎与否是个人管理特征，而并未与公司的类别相关联。

即使开发商和投资者减少对自己直觉的依赖，更多地听取专业人士的意见，他们在 80 年代采取的行动也很可能不会有什么不同。正如一位特许测量师苦笑道："顾问如果告诫大家，未来形势开始恶化、应该回撤（资金），他将得不到任何好处。"对律师、特许测量师、经纪人和房地产行业的其他顾问来说，往前推进项目有百利而无一弊。敲定项目意味着高额顾问费用；对于糟糕建议的唯一惩罚是损失名誉——既然每个人都在鼓吹房地产投资，不可能有哪个公司会因此而被单独问责。

有意思的是，在近期的牛市里大家的态度有了很大的变化。被采访的每个人都同意，借贷人现在审查交易更严密，要求开发商承诺更大的现金流比率（25% 左右），且一部分要开发商自己提供。银行和保险公司减少了房地产投资比率，而一些非传统的贷款机构，包括投资银行和金融控股公司的贷款子公司，已经金盆洗手。总的说来，借得少了，而风险比以前被更广泛地分担。上一次低迷的记忆并没有消退，相比那些通过购买首次公开发行上市的股票追逐财富的行为，投资者在房地产领域似乎变得彻头彻尾的保守。

政府的角色

在 80 年代，伦敦和纽约的管理机构不但放弃了它们早期约束增长的诉求，反而投身于增强扩张的趋势（见第四章）。赋予开发商的各种好处，包括提供基础设施、廉价的土地、资助、贷款，以及监管和地方税收减免，进一步诱发了（开发）活动。再加上英美都在国家层面为经济增长而提出了鼓励私营市场的战略，以及有利于房地产投资的税法，这些地方举措放松了对供应的限制。

80 年代英国财政部抵制采取税收优惠，对房地产发展的政府鼓励主要源于放松管制。在这个十年结束时，政府确定了一定数量的开发基地，而且利用基础设施建设和开发场地的整合来带动私营投资。英国有些开发商感叹伦敦缺乏一个总体规划部门，相应地他们支持建立大伦敦政府。他们认为在前十年里行业会得益于对开发有更多的协调和限制。一个在当时的伦敦非常活跃的公司董事长说："过度建设对社会和经济有害……我（现在）希望有规划的约束。得到审批已经太容易。只要你为他们（地方当局）提供规划增益。以市场为主导的开发已被证明不像我们预期的那样伟大。在管制与企业家之间没有压力，就没有平衡。"

与此相反，没有一个我采访到的纽约房地产领袖希望受到政府的约束。当一位曾在城市机构工作过的企业负责人被问到，如果城市对开发进行限制它是否会更好时，他颇具代表性地回答："为什么政府要担心供过于求？政府不应该保护市场。"不过，纽约开发商偷偷摸摸地试图通过资助反对其他开发项目的环保团体，去限制开发总量。因此，42街再开发的社区反对者手中掌握了大笔可支配资源，其背后提供者身份不予披露。而开发商西摩·德斯特（Seymour Durst）——时代广场一带的一个业主——公开支持反对四幢大型写字楼开发的企图（最终他的公司——以他的儿子为首——成为指定的开发商之一）。唐纳德·特朗普试图阻止特朗普大厦第五大道对面的一个竞争性建筑，他为反对的民间团体——市艺术协会支付了5万美元律师费。[14]

在80年代，伦敦和纽约的政府官员拒绝承认引导市场是他们的任务。一位伦敦自治市议会的领导人评价说："我总是觉得开发商不可能想要规划，他们是自由市场制度的支持者。没有人强迫开发者过量建设。"伦敦金融城的一名议员说："不存在过度建设。从租户的角度看，有更多的可用空间是好的。是否要建设是业主的选择，而不是规划师的——规划许可并不强制建设。规划者不应该预知市场；他们没有资格做出判断。"

一位纽约开发机构负责人在1991年接受采访时问道："是我们过量建设，还是我们只是失去了非常多的就业岗位？今天的盈余是四五年前决策的结果。"他认为"政府不可能准确地预测当前的形势"。有趣的是，在旧金山，有公民投票倡议将写字楼开发限制在每年一百万平方尺以下，这遭到了政府官员和商业利益的激烈反对。然而，该限制被采纳了，控制新建筑的结果是，即使是经济衰退之际，（旧金山）空置率从1986年的18%降至1991年的12%。[15] 显然，政府的控制有潜力可以稳定行业。

伦敦和纽约之对比

在20世纪的最后二十五年，伦敦和纽约在房地产投资的数量及类型上留下了相似的轨迹。在80年代和90年代初期，它们在公共和私人决策的特征上相互呼应。然而，到了90年代末，两者发生了分异，政府干预引导开发在伦敦变得越来越明显，而纽约并没有。工党政府上台后（英国）政府决策的这种重大改变更加明显，但这种指导的趋势开始得更早。

这两个城市之间开发商态度的差异来自他们领导企业的类型。伦敦的房地产公司主要是公共持有的，企业负责人通常会被逐级提拔，跟其他商务组织一样。而另一边，纽约许多的大公司不仅是私人持有，而且是由家族掌控，如勒夫拉克（Lefrak）家族、罗斯（Rose）家族、鲁丁（Rudin）家族、铁狮门（Tishman）家族、德斯特（Durst）家族和特朗普（Trump）家族，是纽约领头的几个不动产家族，公司以这些家族的名字命名。在许多情况下，首席执行官是创始人的儿子或孙子。纽约的企业文化往往比伦敦的同行更个性化，并与政府官员的关系更密切。

在纽约房地产的世界里，取代伦敦金融城小圈子的——那里的关系通常是基于含糊的理解而不是正式规则——是同样非正式的，但更明确的礼尚往来。感情用事不是俱乐部会员和校友关系的产物。开发商热心捐助政治竞选并期望有所回报。[16]建设工会和承包商都出了名的能搞事，还有很大的政治影响力；开发商的成本里常常包括额外的人工费用和回扣。用一位知情人士的话说：

> （纽约）市和（纽约）州……的政治制度腐败透顶，它们心理上断定企业一定要待在城里。这个制度设计专门用来挑拨离间。80年代热钱在那里待了一小会儿。但政治制度增加了做生意的成本，企业没必要再留下来。这个腐败的政治体制间接征了很多税。

相比之下，伦敦的房地产公司里，即使是最毒舌的批评家也不相信个人收益会明显扭曲政府和开发利益之间的交易。拥有20亿欧元资产的一家英国公司首席执行官说，他的公司准备离开纽约，因为那里太腐败了。他不相信跟政治家保持密切联系在伦敦会起作用，并声称他没有给过政治献金。

在20世纪80年代，伦敦公司的开发成本基本完全来自借贷，并且通常在敲定租户之前就开始建设。从表面上看他们的业务比纽约同行更具投机性，但伦敦的写字楼开发商处于一个更容易预测的市场。虽然这个体系最终因需求疲软而走低，写字楼租户通常持有二十五年的租约，租金每五年审查一次，只升不降，由特许测量师事务所进行。业主和租客各有测量师代表他们的利益；如果他们不能达成一致，仲裁员会作出最后决定。由于很少有租约是一年到期，该制度保证在市场低迷时期多数租户不那么容易砍价；对于那些租约仍有多年才到期的，打破租约的成本非常昂贵。纽约市场暴跌时很多大型租户趁机敲了业主一把，将市场均价下降的幅度推得远远超过伦敦（表2-3）。

在90年代，随着市场升温和几年没有明显新增的空间供给，这两个城市的业主不再给新租户提供优惠，租金最终达到并超过了其先前的水平。原先不受欢迎的地方变得有吸引力，或是因为它们更便宜，或是因为能更好地适应租户的需求。在纽约尤其如此，这里的"新经济"企业喜欢工业建筑，这比一个平庸的中城地址看上去更时髦。

伦敦租客的替代品比纽约少。因为在英国没有其他城市能够与伦敦竞争金融和先进服务业。在美国一个中心城市的办公位置并不拥有特殊的声望。而在英国，对伦敦中心城以外的地方仍拥有相当大的偏见。[17] 这种情况正在转变，英格兰东南部变得越来越多中心，但在中期内传统仍然偏好伦敦，跟英国的其他部分有着明显差异。相比之下，纽约的优势地位受到了威胁，不仅来自美国其他主要的金融中心——如洛杉矶和芝加哥——还包括纽约自身的周边地区。在它周围如新泽西州的普林斯顿和康涅狄格州的斯坦福德（Stamford），有着和曼哈顿一样的美誉。此外，与曼哈顿一河之隔的新泽西城（Jersey City）已开发了高密度、高层为主的中央商务区，虽然坐落在另一个州，实际上是纽约市的延伸，并且可以提供更低的运营成本。未来，来自欧洲大陆的竞争可能会挑战伦敦的优势地位，但巴黎、法兰克福和布鲁塞尔不太可能在金融市场将伦敦逐出主导地位，征服那些说英语的为世界市场服务的企业。

相对于其他城市——除了东京——伦敦的入住成本非常高。[18] 这来自几个因素，包括上述的租约安排、其长期严格的规划管控和土地所有者的垄断地位。虽然这一情形保护了建筑物的所有者及其债权方，但伤害了伦敦在世界上的竞争地位，促使大都市价格膨胀。简单地说，这些传统将房地产行业凌驾于英国其他所有行业之上。

房地产周期的后果

尽管有着市场的差异，伦敦和纽约的开发商在房地产繁荣时的算计差不多。大型办公或多用途建筑是20世纪80年代的主要投资对象；现存结构改建为住宅或办公用途在90年代提供了相当数量的空间。80年代两地的房地产分析师双双强调金融机构需要老旧建筑物无法满足的更大面积的交易大厅。事实上需要这样设施的公司总数少得可怜，而且证券市场的低迷使公司减少了雇佣和合同数，空间需求相应缩水。而且，即使是拥有大量交易员的公司，对为什么要让员工保持在能听到彼此叫喊的物理距离内，也没什么技术原因，更不用说随着先进的电脑网络的发展，这种需求进一步降低了。[19] 尽管在90年代随着牛市复苏，证券公司和投资银行再度扩张，其他金融产业部门，包括银行、保险、并购管理也搬回这些产业周边，并通过并购被吸收。网上交易的增长意味着券商将减少其空间需求。因此，依靠金融业消化大量空间的程度未来可能会在纽约和伦敦降低。

伦敦和纽约曾经有着非常不同的住宅市场结构，但在过去的二十五年里变得越来越相似。公共部门的住房供应在英国已经下降到接近停滞，只有住房协会仍在持续建设非常有限面积的社会住房。纽约有过令人吃惊的变化，依据科赫政府的十年住房计划，这里未来建造的有政府补贴的经济适用房（affordable housing）将大幅度超过同一时期的伦敦。然而，朱利安尼上任后对建造低收入住宅的兴趣急剧减少。私人开发商在这两个城市建造的几乎全部是定位豪华市场的公寓（condo）或合作住宅（co-op）。对这类产品的需求随着总体经济情况波动；在经济衰退时期几乎不存在，但在80年代和90年代价格涨幅远远领先于通货膨胀，在20世纪末达到令人眩目的水平。

这两个城市80年代城市更新的主要政府战略是鼓励房地产开发。在伦敦主要是通过放松规划管制而实现；在伦敦码头区开发公司的管辖范围内，还包括基础设施投资、以低廉的价格销售土地和税收减免。在纽约，这个期间税收优惠是主要刺激发展的手段，但是正如本书案例研究所述，也包括其他方法。在90年代，英国终止了城市开发公司和企业特区，从而结束了赋予房地产商的许多独特优势。同时，英国开始委托伦敦各机构制定规划，提供更具战略性的引导。他们将大规模开发限定在特定区位，控制边远地区大型商场建设，确保开发商在新开发中为社区提供社会福利和就业机会，以及其他社会事业。在2000年之际许多项目还在酝酿中，但它们已经清楚地表明开发方法的变化。伦敦的企业参与了众多的促进发展的合作伙伴关系，似乎并没有把社会目标看作是与房地产开发利益冲突的一件事。相反，纽约90年代的开发仍然是机会主义的，严重依赖税收补贴，与社会计划毫不相干——除了在联邦哈莱姆—南布朗克斯振兴区（Harlem/South Bronx Empowerment Zone）——并且主要限于曼哈顿。

房地产为主导的经济发展战略意味着原本可能使用在其他地方的公共资源逐步深陷房地产领域。政府刺激大规模商业开发会带来沉重的公共成本：它涉及大量公共人事费用；它往往依赖于低于市场价格出售公有土地；它需要大量的基础设施建设支出；这会驱逐其他用途的土地并造成士绅化；中央商务区的开发以邻里发展为代价；以及往好了说也是对城市环境质量的混合影响。如果这项投资的真正目的是吸引企业和就业，那么应当降低的是进驻成本，替代补贴建设的应直接针对企业——为劳动力提供培训，为设备和创业提供贷款或拨款，或者通过利息减免。在现实中，公共资助集中在一个主导产业——房地产行业，其本身已是纳税人的投资；令人讽刺的是，公共部门没能控制80年代的扩张，反而动摇了房地产部门。在90年代末的热潮中，供应过量的问题并没有让投资者、债权人和开发商更加谨慎，主要原因是显而易见的。

扩张性政策的辩护者认为，空的办公楼没有坏处，新建筑最终将被充分使用，而老建筑会慢慢被废弃，这样可以降低价格，空置会鼓励经济增长。伦敦和纽约房地产行业在90年代初崩溃后的经济表现，似乎证实了这种观点。大量相对廉价的空间允许企业在创办或扩大时不会遭遇瓶颈。它使新媒体和信息科技相关的企业在大而密集的大都市区成长起来，而不是被驱赶到郊区边缘。然而，这并不是房地产过剩的必然结果。如果创新浪潮并没有正好赶上这个有利时机，很多空间将仍然是空置的。而且，特别是纽约，在过度依赖单一产业——金融后，脆弱的互联网公司（dot.com）取而代之，后者往往生命周期极短。

政府的初始干预是为了防止土地价格的通货膨胀，避免房地产价格让企业和居民难以负担。但是，与控制价格上涨相反，它首先刺激了投机，使土地价值增幅大大超过生活成本；最终它导致了供应过量和快速贬值，公共投资价值相应降低。[20] 如果2000年的房地产价格是温和地逐年上涨到达同样的水平，社会后果会与交替的繁荣和萧条有所不同。不那么赚钱的生意失去了工作场所、原来建立的客户群体模式解体；曾经的商务和居住社区无法复原。收获是最终促成了多元的商务区和住宅社区的混合存在，低成本的用途迁入了原本难以负担的地点。这种收获建立在那些投资人和开发商的生活与财富遭受了极大破坏之上，他们依赖于只会涨不会降的赌注，资产极度贬值。房价上涨的时候支付成本的是那些因为价格飞涨被动迁驱逐出去的（企业和个人）。如果按照舒比特（Shumpeter）所说，创造性摧毁是资本主义增长不可避免的成本和结果,问题是,将周期放缓是否会降低创造性?如果不是的话,那么对摧毁加以约束是可行的。

在本书的第一版,我表示不知道伦敦和纽约是会继续 20 世纪 80 年代的萧条,还是从周期性低谷中再次产生新的需求并逐步回升。从现在往回看,我现在可以宣布可用的低价空间促成了 90 年代的增长,虽然它不是主要原因。然而,对于曾认为价格会一直上升的借贷者和开发商,从 90 年代获得的经验十分明显:促进房地产开发不等同于培育稳定的经济增长,以及反对行业监管实质上不符合它们自己的长远利益。

注释

1 参见 Lichtenberger, 1991,他提出了一种制度主义的分析。Mills, 1980;Scheffman et al., 1978;Sweeney, 1977,书中使用计量经济学建模技术检验市场的决定因素;Weiss, 1991,调查了周期内不同点的政治影响力和产业目标的情况。

2 Bagli, 2000b。

3 房地产方面的文献强调进入该行业的容易程度并将其描绘为一个竞争激烈的舞台。但是这个描述(只是)部分准确,它确实不适用于需要获巨额信贷的大型项目,只有少数公司能够为项目筹集数亿美元。

4 正如纽约世界贸易中心 7 号的案例所表明的那样,这种保证不一定成立。这幢近 18.6 万平方米的建筑原本打算为德崇证券(Drexel Burnham Lambert)而设计;然而,建筑落成时该公司已公开宣布破产,故也未使用这幢建筑。此建筑最终成为 Salomon Smith Barney 公司所在。

5 Taylor, 1986, 29。

6 1986 年,曼哈顿拥有美国主要写字楼市场的最低的空置率,是仅有的三个空置率低于 10% 的城市之一。21 个主要写字楼市场中有 14 个的空置率超过 14%;丹佛达到了最高值为 26%(REBNY, 1987, 8)。

7 Barrett(1992)指出,唐纳德·特朗普一直认为可以把自己的资产倾销到更大的傻瓜身上。

8 Leitner(1994)也认为房地产繁荣是金融供给的结果。

9 唐纳德·特朗普的许多问题的出现是由于他将个人信用抵押在其诸多项目上。

10 20 世纪 30 年代房利美(Fannie Mae)建立了住房抵押贷款的二级市场,在 60 多年前就开始将可交易证券用于办公楼方面。关于证券化的重要性参见 Hu et al., 2000。

11 Downs, 1985, 第十章。

12 Leyshon et al., 1990。

13 McNamara, 1990。

14 Barrett, 1992, 320。

15 REBNY, 1987; Colliers International Property Consultants, 1991。

16 Newfield and Barrett, 1988.

17 Pryke, 1991; Meuwissen et al., 1991.

18 我没有像第一版那样按城市展示不同的估价，因为我咨询来的信息非常不一致。近期汇率波动，特别是美元和英镑的价值上涨以及欧元的下跌，将租金转换为等值美元的做法被高度扭曲，其估价的变化取决于所选择的汇率。

19 事实证明办公大楼的样式是可以改变的。有一段时间需求转向轻型结构，这种结构为许多私人办公室提供了窗户。然后，随着90年代股市的繁荣，大型交易大厅在此驱动下再度浮现。媒体和互联网公司的崛起又导致了不同的空间需求，具有工业风格的Loft空间受到喜爱。

20 我要感谢Patsy Healey为我阐明了这一点。

第四章 政策与政治

第四章 政策与政治

伦敦和纽约有着截然不同的政治结构，这导致它们在地方自治、政治表现和规划等方面存在重要差异。伦敦是一国之都，直属于中央政府；它的政治表现由一个纲领性的、国家控制下的多党体制所构造。在1986—2000年，伦敦的市政管理完全分散于33个地方政府，即使在"大伦敦政府"（GLA）提出之后，大多数市政功能依旧归属自治区政府。与此对比，纽约不是首都，甚至也不是州府；它拥有地方自治的权力；它的政策由单一的地方党派支配；同时它拥有一个集中的、具有一般目的[1]的政府。

除了如上的差异，伦敦与纽约的政策在战后有着一系列相似但不完全同步的历史。20世纪50—60年代，战后修复性重建和大规模的居住计划改变了伦敦的面貌。公共部门直接承建了大量新住宅，也在干预私营开发活动者扮演了高度干预主义的角色，从限制建设用地到确定合适的项目类型。相似地，纽约——在罗伯特·摩西（Robert Moses）[2]的领导下，这位受聘官员在四十四年里控制了城市的公园、城市更新、公共住宅和高速公路项目——实现了巨大的物质改变，高速路和大型中低收入者居住区项目重构了都市。伦敦没有比得上摩西在纽约兴建的那些庞大的高速公路系统；但另一方面，伦敦投入大量的公共交通投资，地下铁路和通勤轨道不断延伸和现代化。

在战后的主要时期，纽约市政府斥巨资投入基础设施、住宅以及福利设施，包括公共医院、社会服务中心和娱乐设施。它能够使用来自纽约州的大量资助以及联邦津贴。直到70年代末，数位受工会组织强烈支持的自由派市长领导着城市。[3]约翰·林赛（John Lindsay），是第一位作为共和党人、且以独立参选人身份竞选成功的市长，自60年代末开始，在政治动乱时期执政了八年。林赛政权下的政策重点由关注白人工人阶级利益转向了那些贫困的黑人和西班牙裔，激发了政治权力的改组，定义了接下来数十年里纽约的政治分立架构。虽然林赛政府的经济政策鼓励对曼哈顿中央商务区的持续投资，但是它使用联邦资金投资于城市中最贫穷区域的住房和社区改善项目。林赛并没有像伦敦工党那样采取强烈的意识形态立场,但是他确实将少数族裔吸纳入他的政体,同时提升了社会支出水平。林赛政府因为未能及时解决1975年的财政危机而遭受非议,被阿卜拉罕·比姆(Abraham Beame)的过渡政府所取代。1978年,爱德华·科赫(EdwardI. Koch)取代比姆成为市长,并承诺恢复经济繁荣。

20世纪70年代,英国工党政府效仿早前在纽约实施的"向贫困宣战"和"模范城市"项目制定了内城复兴战略。[4] 20世纪80年代,在肯·利文斯通(Ken Livingstone)的领导下,大伦敦议会试图将以产业为基础的经济发展策略与政治激进主义糅合在一起。[5] 虽然跟十年前纽约的林赛政权相似,但是大伦敦议会在将社会服务项目和社区参与联系起来,并基于"自下而上"而不是"自上而下"方式的开拓经济复兴策略。在这之后,它建立了大伦敦企业理事会(Greater London Enterprise Board,GLEB)[6] 作为其主要手段。它试图在码头区培育制造业,这与后来伦敦码头区开发公司(LDDC)将重点放在办公楼建设上有所不同。[7] 工党统治的自治区议会相似地强调小尺度开发和持续供应社会住宅。然而,大伦敦议会的行动主义激怒了撒切尔政府,导致它在1986年被废止,并使其直接领导的项目和对工党控制的自治区的支持不得不终止。

两个城市在经历了20世纪70年代急剧的经济下行之后,其管理体制致力于积极提升经济活动和就业率增长,对社会改善和社区参与则模棱两可。80年代的纽约市政府和负责伦敦的英国政府显示了相似的社会哲学。[8] 这些政体将房地产发展(而不是职业培训和基础设施投资)作为刺激增长的基本策略,同时认为政府的规划和监管会减少经济活力。他们将全球城市的地位视作其经济优势的标志,并刻意培育这一特征——尤其是一流的办公空间和奢侈住宅——以满足那些参与世界经济协作、来自金融和先进服务业的上层梯队的需求。

在下一层次政府相互矛盾的政治议程以及大都市区域在不同的管理机构之下呈现碎片化的特征上,两个政体也非常相似。不过,纽约除了缺少如同伦敦那样的在国家经济和政府体系中的主导地位之外,还要面对自己大都市区域内的严峻挑战。它经济上的领先性仅仅是就金融和先进服务业而言的,然而其政治影响力,无论在州内还是联邦政府都比较弱。邻近的几个市政府,比如新泽西州滨水地区,纽约州西切斯特(Westchester)的郊区和康涅狄格州费尔菲尔德(Fairfield)县,都在竞相争夺增长引擎并驱逐那些消耗财政、社会以及环境成本却无法给出回报的人群以及设施。[9]

制度结构

伦敦和纽约市在管治上的不同，本质上来自美国和英国国家体制的差异。美国采用联邦主义的总统制以制衡任何政府部门占据绝对优势。相比美国，英国的内阁政府能制造出政策上更突然的逆转，分立的政府运作恰如赌场的飞轮一样（难以预测）。玛格丽特·撒切尔的竞选胜利带来了突然的国家政策变化，更受市场驱动，显示出制度上的差异。1990年撒切尔下台后，政府在她的保守党继承者约翰·梅杰（John Major）的领导下，政策更趋缓和。而这在1997年工党胜利后又发生了变化，但没有像早前保守党上台时变化那样巨大。

在美国，地方自治（home rule，即州政府让渡给市政府地方自治的权力）在传统上巩固了地方意志，并使得其能够比英国的城市政体更容易在与国家执政党政策相悖时自由行事。[10] 然而，大都市区域内各个政党和区域分割的非计划性本质，阻碍了地方层面采用广泛的再分配策略的可能。相反，在英国，更为中央集权的议会制政府一直限制着地方政府的自治权力。[11] 内阁管理和政党控制的原则使得国家执政党的项目能通过议会中的多数席位获得通过，其反对党意见可以通过政党机器表达。对地方规划的终极责任属于内阁中的环境、交通与区域部（DETR）负责人。这个部门取代了原有的环境部（DoE），职能有所增加。中央政府削减地方税收和支出的权力进一步限制了地方当局。

地方管制

伦敦

整整十四年里缺失一个管理城市核心区域的市政机构使得伦敦与纽约截然不同。即使是当大伦敦议会（GLC）在位之际——1965年成立的大都市区政府，负责管理伦敦中心城[12]和外围自治区——它也不具备像纽约市政府那样的权力，它的继任者大伦敦政府（Great London Authority，GLA）甚至更弱。中央政府随时可以驳回大伦敦议会的决策，自治区政府保留了主要的住房供应、土地使用规划以及环卫、消防这样的日常维护职能。大伦敦议会的领导人在制定城市议程上不具备纽约市长那样的主导地位。新的伦敦市长，就是曾领导大伦敦议会的肯·列文斯通，拥有的权力十分有限。在过渡期，总体层面的执行权移交给环境部（DoE，然后最终的负责人是首相），但是环境部的伦敦办公室从来没有为城市制定出能跟纽约市长在范围和细节上对等的政策。它也不直接对伦敦的选民负责。在20世纪最后几年里，伦敦政府办公室正在酝酿更宏大的城市范围的议程，但目前仍然停留在构想阶段。

伦敦日常事务的管理职责归属于33个被选举出来的市政地方当局[13]。虽然它们的权力跟英国其余地方政权相比要弱些，但与纽约同一级别机构（行政区及社区规划分区）相比管辖权则大很多。与国会一样，地方议会由多数党控制，其行政机构包括一个领导人和议会负责的若干职能领域（如教育、住房、社会服务、财政、规划和交通）主席组成。议员依照选区被选举出来；每个自治区的议员数有所不同，但无论如何都超过51人——这相当于纽约市新近扩充后的市议会成员数，但其管辖权是针对全市的。伦敦的政府系统与纽约相比，对居民的代表更接近社区邻里的层次，并且每个地方自治区独立的行政办公地点使得市民在跟政府打交道的时候离家更近，这一点纽约做不到。除了提供各种市政服务之外，伦敦地方政府直到现在仍是中低收入者主要的住房提供者。

伦敦地方政府自行募集大量的资金。大部分时间里，房产税（针对住宅和非住宅）与各种各样的费用、租金和房地产销售是其收入的主要来源。1990年增加了一种社区收费或者说"人头税"，也就是说所有当地成年的户主都需要上缴相同的数目，不论其收入或财产情况如何。1993年，另一种新的地方税收形式被再次引入，称为"议会税"（council tax，即居住房屋税），依据居民住宅的房产价值课税。此外，中央政府的拨款补充了地方政府的收入，该收入金额根据其来源以及需求各地有所不同。[14]中央政府拨款的部分结果是地方政府不需要参与像美国地方政府那样激烈地为税基的竞争。1990年，地方营业房产税（business rates）[15]被终止，取而代之的是全国统一的营业房产税，然后再（由中央政府）重新分配到每一个地方政府，这消除了地方为提高潜在收入而吸引商务活动的动机。

纽约

就像其他大部分美国大都市一样，纽约市的管辖权分为拥有行政权的市长和拥有立法权的议会。[16]议会根据区域选举，而市长通过直接民选产生。然而，直至1990年，纽约还拥有一个独特的评估委员会（Board of Estimate）。因为它拥有管理所有土地使用及其合同事务的最终裁量权，因此对城市事务有着非同寻常的影响，以至于弱化了议会的作用。[17] 在评估委员会被废除之后，议会接管了它的权力。尽管 1990 年的《城市宪章》（修正案）提升了它的人员配备，议会仍然缺少了一个有效的统一组织架构来行使其固有的权力。

各行政区的主席（borough president），从前通过在评估委员会里的任职可以行使一定的立法权，在其区域内也有一定的行政权；然而，（纽约各区）并没有相应的区立法机构。1977 年建立的 59 个社区委员会允许将市政府的某些权力下放，但是远远不及伦敦各区的自治程度。[18] 社区委员会成员由区主席和市议会议员任命，对土地使用和投资预算问题行使咨询权，但是没有执行权力。

就像其他的美国城市一样，纽约市政主要依靠由其辖区内产生的税收；过去十年里，联邦补助在纽约市只占其总收入的 10%~12%。[19] 然而，纽约大都市区域分布在三个不同的州的状态导致其税收差异要比美国其他大都市区域更大。[20] 无法与它的城郊分享税基的市政府必须一直努力保持其辖区内的居民与产业，以保持财政平衡。即使从区域的立场上来看，制造业、后台管理和仓储设施外迁具有经济合理性，纽约的财政现状迫使市政府必须反抗这种迁移。

规划

伦敦

帕特里克·阿伯克隆比（Patrick Abercrombie）的战后伦敦规划——随后更新为 1968 大伦敦发展规划——提出了绿带保护、制造业外围分布和疏散人口的原则，提供了一个纽约从未有过的总体发展框架。[21] 规划官员强调围绕城市中心集聚发展，城市与乡村之间划定清晰的边界；管控比纽约严格得多；保留伦敦周边的绿带构成了基本原则。20 世纪 80 年代伦敦的保护主义者在限制和引导发展方面，比纽约地区发挥了更大作用。[22] 伦敦今天仍然比纽约有更多的对建设权利的限制，并且每个自治地方政府会在它的辖区内制定发展规划来引导增长。[23]

直到 70 年代，英国一直施行致力于将人口和经济活动从伦敦疏散出去的公共政策。[24] 然而，当伦敦的人口和产业开始以出人意料的速度流失以致城市经济走向疲软的时候，疏散政策最终被反转。70年代中期，在工党政府的鼓励下，伦敦市中心的规划师们开始寻求在城市中挽留人口和产业，整个80年代，伦敦的规划师与纽约同行们的经济目标越来越相似。

撒切尔时代，首相强调利用市场来配置投资，导致了规划管制显著放松，不过英国仍然在规范发展方面远远超过美国。[25] 大伦敦议会的结束意味着放弃将伦敦地区视为一个整体的权威规划机构，全面体现了撒切尔政府的规划哲学，正如这里表达的："伦敦的未来取决于私营部门和公民个人的主动性和能量，以及公共和私营部门之间的有效合作，而不是强加的总体规划。土地使用规划过程的作用是在保护当地环境的同时促进发展。"[26]

考虑大都市地区缺乏规划机构，中央政府设立了伦敦规划咨询委员会（London Planning Advisory Committee，LPAC）以提供有关伦敦的规划建议。来自伦敦各自治区的33名委员组成联合委员会，配备规模不大的工作人员向委员会汇报，LPAC的建议首先必须在保守党和工党选民中达成一致。[27] 在撒切尔时期，LPAC提出的《战略规划建议》（*Strategic Planning Advice*）反映出令人惊异的共识[28]，其精神远远超越了不干预原则，以致惹怒了撒切尔时期的环境部伦敦办公室。中央政府的敌意和地方政府的阻碍意味着它什么也干不了。

当被问及中央政府控制下的伦敦战略规划的影响时，某地方规划负责人回应："LPAC软弱无力。他们已经不知道（下面）发生了什么。环境部的研究都是废话。他们在土地使用规划和交通上的建议就是个灾难。自治区联合会（有两个，一个保守党组织的和一个工党组织的）可以在交通和运输方面联合起来。但中央政府不听地方政府的。"[29]

尽管环境部负责规划大都会地区，它并没有积极协调地方动议或准备详尽的总体规划。它主要是作为一个上诉机构，经常推翻下级政府拒绝发放规划许可给开发商的决议。自治区议会在否定开发建议时感觉越来越受到约束，因为担心因此而不得不要向环境部长捍卫自己的决定，一旦他们输了，需要支付（由此而产生的）开发商和自己的相应成本。此外，部长有权"传见"任意开发计划，此时甚至不需要上诉环节。因此，中央政府不但回避了自身在塑造地区发展中起到构架作用，而且限制了地方当局的规划。

玛格丽特·撒切尔卸任后，各种被赋予规划功能的机构越来越多地参与制订发展战略，并支持了规划的增长。随着潮流转变，LPAC 在影响决策者方面变得更有效。尽管如此，它的建议仍然只能是建议——自治区和中央政府无须听从，除非它们愿意。随着大伦敦政府（GLA）的建立，LPAC 里各自治区的联合委员会被取消，其余成为政府战略规划部门的一部分。经济和空间规划有希望通过新制度被整合，而政策规划文件会更容易实现。

当资本开始流入新的建设之际，对衰败地区的更新规划变得有意义。在 90 年代末房地产衰退趋于尾声之际，决策者对振兴的期望开始有了眉目。90 年代伦敦完成了三大基础设施项目，包括连接希思罗机场和伦敦帕丁顿车站的特快列车，银禧线（Jubilee tube line）向伦敦东的延伸，以及英法海底隧道的建设。这样，当开发商又开始寻找机会的时候，这些成就有助于促进私人投资。连接希思罗机场的轨交线路刺激了帕丁顿盆地一个大型多用途开发项目，一期已在世纪之交开工。第二项设施恢复了码头区的发展，并引发了南沃克区的新动议。第三个项目有助于斯特拉特福的新开发，并最终刺激了国王十字车站的投资，这里是联系伦敦和英法海底隧道的高速连接的终点站。尽管国王十字在此之前就被正式指定为火车的终点站，但是融资到 2001 年才确定。选址的争论耗费多年，决策（变化）影响了所有的企业，产生了巨大的不确定性。到目前为止，政府还没有制定区域的总体战略交通规划；这一努力旨在整合区域的交通、土地使用、经济发展规划，将是创建于 2000 年的伦敦发展署（LDA）最重要的职责。

纽约

纽约城市规划委员会（City Planning Commission）、经济发展局（Economic Development Corporation，EDC），与纽约州帝国发展公司（ESDC）一起，是这个城市主要的规划机构。在纽约的五个行政区之外，则很少有制度性安排能为区域规划或区域不平等现象提供解决框架。大都会运输署（MTA）负责规划和运营纽约市及位于纽约州市郊的公共交通，但其范围并不涵盖康涅狄格州和新泽西州。

纽约和新泽西港务局（Port Authority of New York and New Jersey）对哈德逊河两岸负责。尽管其职责仅限于交通和一些开发活动，但它的确有财力来实现其规划。由于它是自主经营，因此，其首要任务是维护财政稳健的投资。

对其运营的民主监督主要是要求其董事会的会议纪要（及任何会议决策）需得到纽约州和新泽西州州长的许可。这一规定导致了1998—2000年近两年的僵局，因为两个州长失和，拒绝批准该机构的任何行动。[30] 它的职能进一步遭受了纽约市长朱利安尼的阻挠，朱利安尼指责它偏袒新泽西州，要求移除其拉瓜迪亚和肯尼迪机场的管辖权。港务局越来越僵化的官僚主义和领导不力也阻碍了近年来它本应发挥的更重要的功能。它不愿参与连接几个纽约机场的轨交建设，导致纽约在这方面远远落后于其他大城市。只有在相当大的压力及允许其对机票额外收费之后，它才最终同意建设这些连接，预计在21世纪的第一个五年里开放。

尽管相互临近，[31] 新泽西和纽约不仅不协调它们之间的活动，还相互竞争。1991年纽约市、纽约州与新泽西州政府签署承诺不抢夺彼此的商业投资，然而该承诺迅速破产。为了报复新泽西补贴那些离开纽约投向新泽西的公司，纽约州经济发展局局长文森特·泽（Vincent Tese）表示："我们也会针对那些不管出于什么原因准备离开新泽西的公司……这样新泽西不得不花更多的钱维持那些他们得到的公司，这对他们来说局面会变得不是很愉快。"[32]

总的来说，外围扩张仍然不受控制。最令人震惊的例子是哈德逊河新泽西一侧商业的快速增长——在繁荣的80年代和90年代成为曼哈顿商务区溢出发展的主要接收者。沿着新泽西滨水地区的每一个市政府都对其境内的建设负有全部责任。[33] 数十万平方米的办公室在沿东河直至峭壁（Palisades）之间的狭长地带中涌现出来；新泽西北部总共提供了近1 115万平方米的空间，几乎所有的建筑都由现代结构建成，能够满足依靠计算机办公的公司需求。在2000年期间，美国大通曼哈顿银行、高盛投资公司和约翰·威利出版商都宣布，计划在哈德逊河的新泽西一侧建设重要设施，使得霍博肯（Hoboken）和新泽西城额外增加了总计达数十万平方米的建筑空间。尽管新泽西一侧到郊区腹地的交通存在严重问题，每块滨河的地方都在持续开发，除了税收增长以外，也跟市政管理机构内无处不在的房地产利益影响有关。新泽西州与曼哈顿的临近及其更低的成本，成为企业威胁纽约市政府以获得慷慨资助的主要理由。并且，事实上，由于完全缺乏针对办公楼开发的区域政策，使得纽约市在不断遭受邻居威胁上无能为力。

政治和意识形态

虽然 20 世纪 70 年代的纽约在社会福利政策上超过了美国其他城市，伦敦仍然代表了一个更强大的国家干预模式。80 年代中期，这两个城市公共政策的内容和逻辑明显开始合流。我和诺曼·费恩斯坦（Normal Fainstein）在那时合作的一篇文章里写到，伦敦政府在干预和再分配方面的角色比纽约要重，体现在英国社会政治体系内的三个因素：①国家在其中的政治影响力；②来自商界领袖的影响，其集体利益建构，以及他们在社会上扮演的家长式角色和自我定位；③底层群体的政治能力，为了自身利益考量对国家政策施加影响。[34] 整个 80 年代，两个城市继续在三个维度的第一项保持着不同。但国家权力曾经让英国的官僚机构主动增加大众福利项目，现在则允许撒切尔政府不受太大的限制，突然转向自由主义。

后两者的差异在撒切尔执政时期缩小了很多。[35] 国外的竞争压力、国内意识形态的转变，加上代际更迭，越来越多英国的商界领袖开始接近美国的个人主义和企业家风格。两个国家的保守党派都巩固了那些支持它们竞选成功的商务组织的地位；作为回报，商务管理者认可执政政权的意识形态方向并且更趋保守。与此同时，伴随着经济和空间重构、日渐增长的收入不平等、大规模商业开发以及士绅化进程，工人阶级所遭受的压力越来越大，更趋分裂。[36] 工作场所更加严格的管理和国家政府对社区住房和社会服务需求的冷漠，使得底层更加弱势。但主要的反对党或者社区运动都没能提出影响多数选民的有效的对抗项目，证明经济增长和社会公平可以兼得。[37] 90 年代民主党政府重回华盛顿；在英国，撒切尔首相下台，以及工党于 1997 年竞选成功，弱化了早期依赖市场引导发展的压力，但并未彻底克服它。

事实上，布莱尔政府继续了保守党将公共服务私有化的项目，仍然依赖私营部门资助再开发计划："布莱尔说得很清楚，工党将继续支持商界，市场的需求将是新政府思考的重点。维持国际竞争力对政府具有重要影响……就此而言有着与撒切尔主义意识形态很强的连续性。"[38] 不过，政府参与决定投资的位置和性质的程度有所增强。这是通过选择允许进行大规模再开发项目的基地和竞标选择开发商而实现的。在选择中标单位时，除了纯粹的经济贡献，还包括环境的可持续发展和社会效益。

另外，尽管国家潮流从根本上影响这两个城市的政治，地方冲突和事件也起到一定的作用，下文对此有所描述。

伦敦

尽管中央政府对伦敦有着巨大影响,在撒切尔执政时期,地区利益仍持续影响着自身的命运。大约一半的自治区受工党控制,意味着这些保守党政策的反对者可以制订地方议程,并以此为基础来对抗开发者的动议。白人、男性的工会领导人此前曾主导了工党议会,在撒切尔政府上台之际,该议会的构成已经发生了很大变化。20世纪70年代激烈的政治斗争在工党内部表现为自由派左翼、大多数为大学毕业生和住房业主的人群,和仍然占主导地位的右翼体力劳动者之间展开。80年代初,前者已基本取得胜利,虽然伦敦东部行政区的封闭政权继续忠诚于其支持者,在五年或者更长时间里继续排挤中产阶级选民。慢慢地,这些依赖小型选区组织和自荐的议员被挑战者们所取代。[39] 新的活动家跟他们的前辈相比,关注不同类型的问题,并且整体而言对开发计划没那么支持。

种族和性别

黑人及女权主义者也成功挑战了白人男性占主导的工党在伦敦东部和南部的地盘。不过,尽管随着少数族裔人口增加,亚洲人和非裔—加勒比裔在地方议会的代表性逐步提高,女性也获得了更多的议会席位,阶级仍然是伦敦社会和政治的最大裂痕。白人仍是每个自治区的多数派;虽然伦敦在不断接受新的移民,但其规模同纽约相比可以说是小巫见大巫。[40] 因此,纽约政治中不同种族对工作和生存空间无所不在的竞争在伦敦表现得较为微弱。此外,伦敦并没有将城市再开发广泛用于种族迁移的历史(如20世纪50和60年代的纽约所发生的,及其所留下的不信任的显著印记)。孟加拉国社群曾将伦敦城东部办公用途的扩张看作是对其居所的威胁,但与纽约不一样,这里围绕着开发的政治通常不会建立在种族意义上。

财政问题

正如纽约一样,伦敦在过去的二十年里也遭受了财政的压力,虽然不完全是因为地方条件造成的。即使是70年代工党控制下的中央政府已经常常试图通过减少地方政府补助来对付国家预算赤字;到了撒切尔夫人时期则成为一个基本原则;[41] 现任工党政府目前继续实行财政紧缩政策。[42] 因此,伦敦地方当局像英国其他大多数市政府一样,在对抗社会衰败之际,同样面临收入降低和裁员的自身问题。

英国的税收政策不允许地方政府对那些威胁离开的企业提供税收减免。[43] 因此，伦敦避免了像纽约那样有争议的为富人提供税收优惠的行为。这项政策在码头区的狗岛企业特区是个例外，所有进入特区的企业都会获得五年免税期。然而这个体系与纽约仍然有所区别，每位投资者的待遇是相同的，以避免开发机构相互竞价。码头区的开发商还得益于码头区开发公司（LDDC）提供的廉价土地。码头区开发的政治对手评论这些赋予商务利益的优势和对社会住宅的撤资显示了阶级偏见。伦敦企业特区已经取消，而纽约市继续给房地产开发商和商务企业提供越来越多的税收优惠。

意识形态约束

围绕废除大伦敦议会（GLC）所产生的冲突的重要性已经超出了它对规划和管理的直接影响。在肯·利文斯通领导下的大伦敦议会是反对撒切尔主义的重要政治力量；其在低价交通费用、制造业投资、社会住房和"边缘"文化机构方面的立场引起了保守中央政府的愤怒。在1978—1984年六年期间，议会开支实质增加了65%。[44] 它在1986年以行政效率的名义被废除，尽管公投显示多数伦敦人支持它继续存在。它的消失被广泛并且正确地解释为是对市政激进主义和地方自治的攻击。[45]

保守党成功终止了大伦敦议会，遏制了那些反对中央政府自由市场理念的人，破坏了支持再分配政策背后的机构和意识形态。[46] 随着大伦敦议会的消失，地方政府在反对中央政府的市场导向政策之时，失去了选择更为独立的道路的支持资源。另一个结果是造成地方政治瘫痪：保守党轻易地就把一整个层级的政府取消，表明地方试图偏离中央政府政策的胜算渺茫，抑制了地方政府的激进主义。

到了20世纪80年代末，那些曾经反对中央政府政策的地方权力机构的政客和官员们大多放弃了。虽然他们对以市场为主导的发展缺乏热情，但他们默许了其必然性。一个以前被开发商视为"难搞"的工党自治区规划局长，简短地解释了情况："我们已经接受了新的现实主义。我没热情，但也没什么选择。"鲍勃·科纳特（Bob Colenutt），一位码头区的活动家和对"房产机器"的长期批评者，对我说保守党人可分为主张更多规划和社区服务的人，以及那些主张"让市场做生意、让公共部门完全走开"的人。不过，他接着说，"在意识形态上他们都很满意，因为（保守党人）他们已成功碾压了工党、破坏了地方政府，并让（用他们的话说）内城得到重生。很多资深的工党政治家都承认，他们没有真正的替代方案。他们批判现实，但他们没有其他议程"。

工党执政后，地方政府没有回到其以前的对立立场。据一位南沃克（Southwark）开发总监讲："（工党控制的）议会完全致力于（商务）发展。他们曾经是彻底反对的……如果没有开发，也就没有钱来改善住房。"鲍勃·科纳特现在是地方政府官员，他在 2000 年时注意到，"20 世纪 70 年代和 80 年代的行动小组现在是要求经济适用住房等方面都更安静了……环境问题一直存在争议，但公平问题少了……有什么真的改变了吗？更新（仍然）主要是房地产主导的。公共部门无法替代私营部门的领导……社会目标依赖于私营市场举措取得的成功"。伦敦塔桥（Tower Hamlets）议会的工党领袖认为，当说客达成将私营的市场价格的住宅投资与提供经济适用房挂钩时，对开发计划的反对就渐渐消失了，[47] "现在站在左边的也要谋求发展。他们需要做交易"。一个有点玩世不恭的学者和活动家说："很难说工党在做什么。他们有关公私伙伴关系的言论跟保守党相同。一模一样。"

地方当局（包括相互间）和社区、企业之间的伙伴关系，事实上，是推动大型开发计划的主要手段。起源于城市挑战计划（City Challenge program），这是投标获得专项更新预算（SRB）资金的基础（见第五章）。基本概念是公共资金可以引来数量更大的私人投资。讽刺的是，这个概念根植于美国的城市发展行动基金（Urban Development Action Grant，UDAG）计划，开始于卡特总统并在里根总统任内终止。相比之下，纽约获得联邦资金用于再开发的主要方式是通过以计划为基础的社区发展整体补助金（CDBG）。[48] 在此期间，伦敦地方当局不断争取中央财政资金，因为撰写提案需要与企业和社区合作，从而孕育了各种进行中的合作安排。最终的结果是走向更具共识的发展政治，虽然很难说比以前产出更高，但获得了工人阶级领导的合作。

这种对合作伙伴关系的热爱在近期表现为前大伦敦企业理事会（GLEB）——后改名为大伦敦企业（GLE）——和由英国国内 14 家最大的公司[49]组成的伦敦企业代理有限公司（London Enterprise Agency Ltd.，LEntA），以及伦敦法团重新形成新的 LEntA。这个实体将是 GLE 下属的子公司，其目的是为了"通过促进企业、投资与更新，消除伦敦的贫困、失业和衰败"。[50] GLEB 最初作为大伦敦议会支持的一个社会主义项目，用于创办公有产业。在保守党瓦解了它的上级机构之后，它作为伦敦各自治区全权所有的企业继续存在。因此，它管理其拥有的资产并再投资，支持贫困地区的中小型企业。它直接借贷，也担任金融机构和借款人之间的中介；此外，它也直接拥有和经营房地产，为小企业提供经济实惠的办公场地；[51] 它还为寻求经济发展和经济适用住房的组织提供各种服务（如设计、财务咨询等）。

纽约

民主党在战后纽约市的选举政治中一直占主导地位。[52] 但是，它分为"改革"与"常规"两派，常规派几乎完全投入到获取提名和赞助之中。尽管在20世纪60年代改革的民主党人有着强烈的自由派政策立场，他们的影响力和意识形态在随后的几十年逐步减弱。通常情况下，（美国）政党制度的存在主要是为参加竞选，而不是行使有计划的控制之目的，因此很大程度上并不是代表社区或少数族裔权益的手段。[53] 本书没法描述某党的经济发展计划，原因很简单：就没有这种计划。因此，在对比纽约和伦敦的时候，我们不能将工党类比民主党，或是将共和党等同于保守党，无论是在描述经济发展计划，还是基于内部党派差异而发生的意识形态演变方面。

在房地产的繁荣时期，区域代表——包括州议员和市议员——经常在城市事务中发挥监察员和为邻里代言的角色。然而，因为缺乏对土地使用决策的正式职责，大多数这样的官员在这一关键领域能做到的是向拥有行政权力的民选官员施压。[54] 而政策制定者通常回应的是更有组织和更富有的选民，并且他们几乎一致支持大型开发项目。评估委员会（BOE）在治理这个超过700万人口的城市中发挥着主导作用，基于社区的代表极难在其中寻求更高的职位、建立自己的声誉，并获得足够的资金。

种族隔离

20世纪60年代后期，低收入少数族裔的活跃使得纽约的工人阶级社区、劳工团体和进步的精英公民组织之间的联盟关系变得紧张，这是纽约行动主义的核心力量。随着城市的人口越来越去白人化，其广泛的社会服务未能充分适应新的客户需求，并开始遭受财政及合法性危机。部分是因为它的城市更新计划消除了黑人散居在曼哈顿的零星空间，也因为"白人逃离"（white flight）市区掏空了许多以前的中产阶级社区，城市隔离越来越严重。少数族裔要求学校废除种族隔离、结束就业歧视，并提供更完善的服务，但遭遇了以白人为主的城市官僚政治。各项补贴房屋计划也由于种族问题而搁置，因为白人选民拒绝支持在他们看来将会主要使少数族裔受益的计划。

到了1968年，少数族裔团体已经从要求在住房和学校方面废除种族隔离，转化为在人口全部是黑人和西班牙裔的地区中要求社区权力。在社区与学校之争的危机中，黑人家长与白人校长和教师们对抗，导致3个月之久的教师罢工。种族隔阂在对抗中被清晰地画出，并再未消减。[55] 特别是公共服务工会，他们之前会与自己的客户联手，以争取社会计划的扩大，现在却都把自己大嗓门的客户看作敌对方，对方也是如此。工会仍然要求提高工资和退休金，但他们活动表面的受益者并没有认为自己在为城市工薪劳动者而增加的预算中有所收获。

财政困难

纽约1975年的财政危机标志着一个关注劳工和少数族裔权益的政权的灭亡。如同大伦敦议会的废除，财政危机的解决被证明是纽约政治史上的一个创伤性事件。全市1975年财政收入缺口的直接原因是，一旦主要投资债券评级机构丧失对城市的信心，银行将拒绝再为纽约的短期债务融资。与国家不同，（那时）纽约还没有从70年代初的衰退中完全恢复；后果是它的收入仍在下降，但其预期财政支出持续上升。市政府借了越来越多的钱来应付当前开支，以未来神秘的或者曾经承诺过的预期收入做抵押。一旦银行拒绝继续放贷，纽约市就没有其他替代资源来履行义务。

本质上讲，财政危机的发生是内部经济收缩的情况下继续维持强势干预型的公共部门的结果，州政府和联邦政府也没有给予更大的支持。干预主义包括对资本的大规模补贴，支持新开发的基础设施投资和对社会福利的保障。政府成本被市政雇员较高的报酬总额进一步扩大。[56] 由于没有新的收入和巨大的支出压力，危机无法避免。

1975年危机之后的两年标志着纽约政治生活中的空窗期。一系列提供新的资金、避免城市正式宣布破产的谈判，使得纽约州政府建立了一批以企业为首的机构来监督未来的花销。对公共政策的控制，从市长亚伯拉罕·比姆的办公室，转变到这些纽约市的新机构——市援助公司（Municipal Assistance Corporation，MAC）、财务控制理事会（Financial Control Board，FCB），和州副审计长办公室（Office of the

State Deputy Comptroller，OSDC）。[57] 半自治的市援助公司有确定的收入来源而非借贷，被委托恢复城市信用的工作。财务控制理事会是纽约州立机构，负责监督全市财政计划并拥有否决权，而副审计长承担其人事、审计和研究工作。MAC 董事会和 FCB 由商务人士担任主席，成员包括政府官员以及商界和民间领袖；MAC 董事会有一个非洲裔成员，而 FCB 没有任何少数族裔成员。

这些董事会评估城市政策，以其对资产负债表的影响为准。即使在 1977 年爱德华·科赫被选举为市长、纽约回归城市政府管辖之后，这些机构仍然强烈地影响着城市的预算，维持保守的财务方向。根据他们的指示，全市削减了数千个市政工作岗位，大幅度削减服务，停止了从学校到地铁建设的所有大型投资计划，冻结了社会服务薪金和公共援助水平，纽约城市大学（CUNY）收取学费，并延迟常规的基础设施维修。市政工会曾经不时罢工或者威胁罢工，从瓦格纳和林赛政府的让步中拿到数十亿美元，现在则被迫勉强同意购买 MAC 的债券——没什么人感兴趣购买。他们的领导层开始与银行高管定期会面，制定出双方都能接受的城市支出策略。

紧随纽约濒临破产之后的萧瑟年岁，城里发生的仅有的投资活动，是将现有住宅和厂房改造更新为中等和高等收入家庭住宅。这些项目利用了税收补贴方案，该方案着实为新住户降低了成本，并导致曼哈顿和布鲁克林的一些地区士绅化，原本住在这些有特色的建筑里的工薪阶层被迁出。[58] 提供低收入住房的唯一努力是通过物权方案（in rem program），使用联邦 CDBG 资金维修和再利用那些因拖欠税款被罚没的楼宇。与此同时，因为业主遗弃、罚没和火灾，纽约的住房存量明显减少。

意识形态转变

科赫在竞选中的胜利，标志着一个几乎没有实质性的，或者说象征性对低收入和少数族裔承诺的政体的诞生，即使在 20 世纪 80 年代中期纽约回归繁荣，该政体仍然继续强调经济发展而不是社会公益活动。[59] 市长总结了他的态度："我为中产阶层讲话。你知道为什么吗？因为他们纳税；他们为穷人提供就业机会。"[60]

1975—1980 年，是纽约市容纳了远远超出其控制能力的金融机构和经济力量的时期。[61] 这也是一个出乎很多人预料的时期，由于紧缩政策，低收入群体的诉求变得更温和，没有再威胁到政府的合法性。在 1980 年里根当选、保守浪潮席卷了美国国民政府之前，纽约市的政体就表示决心控制政府铺张浪费，即控制为穷人服务的铺张浪费，而不是控制提供给投资者的奖励和中产阶级的服务。在 60 年代末和 70 年代初，纽约贫民区的组织大力动员，推动那些能够改善他们社区的方案，当他们反对某些方案时，抗议者会走上街头；财政危机之后的政策转变所面对的则是默许。

在 80 年代初经济开始回暖之后，为解决财政危机而建立新机构、按照商务标准保证偿还能力的举措，给未来二十年的发展政治学奠定了基调。意识形态上，这些新的机构——加上普遍流行的观点，认为财政崩溃源于将资源耗费在不值得的穷人身上（主要是黑人和西班牙裔）——改变了城市政府的传统角色，即通过资助和福利平息阶层和种族之间的摩擦。[62] 实现经济增长和财政偿付能力取代了提供服务成为对政府合法性的考验。

这一批指导纽约市财政政策的机构的建立，与消除大伦敦议会、将其职能零敲碎打地分配给上级和下级政府相类似。它们植根于不同的原因，采取不同的制度形式。然而，它们的效果十分相似：削弱了地方民选官员的权力；再分配的地方政策失势；加强了意识形态向有利于以市场为主导的经济发展计划方面发展。由于城市政体遵循了一条更为激进的路径，之前所存在的这两个城市国家和地方政策方面的差异，现在相应地减少了。

伦敦的意识形态在 1997 年国家政府换届之前就有所变化，然而纽约仍然持续投入经济发展，并不特别关注低收入人群。担任了四年的市长大卫·丁金斯（David Dinkins），一位非洲裔美国人在 1989 年当选，标志着短暂的中断，少数族裔人口的利益受到更多的重视。然而，由于丁金斯政府面临的是经济衰退和城市预算随之紧缩，提升社会计划的意图不会有太多的成效。而且，丁金斯的政府也没有打破为威胁离开纽约的企业提供税收优惠的先例。

鲁道夫·朱利安尼（Rudolph Giuliani），共和党人，在 1993 年赢得市长竞选，他的选民基础是白人中产阶级和工薪阶层。除了需要偿还政治债务的史坦顿岛（State Island），[63] 他在很大程度上忽略了其他行政区，而是着眼于曼哈顿——那里集中容纳了这个国家的财富。他的主要重点是降低犯罪率，改变那种认为纽约太危险、不能做生意的印象。无论是否是他的警察政策的结果，在他执政期间犯罪率的确大幅下降了，并且对这个更安全、更干净的城市印象也的确有助于经济的稳定和旅游业的发展。他不特别关心经济适用房，早期增加低收入住房供应的承诺大幅萎缩。并且政府试图将其通过税收止赎获得的公共住房存量销售给出价最高的人，以此改变其低收入住宅性质。与此同时,与他的市长任期同时的经济繁荣导致了房地产市场的巨大压力,在 90 年代趋于停滞的士绅化,又卷土重来。[64] 虽然社区发展公司(Community Development Corporations,CDCs)继续为穷人建设和改造住房,城市土地价格的上涨严重抑制了它们的活动。经济扩张加上证券业和法律服务行业的上层梯队的丰厚回报,以及互联网催生的百万富翁们,使得富人比以往任何时候都更富有。[65] 同时,底层 20% 人口的绝对收入在 1989—1997 年下降了 19%,而中间五分之一人口的收入下降了 8%。[66]

与伦敦在 90 年代后期进入了一个建立共识的时期不同,在纽约,少数族裔公民对政府的不满加剧了。在英国变得制度化的那种伙伴关系和在规划层面增加的社区参与,在纽约基本上不存在。然而,到了 2000 年,由于任期限制,朱利安尼政府即将结束,反对市长的声音沉默了。[67] 社会团体主要是试图拖延,直到发现更符合他们喜好的政府。商务利益形势大好,不可能给市长挑刺,也不像他们的伦敦同行,对城市战略规划兴趣不大。尽管有大量的财政盈余,政府也没有打算用来改善城市越来越破旧的交通系统,即使企业因此遭遇了许多不便,但企业并没有对政府施压。

因此,尽管在 80 年代纽约和伦敦的决策环境有所合流,在下一个十年里它们再次分道扬镳。这些差异指向意识形态和管理政体(国家及地方层面)在影响城市计划上的重要性。无论最终的结果如何——通过生活品质和公平指标的衡量——是否会截然不同,仍有待观察。伦敦的项目尚处于规划阶段,美国股市已经大幅下跌,而纽约在撰写本书时即将开始新的选举。如果经济增长持续,伦敦的各种旗舰项目将完工进入竞争市场。纽约在这一刻,尽管有庞大的预算盈余,有一些再开发项目,不过除了小联盟体育场馆和史坦顿岛一些再开发项目,大部分投资还没有着落。这两个城市都经历了飞涨的住房价格,以及缺乏建设经济适用房的大型公共资助计划。伦敦要求市场价格建设者提供低收入住房并提供奖励的举措在纽约不太可能有实质性的影响。相应地,这两个城市占人口四分之一的底层在何种程度上会从城市的繁荣中受益,还未可知。

注释

1 所谓"一般目的"政府（general-purpose government）是与"特殊目的政府"（special purpose government）相对应，指通常意义上能够施行宽泛的警察权力和公共服务的地方政府，包括立法管制公共健康、安全、福利等，只要如上管制与宪法、公民的合法权利和州法律不冲突。特殊目的的政府是为了某一特殊公共服务而设立的，如教育（学区）、供水、防洪等。——译者注

2 罗伯特·摩西（Robert Moses）在 1924—1968 年担任公职。期间他拥有一系列头衔，但没有一个能完整显示他的权力。最重要的头衔是作为三区桥梁与隧道管理局（the Triborough Bridge and Tunnel Authority）的负责人。刘易斯·芒福德（Lewis Mumford）认为"在 20 世纪，罗伯特·摩西对城市的影响大于任何其他人"（Caro, 1974, 12）。

3 Buck et al., 1992.

4 Lawless, 1989.

5 Mackintosh et al., 1987.

6 这个组织的演变将在本章后面讨论。

7 Martis, 1987.

8 Barnekov et al., 1989.

9 Danielson et al., 1982.

10 这种权力的典型例子是纽约的租金管制体系。国家层面的共和党政府对此深恶痛绝，尽管如此，城市仍持续控制私营部门的租金，即使在里根总统任职期间切断了联邦政府给城市的援助。联邦的干预之所以有限，因为否则联邦就构成了干预地方事务，这强烈违背了联邦主义原则，即城市是州的下属而非国家政府的。尽管联邦制增加了地方政体的自主权可以颁布不同于国家政府的政策，它通常保护私人领土的权力不受国家管制，因而限制了全国性福利国家的发展（Rovertson et al., 1989）。

11 Loughlin et al., 1985; Hambleton, 1989.

12 该区域由伦敦郡议会（London County Council）管理，直到 GLC 成立。

13 在美国，"当局"（authority）一词是指有权发行收益债券的非选举产生的机构，而在英国是用来表示有管理权力的由选举或非选举产生的机构。

14 Travers, 1986.

15 营业房产税的课税对象为不用于住宅的房屋，包括法人营业用房和自然人营业用房，如商店、写字楼、仓库、工厂等，与"议会税"同属房产税性质。——译者注

16 纽约有一个"强市长"体系，意味着市长有权雇佣和解雇城市各部门的负责人。虽然议会名义上与市长同权，但实际上是一个弱得多的实体。

17 评估委员会由市长（三票）、议会主席和主管（各两票）、区长（一票）组成。这实际上侵犯了宪法的原则，即 1989 年美国最高法院规定一人只有一票。区长拥有同等的投票权，即有 770 000 位登记选民的布鲁克林和有 170 000 位登记选民的史坦顿岛代表权是一样的。

18 Marcuse, 1987.

19 Citizens Budget Commission（不同年份）。

20 直到 1990 年，新泽西州的收入所得税远低于纽约州，而康涅狄格州完全没有所得税。纽约市除了州所得税外还有自己的所得税；城市郊区的居民通常不支付地方所得税，虽然他们必须支付州所得税。在市和州之间，房产税税率、许可证和用户费、小额消费品税和营业房产税的差异很大。1991 年康涅狄格

第四章 政策与政治

州引进了一种收入所得税。即便如此，纽约市的居民和企业在个人收入和商业收益上支付税收的比例依然高于其他城市同样的团体。

21 Clawson et al., 1973; Foley, 1972.

22 在联邦层面，或者纽约州和纽约市层面，所有涉及城市环境影响方面的这一类项目确实比英国有更复杂的规定，而且不像伦敦，纽约要求减轻带来的负面环境影响。

23 伦敦每个地方当局都需要制定一个"统一的发展规划"。相比之下，纽约的社区委员会自1990年章程修订以来，仅被授权制定当地的规划。然而，制定这样的规划是选择性的，只有一些董事会真正去做。

24 Buck et al., 1986, 第2章.

25 Rydin, 1998.

26 U.K. DoE, 1989, 5.

27 在20世纪80年代末期，自治区控制由两个党派平分，只有塔桥区（Tower Hamlets）由自由民主党控制。

28 LPAC, 1988, 1994, 1996.

29 除非另有说明，引用都来自我的采访。这次采访发生在1989年。

30 Smothers, 2000.

31 乘坐纽约和新泽西港务局过哈德逊河捷运（PATH）的火车，从曼哈顿下城的世贸中心到达哈德逊滨水区的霍博肯或新泽西城只需要四分钟。

32 Prokesch, 1992a.

33 新泽西有两种重要的州规划行为来引导新发展：梅多兰兹管理局（the Meadowlands Authority）和州土地使用规划。梅多兰兹管理局拥有曼哈顿以西几英里沼泽区域的规划权力，多个世纪以来那里的部分地区一直未被开发；管理局控制下的区域包括大量社区中的一部分。尽管与下级市有些摩擦，它已经成功地促进大型商业、住宅以及体育中心的发展。在管理局地界内的政府单位共享新开发的税收收入。州土地使用规划试图将增长引导至某些城市，同时限制其他地方的发展。规划虽然保护州的部分农村地区，但它并不限制峭壁（Palisades）——梅多兰兹东部的岩石山脊——之间本来就密集的城市和曼哈顿的发展。

34 Fainstein et al., 1978, 139-142.

35 Jenkins, 1988.

36 Rees et al., 1985; Buck et al., 1986; Townsend, 1987.

37 Krieger, 1986.

38 Thornley, 1999, 187.

39 Goss, 1988.

40 1981年大伦敦约有18%人口是出生在新联邦（New Commonwealth）和巴基斯坦（Pakistan）的；由于英国严格的移民法，有色人种的人口在接下来十年里没有增长。相比之下，1980年39%的纽约人口被归类为非白人，1990年增长到48%，2000年增长到55%。人口统计中不属于"白色"人口的群体包括黑人、印第安人、亚洲/太平洋岛民和"其他人"（见附录）。

41 Glassberg, 1981; Parkinson, 1987, 2-7; Pickvance, 1988.

42 HM Treasury, 2000; Economist, 2000.

43 当时"人头税"被确定为地方税收的主要形式，保守党政府免除了企业的地方税收，反而建立了全国营业房产税，1991年生效，税收将直接进入国库，然后按一个公式计算分发到地方当局。在这个政策下，先前受益于其地界内产业的地方当局是不受损害的。它们在之前体系下收到的金额不可能减少，因此，政策没有牺牲那些受影响自治区的未来收入来源。税收对减少管辖区内奖励以促进产业竞争方面有影响。

44 Smallwood, 1984, 4.

45 Mackintosh et al., 1987; O'Leary, 1987.

46 D. King, 1989.

47 根据 1990 年城乡规划法第 106 条，任何超过 20 个单元的住宅开发必须提供社会住房。

48 哈莱姆/南布朗克斯振兴区（Harlem/South Bronx Empowerment Zone）是 SRB 要求的类似竞赛的结果；但开发区是一个有数量限制的项目，到目前为止，每个城市最多只有一个开发区。

49 核心成员是玛莎百货（Marks & Spencer）、汇丰银行（HSBC）、英国电信（BT）、联合饼干公司（United Biscuits）、森宝利（Sainsbury's）、约翰朗（John Laing）、吉百利（Cadbury）、史威士（Schweppes）、伦敦公司（Corporation of London）、帝亚吉欧（Diageo）、劳埃德银行（Lloyds TSB）、联合利华（Unilever）、邮政局（the Post Office）和惠特贝瑞（Whitbread）。LEntA 的目地是"举例证明企业部门如何在应对社会和经济隔离方面起带头作用"（GLE, 2000b）。

50 GLE, 2000b。

51 格雷格·克拉克（Greg Clark）声称，2000 年 GLE 是伦敦小企业最大的房东，拥有 2% 的市场份额。

52 1969 年约翰·林赛（John Lindsa）作为一名共和党的胜利，标志着共和党最后一次赢得了市长，直到 1993 年鲁道夫·朱利安尼（Rudolph Giuliani）的选举（当选）。市议会绝大多数是民主党。

53 Mollenkopf, 1988.

54 直到其废除为止，评估委员会成员是所有开发决定的最终决策者。州议员弗朗茨·莱克特（Franz Leichter）的研究表明，1984—1985 年评估委员会的活动资金主要来自房地产利益和金融机构。在共筹集的 850 万美元中，16 个贡献者负责了一半；其中，房地产利益占 300 万美元，120 万美元来自金融机构。许多钱是捐赠的，捐赠者在评估委员会之前有主要项目（Mollenknpf, 1992, p.95）。决策权从评估委员会转移到市议会并没有削减开发商在面对社区反对时仍获得规划批准的能力。因此，1993 年议会投票同意唐纳德·特朗普在曼哈顿上西区滨河南岸大型开发的申请，并且也同意在布鲁克林建造一个垃圾焚烧装置的计划（Dunlap, 1993）。

55 Fainstein et al., 1974.

56 McCormick et al., 1980. 在比较 12 个大城市后，得出结论是纽约支付的既不是最多也不是最少，尽管在审查时他们发现七种类型工作中纽约的雇员占主要在上层梯队。

57 Shefter, 1985; Morris, 1980.

58 Stemlieb et al., 1976; Zukin, 1982; Tobier, 1979; Hudson, 1987.

59 Mollenkopf, 1992.

60 Koch, 1984, 221.

61 Tabb, 1982; Alcaly et al., 1976.

62 对 1975 年金融危机的解释有很大争议。激进的评论家将城市的困境归咎于在资本积累上的超支以及银行和政治人士的贪婪。他们认为，危机是故意被激发的，为的是惩戒城市政府（Tabb, 1982; Marcuse, 1981）。自由派辩护者指出，市政府承担了原本是更高层级的政府的责任，如高等教育、公立医院和福利等。他们认为如果纽约州承担其相应责任的话，危机就不会发生（Morris, 1980）。然而，在选举的舞台上，爱德华·科赫凭借其以牺牲中产阶级为代价过度关注穷人的解释，在选举中获胜并随后连任。

63 史坦顿岛曾是城市最后的垃圾填埋场——弗莱斯垃圾填埋场（Fresh Kills）所在地。尽管缺乏切实可行的替代方案，市长仍承诺在 2001 年将其关闭。他还在一个小联盟棒球体育场馆及相关开发上投资了 7 100 万美元。除了支付合理租金的要求，该球队不需要为建设投资，并且可以获得大部分在球队不比赛时预定体育场馆的收入。

64 Lamber, 2000.

65 1989—1997 年上层五分之一的人口收入增长了 29%（Fiscal Policy Institute, 1999），1994—1997 年，年收入超过一百万美元的家庭数量几乎翻了一番（*New York Times*, 2000）。

66 Fiscal Policy Institute, 1999, 表 1.2.

67 他的任期到 2001 年 12 月结束。

第五章 经济发展规划战略

在 20 世纪的绝大多数时期，伦敦和纽约的城市规划都着力于控制和提升物质环境。规划师的主要工作是确定土地用途以及制订基础设施、服务设施、住房等方面的公共投资计划。诚然，基础设施规划往往追求提升经济功能，而贯穿整个战后时期的内城更新规划旨在引导私人投资。这些规划的前提本质上是物质空间决定论——规划师假定物质环境的改变会带来经济回报。抱着城市空间的供给导向观点，规划师期望私人投资商可以满足于服务充分、区位优越的土地而不需要其他激励措施。

直至 70 年代，城市规划存在的理由集中于其综合性、关注长远期的取向、环境保护，以及回应所有社会群体的需求。无数的批评者认为，以上目标从未实现过，规划往往主要服务于商务利益，经济优势一直是城市规划的真正目标。[1] 然而，即使规划不言而喻的目标是私营经济收益，围绕其追求的修辞和规划师的常用做法都已经改变。更有甚者，城市问题的构建最初被定义为贫困和城市中心的衰落，现在已重构为竞争力和财政实力。

规划的语汇

20 世纪 80 年代，伦敦和纽约的规划师在诠释世界和交流意向时所使用的语汇开始转变，从关注长期环境质量转向强调实现短期目标。六七十年代的规划理论多聚焦于某种理性模型，通过这些模型，规划师们形成一系列用以实现预设目标的可行的工作路径。[2] 这种尝试寻找普适性的规划方法在理论文献上取得了些许胜利，然而不久之后，一种截然不同、但在实践中被广泛应用的规划模式开始崭露头角。这种规划策略很大程度上偏离了理性模型复杂而抽象地建构及测试不同发展愿景的方法,而是更多建立在公司(运营)模式而非实验室模型上。规划师们关注社区邻里的维护,吸引新投资进入中央商务区以创造机会。摒弃了描绘终极蓝图然后寻找其实现途径的做法,他们建立更具体的目标,集合手中可用手段,满足于至少些许的进步。[3]

其至那些供职于政府或非营利组织、曾经关注(社会)分配效益的规划师们,都开始被这一套商务谈判和只关注手头交易的话语所影响。[4] 他们关注的目标——如为缺乏技术或失业工人提供就业机会、低成本住房以及社区经济发展等——同样要通过单个项目的资助零星地实现。没有国家政府对总体社区计划的支持,如美国模范城市计划(Model Cities Program)和英国社区发展项目那样,社区规划师们除了尽力寻求所能找到的每一份支持之外,别无选择。

曾经他们的讨论中充满着建筑学和法律的词汇,如今的规划师们说着投资银行家、房地产经纪人和预算分析师的语言。[5] 过去规划的争论在于综合性、减少负外部性——也就是说防止开发对周边环境的破坏。[6] 新的目标是竞争和效率。当规划师们大多时间在与私人投资者谈判而非设计规划方案时,有关理性模型用处的讨论就变得毫无意义。规划的支持者和其右翼的批评者都曾经认为它是反市场的,现在它致力于实现其产品的市场营销:城市空间。[7](这个名词所指的并非仅仅是空间领域,而是包括一系列开发权和与土地相关联的融资能力。)

许多规划师继续在传统的区划和交通规划领域工作。规划的新语汇对他们影响相对较小。然而,对越来越多的规划师来说,不论他们的时间花在哪个特定的项目中,焦点都发生了戏剧性转变。规划师们工作的项目包括炮台公园城、金丝雀码头这样的超级尺度开发,也有商业街复兴或社区住房服务这样的小范围建设,不一而足。然而,与项目类型相比,地方经济发展规划行为的风格变化要少得多。在不同的尺度中,无论是办公楼开发、高科技制造中心,或是低收入合作住宅,规划师扮演的都是中介者的角色,将私人投资商和公共资助者请到一起,调解公用事业和消耗能源的商务活动之间的矛盾,安抚愤怒的公众,诱惑开发商提供额外的规划收益。规划师最重要的工作不再是编制规划,而是谈判。伦敦维斯明斯特区的规划主管告诉我,他作为规划师的职业培训中并无增强其交易谈判能力的内容,他说:"教育不会告诉你如何应付一个坐在谈判桌对面、可能打断你腿的百万富翁!"

第五章 经济发展规划战略

由此形成的景观反映了规划在两个城市的80年代以及纽约的整个90年代这种碎片化和妥协的模式。大部分的办公楼和高级公寓项目，从前可以成为一个更大的开发计划的一部分，如今只能各自为政、缺乏与周边环境的协调，带来了后现代棋盘式开发的街景、不协调的建筑、无法控制的拥堵以及尖锐的贫富对立。与过去的大型公共住宅综合体不同，如今的低收入住宅位置随意性很强，取决于哪里能找到基地或哪个开发商愿意提供。伦敦和纽约的规划师都要依赖私人开发商建设混合收入住区项目，以市场价格的住房补贴比例较少的低收入住房。在20世纪的最后二十五年中，纽约的规划都是见缝插针，而非总体性的。伦敦的总体规划在80年代一度销声匿迹，90年代又重新开始，而其实施需要依赖于伦敦发展署（London Development Authority）的制度化。

在一篇重要的评论文章中，大卫·哈维（David Harvey）将规划描述为商务利益的协调者。[8] 他准确地描述了大多数伦敦和纽约经济发展规划师的行为。然而，他的分析没有解释为何规划师的工作被局限于推进具体项目，而非项目之间、项目与住宅以及交通系统之间的综合协调。某些商务团体——尤其是开发商——会利用地方政府来提升其地位，但是商业精英通常不会利用政府权力在城市系统内去规划他们的长期利益。[9]

这种每个项目单独交易、通过个体开发商以及某个社区的努力获得最大优势的做法，进一步强化了因为地方政府的设置本已十分碎片化的状况。用哈维的话说，在战略管理上，个体资本家的特定利益战胜了他们的整体利益。这一结果并非仅仅源于民主和制度的因素。想要理解对综合性规划的约束，就必须审查社区团体和政客们在其中扮演的角色，并理解规划机构在政府框架中的位置。

民主的矛盾

在商务利益的影响下，规划也是一种被福格尔桑（Foglesong）称为民主的矛盾的对象：政府仰赖资本作为它们的资源，同时仍然对选民负有责任。[10] 代表民意及法律救济的制度手段，不足以使选民在发展规划中起到决定作用，但却有充分的渠道来行使否决权。

伦敦和纽约的市民在主动参与规划方面缺乏平台，但许多公众听证会的设置——在纽约主要的机会是诉讼——允许他们推迟或者完全阻止项目。伦敦的地方当局会要求调整项目以提升社区利益。同样，纽约的社区委员会为批评者提供了论坛，在这里开发商能够与邻里组织间让步交易。纽约州议员没有官方的规划许可权，但他们也有反对项目建设或谈判的渠道。因此，大多数重要的开发提案都牵涉党派之间大量的讨价还价。

在纽约，历史保护和环境法是诉讼的基础，尽管提起诉讼的依据往往跟反对一个项目的真正原因关系不大。例如西部大道（Westway）的规划，这是一条联邦投资的、沿曼哈顿哈德逊河的高速公路，由于法官裁定其威胁到条纹鲈鱼的产卵地而被叫停。对这条高速公路真实的争论是政府官员和开发商希望通过道路建设增加沿路及其上更多的开发面积，但西区居民强烈反对提高开发强度，并顾虑交通和为期十年的建设所带来的影响。然而，这些整体考量不能构成阻止道路建设的法律依据，但对濒危物种的威胁则可以。当开发活动完全是私营项目时，如果方案符合区划法则，建筑商可以依法建设，要阻止它，必须在环境法中找到依据，仅仅以不适合作为理由是不行的。举例说明，布朗克斯区（Bronx）一个私有垃圾转运站的反对者提起诉讼，要求项目出具正式的环境影响评估报告。[11] 他们的目的只是拖延工程进度直至可能更富同情心的市政府上台。[12] 在另一个案例中，居民们试图阻止一个位于曼哈顿上东区的大型开发项目，爱迪生联合电气试图关闭一处发电厂，诉讼是为了阻止这一设施关闭后，要在别处扩建一个更大的设备以取代这个被废弃的场站所提供的电力。[13]

政客们的角色

在伦敦和纽约，民选政府官员的重心已经从关注政府投资项目转变为努力从私营部门获取收益。在这两座城市，本地政客影响力的扩大，都与那些机构首脑曾经掌控国家政府的资金流增加有关。在80年代，一些伦敦保守党议员的工作重点从环境质量和提供服务转为吸引商务企业。伦敦城和维斯明斯特区的规划主席利用职权主动平息了对当地大规模商业开发项目的反对。同样，迈克尔·卡西迪（Michael Cassidy）——80年代伦敦城的规划主席向我声明，他的目标是在受到码头区威胁时保持伦敦城的金融中心地位。他觉得公司之前对议员们保持一种"好奇的态度"，以为他们对引进急需的商务投资不感兴趣。他为改变了城市对于开发的态度，以及精简了规划许可的申请程序感到骄傲。相似的，维斯明斯特区的规划主席大卫·威克斯（David Weeks）虽然对过度开发的可能性有所疑虑，还是向我描述了他为了战胜反对者、推动他认为有必要的开发项目所做的努力。他详细描述了他对皇家歌剧院项目的帮助——该机构需要规划许可在毗邻考文特花园的地方建设一座办公楼，用以筹集扩建资金。他说："我必须推动这一项目通过。这需要表现得强硬且积极。"[14]

90年代末，控制维斯明斯特议会的保守党对办公区建设已经兴趣不大，他们在早先的繁荣时期就对更多的商业开发持保留态度。在选民的压力下，议员们不允许将住宅区转换为商业用途，并且对宾馆建设严加控制。在帕丁顿盆地，虽有宾馆和办公楼开发的提案，但最初的建筑是居住用途。议会要求开发商提供五千万英镑用于地方基础设施建设。根据开发商的说法，他的公司致力于社区回报和建设经济适用房。他解释道："国家政府的改变对我们有一定影响。伦敦办公室已经设立了不同的议程——如今重点不仅是环境，还包括本地社区的社会需求。"他强调他曾与社区合作，从专项更新预算中获得1 350万英镑的拨款用于职业培训。[15]

在政治藩篱的另一边，工党议员感兴趣的是提升零售商业地区及在地区内引入轻工业（尽管这一点不太成功）。最终，他们将与开发商的财务交易视作社区发展的唯一途径。一位早先位居大伦敦议会高层并自称为"参与式社会主义者"的工党议会领袖，声称他试图录用"具有企业精神的"官员来做部门领导。他自豪地讲述了一个开发商在采石坑上兴建公园以获取开发办公楼许可的交易，以及另一个议会通过允许在老市政厅旧址上新建大型商场获得租金分成的交易。不过，他高度认可制定开发计划时社区的参与，这方面跟那个曾与我交谈的保守党议员不同。

许多我采访到的工党议员和官员将21世纪初的情况视作一种进步。有一位议员如是说："领导们更加包容。这是实践，不是修辞。"他们同时也表达了矛盾的情绪："但是有什么真正的变化吗？城市更新依然是以房地产开发为主导。没有（公共部门）能够取代私营机构的领导地位……市场不再被看作是敌人。社会目标的实现有赖于私营市场项目的成功。"伦敦塔桥区议会领袖、一位熟悉城市政治学研究的学者谨慎地说："如今，由于私营企业（在公共决策中）的作用日渐扩大，增长机器理论对于英国更加适用。这个名词同时也在改变……（开发商）更深地参与社会项目——这是一种公司主义的地方政府。"[16]

在纽约，上一代的政客自豪于他们能从华盛顿要来资助的规模，当前的政客却为招商引资煞费苦心。如同伦敦的工党议员，纽约更加进步的政治家们关注支持制造业、非营利组织和小型企业，而非大公司，但他们也认可对私营部门提供激励的机制。因此，比如说，露丝•梅森杰（Ruth Messinger），曼哈顿区前主席、1997年落选的民主党市长候选人，曾支持给商品交易所在曼哈顿下城区的一个建筑项目发放补贴，并资助过帮助曼哈顿保留钻石产业的研究。在一次采访中，她对我表明："可以有办法防止过度补贴开发商，但我们必须给予补贴。我们必须假定新泽西州（对纽约）的威胁是真实存在的。"

规划机构的情况

当前规划机构的操作风格，既反映了政客们期望其在开发项目中充当谈判代理，又反映了抑制综合考量的制度框架。因为没有哪个城市拥有一个强有力的大都市规划机构控制开发过程，政府的结构本身导致了地理和功能上的碎片化。伦敦划分成多个自治区和纽约分为（比伦敦）更大的行政区或小一些的社区规划区，意味着每一项开发提案需要遵循不同的许可途径并依据各地的情况进行安排。尚不清楚伦敦发展署成立后，这种情况能够在多大程度上得到改变。

在每个城市，对基础设施和市政设施规划的首要责任都归属于各种区域划分下的机构（道路、公共交通、港口、公园、教育等），协调这些机构的意图需要付出艰巨的努力。由于这些机构向不同层级的政府部门汇报，或者半自治，协调问题更加严峻。英国早先的环境大臣、如今称为环境、交通与区域大臣的职位，理论上拥有促进不同层级协调的权力。撒切尔时代的大臣在意识形态上反对干预；近期随着伦敦政府办公室的建立，这一部门实现了更大程度的协调。特别是它将伦敦中心区边缘的一些地块确定为主要发展的优先区。办公室最近为伦敦出台的《战略规划指引》（Strategic Planning Guidance）比之前的版本要详细得多。不过，伦敦发展署还需制定一个描绘伦敦未来交通发展及其对用地影响的总体规划。

纽约的选举官员没有凌驾于规划机构之上的权力，更不用说区域层面。纽约的确曾经拥有比美国大多数城市更多的统一的规划和发展机构；机构的创建和瓦解都是基于特定的地方原因。数十年来，纽约市的规划与发展遵循了罗伯特•摩西等人所设立的一系列工作重点。60 年代初摩西的霸权最终分崩离析，应对措施是将商业和住宅规划的首要责任交付市长控制下的机构。摩西的交通职能被移交给了区域机构，而纽约市的住房与再开发理事会（Housing and Redevelopment Board，HRB）以及城市规划局（Department of City Planning）接手了发展规划部分。约翰·林赛市长随后将 HRB 与其他住房机构合并为一个"超级机构"，名为住房与开发管理局（Housing and Development Administration，HDA），旨在整合保护与再开发工作。市长的政策坚持将邻里和住房改善的优先权给予那些最需要的地区。在其（最后的）1969 版总体规划中，城市规划委员会出台了一项总体政策，鼓励曼哈顿办公楼开发和行政区内的住房改善。然而，至 70 年代末，住房保护与发展局（Department of Housing Preservation and Development，HPD，由 HDA 改组而成）几乎没有多少可供使用的联邦资金，并且因为财政危机的爆发，也没有市政投资预算；这导致其管辖权主要局限在住房修缮领域，在指导发展方面不再具有重要作用。城市规划部门事实上放弃了任何有名无实的土地使用总体规划，投身于具体的区划变更和项目影响方面的研究。与此同时，经济发展机构开始成为再开发策略的主要设计师。

2000 年规划局出台了新的区划文本草案，准备实行新的高度限制、限制开发权转让、建立设计审查小组，并简化区划方式。这个十分温和的提案简单地以提高建成环境质量为目标，虽不是总体规划，却因减少了建筑企业和非营利组织从出售开发权中获利的机会，同时激起了两者愤怒的反对。同时，许多邻里组织觉得这项提案的力度远远不够。截至 2000 年 7 月，这项提案的未来仍然存疑。[17] 评论文章指出区划文本的未来决定于开发商对纽约市政府要员游说的能量："房地产业是政治竞选捐款的主要来源，政治观察员相信，不论是朱利安尼市长还是市议会都不会支持一项被房地产业强烈反对的区划修编。"[18] 这一情况与伦敦形成鲜明对比，那里的房地产利益尚未如此公然干预政治。

公私合作组织

政府与开发商在促使土地开发潜力最大化方面的共同兴趣，使得公私伙伴关系蓬勃发展。大多数大型商业项目都有公私合作。不过，伙伴关系也会出现在援助低收入群体和社区商务的项目中。在伦敦，如今伙伴关系的构架都包含社区代表。在纽约的哈莱姆及南布朗克斯振兴区，合作协议与英国模式相似。但是在城市的其他地区，居民利益在开发商的决策中影响不大，除了住宅开发商可通过为低收入人群提供 20%的住宅单元的方法获得城市补贴，这是极少数为低收入人群谋利的项目。

这种公共与私营部门之间关系的改变在 20 世纪 70 年代中期开始成型，缘于全球化影响下城市经济的转变和城际竞争的增强。由于投资、金融管理、通信和信息提供行为的迅速发展以及制造业的萎缩，重构现状建成环境的压力陡增，并且成为伦敦和纽约的管治政体建立其增长战略的基础。在一个具有超常流动性的空间经济体内，土地开发为私人投资者提供了获取巨大利润的机会；而伴随着早先国家提供的用于支持更新项目的资源被取消，促进该类开发赋予了规划师对私营部门的影响力。政府机构很大程度上放弃了早先通过获取土地并为其提供配套，建设公共设施来直接参与城市更新的做法。[19] 政府无须承受之前那种高额的前期支出，利用税收和借贷权降低开发成本，从而使项目对开发产业所依赖的投资者更有吸引力。更何况那些效益最好的项目都规模巨大，这意味着如果政府不放宽许可规范，几乎没有哪个项目能符合标准，并且也不可能在没有提供（额外的）基础设施情况下进行开发。这种对政府干预的需求创造了谈判空间，公共官员借此可以通过政府许可或资助来换取私营部门对住宅和公共设施的贡献。

通过公私之间的利益交换实现规划收益和要求，与此同时开发公司引入公私合营，构成了 80 年代伦敦和纽约推进城市更新进程的主要手段。这种安排体现为各种各样的形式，包括但不限于：以规划许可换取经济适用房建设、公共机构与社区组织在低收入社区合作成立地方开发公司、为企业区内的私人投资者设立免税期以扩大就业。在 90 年代，英国关闭了城市开发公司和企业特区，而纽约因循着早先的方法——利用公共公司减免常规区划和监管的约束，享有税收救济和放松监管的特权。它最新的再开发项目，例如哥伦布转盘（Columbus Circle）的体育馆工程，几乎没有要求开发商提供什么公共福利。[20]

规划收益和要求

伦敦和纽约的政府官员扩大了强制要求（exaction）[21] 的原本含义。最初，开发商往往被要求满足他们的工程所带来的市政基础设施需求（例如街道和排污）或者为其项目带来的负面影响提供补偿（即影响费，impact fees）。[22] 不过近些年来，规划师们要求开发商提供项目基地以外的改善，如经济适用房和托儿所，作为规划许可条件。那些渴望推进项目的开发商会做出一系列的让步以获取规划师的合作；不指望高层政府提供优厚资金支持的规划师们，将同开发商的谈判视作他们实现社区利益的首要机会。[23] 公共许可与开发商的义务在开发协议中被捆绑在一起。

因为伦敦地方当局在发放规划许可方面有很大的自由裁量权，规划师们在寻求规划收益方面占据了潜在的主导地位。一位规划局局长描述了这样的经典交易：为了获取在一块两英亩公有土地上建设办公楼的许可，开发商同意建设 50 个工业单元、一间无家可归者安置所，加上邻近地铁站点的改善。在斯皮塔菲尔兹（Spitalfields）市场开发地区，开发财团不得不向社区土地信托捐赠 12 英亩土地以获取邻里组织的合作（第七章）。撒切尔政府试图阻止地方政府就与项目影响不直接相关的社区福利跟开发商谈判。[24] 然而，与保守党将这种谈判视作勒索正相反的是，现执政的工党政府鼓励这类行为。

尽管在纽约，项目若符合现有区划，开发商无须申请规划许可，但大多数开发商都希望通过谈判获得超出区划许可的建设规模。其他交易则是为了争取公共让步。例如，开发商小威廉姆·泽肯多夫（William Zeckendorf, Jr.）建设了数百单元的经济适用房，以在邻里组织的反对声中取得建设两个大型开发项目的许可。在项目进入公共许可程序之前，唐纳德·特朗普同西区社区组织进行了非常规谈判，就其力推的旧铁路货场（更新）的配置和内容达成协议。[25] 这位开发商同意向城市捐赠土地以用于西区高速公路的改线，再加上建设一个公园以及经济适用房；作为回报，市民组织同意在这一长期存在争议的地块上的规模和密度方案。[26]

除了谈判交易之外，纽约的开发商们可以选择通过特定的社区回馈行为获得一系列常规奖励。例如，他们可以通过在曼哈顿之外的工商业激励计划（ICIP）中出力获得税收优惠；如果建设符合区划奖励体系的特定公共设施，可以获得额外的建设空间许可；并且，根据"80—20"住宅计划，如果其项目中 20% 的单元为经济适用房，住宅开发商可获得多种补贴和监管放松。

城市开发公司和其他公私合作组织

如果说开发协议代表公共部门和私营部门间就事论事的关系,城市开发公司则是政府引导私人开发商参与实现其经济发展目标的正规安排。城市开发公司保留了其代表的公共机构的许多政府权力,但却无须满足公共部门的常规要求,例如安排公开的公众会议,事无巨细地(向上级)提交其活动报告,为社区参与提供途径,以及遵守民政服务准则。尽管最终他们要向民选官员负责,城市开发公司在经营上更像私人公司,使用的是企业界而非政界常见的经营风格和专业形象塑造。[27]

英国的途径

在大不列颠,这种再开发新途径的开端出现在 1978 年工党政府的《内城区域法案》(Inner Urban Areas Act),它给予城市的合作伙伴(包括中央政府、特定的地方当局、私营企业和地方志愿组织)促进工商业开发的权力。[28] 根据这一计划,除了提供场地和基础设施支撑,地方当局还可以为私营公司提供贷款和资助。在 1979 年保守党获胜、玛格丽特·撒切尔任首相之后,更加重视激励私营部门投资,设立城市开发公司成为城市政策的核心。中央政府建立城市开发公司并为其提供资金支持,城市开发公司对中央政府负责而非其运营区域的地方规划部门。[29] 尽管英国的城市开发公司与纽约的开发公司在许多方面有相似之处,但美国的实体相对于各级政府有更多的自主权,并且与国家政府无关。英国的城市开发公司有设立周期,如今都已经结束。

伦敦码头区开发公司

伦敦码头区开发公司(LDDC)于 1981 年由国会创办,是东伦敦 8.5 平方英里区域的规划和开发机构、20 世纪 80 年代伦敦最具代表性的合作机构(更详细的分析请见第九章)。它的管辖范围包括了塔桥、纽汉(Newham)以及南沃克三区沿泰晤士河的部分辖区,在这一区域内取代地方拥有规划管辖权。70 年代这三个地方权力机构(包括相邻的格林威治区)曾试图制定强化产业和社会住宅用途的码头区总体规划策略。然而,到 1979 年保守党政府执政时,尽管(地方政府)在基础设施准备和废弃构筑物拆除方面取得了一些进展,几乎没有引入什么新的投资。[30]

LDDC 在再开发区域获得了许多闲置土地的产权,并以便宜的价格卖给私人开发商。公共支出包括大规模基础设施项目、总体规划和管理、在狗岛设立免税企业特区,以及一些销售和公关方面的工作。除了基础设施规划,LDDC 员工将绝大多数精力放在向私人投资者推销场所上,并为此投入了相当复杂和细心的公关及推销工作。

码头区计划再开发的范围巨大,并且包含了各种各样的独立项目。对这一地区的规划包括了办公楼、住宅、学校、零售、娱乐空间,一个运动场,一个展览馆以及部分工业和仓储设施。[31] 最大的办公综合体位于狗岛企业区的金丝雀码头,由奥林匹亚和约克公司(O&Y)负责开发,预期规模甚至比其在纽约炮台公园城开发的世界金融中心还大;这一投资将包括 116 万平方米的商业空间(见第八章和第九章)。

在伦敦房地产开发繁荣时期的顶峰,LDDC 在吸引私人投资方面取得了巨大成功;仅仅在 1988 年的前 8 个月,确认投资的私营资金高达 44 亿英镑(约合 75 亿美元)。[32] 然而,不久之后,O&Y 对金丝雀码头的投资受到了质疑,码头区的许多其他项目也遭遇困难甚至流产。

因为 LDDC 在这样一个可达性极差的地区进行开发,其取代公交优先权的道路建设,将整个联合王国的交通投资项目向码头区倾斜,并因其对所在地区原住民的忽视而饱受责难。[33] LDDC 重视办公开发,这意味着现有居民的技能水平很少能满足新的就业岗位要求,迁入办公综合体的服务产业没能为下岗的码头工人带来多少就业机会,不过必须说,它还是为当地妇女提供了一些文书和零售类的工作。将土地出售给营利性住宅开发商的开发策略,意味着大多数本地居民负担不起新开发的住宅。此外,城市开发公司的理事会直接受中央政府委任的机制,将居民排除在规划程序之外。[34] 鲍勃·科纳特(Bob Colenutt)——码头区顾问委员会的主任——对我说:"码头区的权力流失到了我们所代表的人群之外。它掌控在大开发商手中,掌握在伦敦码头区开发公司手中。地方政府没有什么权力,即使在剩余的有权的领域,他们也无所作为。"

不过,在 80 年代晚期,LDDC 确实开始重视职业培训和社会项目以使长期居住者受益,直至 1997 年,LDDC 在社会和社区发展方面投入的资金已达 1.1 亿英镑,其中近半数用于教育和培训。[35] 在 90 年代房地产价格下降的低谷期,非营利性质的开发商进行了许多住宅投资;[36] 此外,lDDC 继续投资改善了 8 000 套存量社会住房。[37] 至其终止之日,伦敦码头区开发公司为这个地区净增 23 000 个就业岗位,并在公共交通和道路系统建设方面卓有成效。[38] 回应伙伴关系的称谓,LDDC 在晚期对社区意见变得更加开放。1988 年的一项民意调查显示,61% 的码头区居民认为 LDDC 不考虑本地的声音,而这一数据在 1996 年降到了 34%。[39]

城市挑战和专项更新预算

城市挑战计划(City Challenge program)标志着大规模推进伙伴关系概念的第一次制度化尝试,政府承诺为贫困地区的私营投资配套资金。各地竞相争夺城市挑战基金的拨款;投标要求社区所有部门合作并有明晰的更新策略。之后的专项更新预算继承了相似的原则,将多项中央政府资助的更新工作合并为单一项目。[40] 类似美国社区发展整体补助金(American Community Development Block Grant,CDBG)项目,专项更新预算意图赋予社区更大的选择更新路径的抓手。但是,与 CDBG 将资金平均分配给所有地区不同,地方政府需要通过竞争来争取城市挑战和专项更新预算的资金。投标需要证明不同群体间的合作意愿,减轻了过去被忽略的社区居民与商业领袖之间的敌意。它也导致那些过去对地方政治冷漠的商业精英们加强了与地方的联系。

城市挑战计划促成了伦敦城边缘的一项大型更新活动。按要求,伦敦塔桥区议会为其下辖的一个社区、贝斯纳格林(Bethnal Green)申请了城市挑战计划拨款。1992 年贝斯纳格林在社区引导下的一项公私合作的再开发计划获得资助(见第七章)。大型开发商仍然是这里开发资本的主要来源,但在规划阶段社区参与程度极大提升;项目目标包括为原住民提供住宅建设和营业场所;而作为协调机构的东伦敦伙伴关系(East London Partnership)并没有像伦敦码头区开发公司那样的特殊权力。

尽管城市挑战计划比城市开发公司的方法更加包容本地社区的意见,但还是打破了常规政府框架内进行的地方决策。政府致力于寻求私营部门的承诺,社区组织则被寄希望于援助小规模创业。因此,资助项目旨在鼓励各类公司实体精英和社区发展组织的活动,这类活动长期活跃于美国的内城区,但在英国却不多见。在伦敦历史上,地方政府通常既发起倡议,又主动为社区经济和住房建设提供资金,因此中间组织十分少见,尽管为社区代言的组织不少。八年后,专项更新预算项目进一步促使合作伙伴关系大量增加,并成为更新工作的基本组成部分。

住房协会

住房协会（housing association）是英国最接近美国住房开发公司的对等组织。它们在伦敦历史悠久，可以追溯到19世纪为贫民窟居民改造房屋提供赞助的慈善和教会组织。这些协会的下属是基于邻里的合作社，但是绝大多数由其工作社区之外的董事会负责运营。尽管通常它们的初始功能是慈善而非社区组织，但它们已超越了其宗教根源，变为大型的、专业运作的协会。大多数协会拥有土地，其中许多还开发住宅，在保守党主政时它们取代了地方议会成为社会住宅的主要建设者。从90年代中期开始，地方政府开始将其控制的房地产转移给住房协会；结果造成如今协会管理了大量的住宅。[41] 布莱尔政府选择继续依赖这些非政府机构以实施其住房计划。

中央政府的住房公司（Housing Corporation）是住房协会建设的主要金融担保人，并且已经成为中央政府资金进入低收入住宅建设领域的主要渠道。英国税务法并不为公司投资低收入住宅提供特殊奖励，因此没有什么与美国的低收入住宅税收抵免所提供的对等的资金来源（见下文）。住房协会越来越多地从私人信贷市场获取资金，但有一定困难。英国没有如美国的《社区再投资法案》（Community Reinvestment Act）要求银行为服务区域投资，英国政府通常不会为私营贷方提供贷款担保而对冲风险。有的住房协会专门为特殊人群（例如残疾人和单身）建设住宅，有的则活跃于特定社区（特别是在伦敦东区）或专注移民和无家可归者。在整个20世纪80年代，住房协会在大伦敦地区平均每年提供约1 500个住宅单元，大于等于1985—1989年公共建设住宅的数量。[42]

由于议会建设社会住宅的资源被削减，当地政府越来越依靠住房协会来补足缺口。尽管许多住房协会非常专业、有经验且灵活，但是有限的资金使得它们无法扩大对中低收入家庭的住宅供应量。在90年代中期，它们将住宅供应量逐步提升到了相当多的数量——每年将近8 000套，但当这个十年接近尾声时，它们的供应量削减了60%以上。[43] 与此同时，保守党"有权购买"计划中将社会住宅出售给租客的行为导致了低收入家庭可负担的住宅数量大幅下降。因此，经济适用房建设越来越多地变成了私营开发商建设大型混合收入社区时的责任，他们被要求将其建设单元的一小部分分配给低收入家庭。

美国的途径

公私合作一直以来都是美国城市再开发政策的标志。美国地方政府从未像英国的地方当局一样在住房供应和产业发展方面起过主要作用。精英和商务主导的组织,例如匹兹堡的阿勒格尼大会(Allegheny Conference)、波士顿的"穹顶"(Vault)以及旧金山的 SPUR,长期以来在城市里扮演着准官方规划机构的角色。以 1949 年《住宅与城市更新法案》(*Housing and Urban Renewal Act*)为开端,一系列联邦住宅供应与开发项目都是利用公共补贴的激励,主要依靠私营开发商来重建衰败区域。然而到了 70 年代,联邦政府减少了其资金支持并撤销其监督职责后,美国这类项目的性质发生了明显的改变。

联邦补贴的收缩迫使地方在重大项目上向私营部门寻求启动资金。1974 年国会终止了城市更新和模范城市计划,以 CDBG 取而代之;在缩减大城市获取的补贴金额的同时,将支持重点从需要总体规划的大规模再开发转向单个项目和住宅修缮。[44] 1977 年联邦提出了城市发展行动基金(Urban Development Action Grants,UDAGs)支持那些利用私营资金的项目,地方政府扮演中介者的角色。尽管里根政府最终终止了这一项目,但它还是为未来资助地方认可的行动提供了先例(并且被英国政府模仿,他们在专项更新预算拨款中使用了这一模式)。地方政府在试图刺激私人投资方面变得越来越企业化,积极推销可用的基地并抛出一系列补贴、培训计划以及为方便商务运营而设计的快捷手续。[45] 与过去的不同,不在于将私营部门要求放在首位,而是地方政府在吸引私营部门参与方面的主动性提高,并且在项目开展前,要求私营部门对项目预先做出承诺。

经济发展局

在纽约有很多开发公司为城市与私营公司合作促进物质开发提供框架支持。公共开发公司(Public Development Corporation,PDC)在 1991 年更名为经济发展局(EDC),是与私营部门合作的领导机构。[46] PDC 成立之时是一个半独立的地方开发公司,其董事会由杰出的商务人士组成,在 80 年代促进建设方面扮演着企业家的角色。与伦敦码头区开发公司不同,它没有特定地理界限内的管辖权;其边界与城市共同延伸。当纽约的房地产投资处于高峰时,PDC 在所有的行政区都十分活跃;仅 1987 年它就涉足了

200 个项目，价值 130 亿美元。[47] 重组后，EDC 的责任包括了开发、营销、销售以及管理城市所有的土地，为包括市场和一些交通设施在内的商业、工业以及滨水项目提供资金，为城市挽留私营企业，以及帮助开发商获取贷款和财政援助。如同其前身，EDC 主要是扮演金融中介的角色，为特定开发基地提供土地改良、税收抵扣以及融资等一揽子服务。[48] 2000 年起它致力于促进新技术公司在哈莱姆和其他区选址，尤其是生物医学相关企业。不过就业和社区发展相结合不在它的日程之上。城市规划局在技术上负责制定土地使用规划，大多遵循 PDC 或者 EDC 的城市发展策略。[49]

更大型的项目则由 PDC 或 EDC 与纽约州城市开发公司（UDC）合作，后者如今称为帝国开发公司。这两个机构会成立独立的开发公司来经营特定的项目，例如贾维茨会展中心和 42 街再开发项目的建设和经营（见第六章）。另外，炮台公园城管理局（Battery Park City Authority，BPCA）是 UDC 下属的半自治机构，负责在华尔街旁的填埋场地上规划和开发大型混合用途项目（见第八章）。最初为中低收入群体开发住宅而建立的城市开发公司，摆脱了其住宅供应任务，转变为一个经济开发机构。但在纽约市内，它仍保留其无须遵守地方区划和公众参与要求的特权。[50] 因此，它所参与的开发项目即意味着规范审批的一路绿灯。

社区发展公司

非营利社区（住宅和商业）以及工业发展公司已经成为曼哈顿商务区之外的开发活动中日益重要的非政府参与者。[51] 社区发展公司（Community Development Corporations，CDCs）在组建后能够自由地从公共或私营借贷者和拨款人那里寻求资金，其资金来源十分庞杂，包括州和地方政府、宗教组织、私人慈善家，以及相关商务和住房组织。两个国家组织——地方动议支持公司（Local Initiatives Support Corporation，LISC）和企业基金会（Enterprise Foundation）——为社区发展公司筹集资金，主要用于支持住宅建设和修缮，但也支持位于低收入社区的商业开发。这些资金大多来自低收入住房税收优惠（Low Income Housing Tax Credit）项目，参与的公司通过它们在项目中的投资获得税收优惠。[52] 1987—2000 年，LISC 向纽约 50 个社区开发公司投资了 8.4 亿美元，建造了约 9 000 套低收入住宅。[53] 另外，许多银行建立了下属自主的开发公司，向低收入邻里借贷资金。这些公司是营利性的企业，通常只参与能够享受补贴的项目。

除了市属住房的修缮工作,城市依靠非营利组织来实施经济适用房计划。住宅开发公司(HDCs)曾建造和修缮遍布纽约的成千上万套住宅;通常 HDC 会在一个独立项目中寻求多个来源的拨款、贷款和收益。例如由布鲁克林 25 个基督教堂组成的布鲁克林基督教会资助了一个住宅开发公司。这一组织在 1990 年获得了城市承诺提供给它的 1 800 套罚没住宅(in rem housing)[54],修缮资金来自 LISC、罗马天主教教区以及市政府。通过以市场价出租部分单元,它可以利用出租那些更昂贵的住宅收益来双重补贴低收入家庭。尽管 HDC 与英国的住房协会同属非营利机构并在项目上享有自主权,但它们在资金来源、社区基础等方面有所不同,并在组织上更企业化。

住房计划

20 世纪 70 年代期间,一股废弃及忽视维护住宅的潮流横扫了纽约。80 年代的经济复苏刺激了士绅化的浪潮。这两股进程都使一直以来就十分艰难的低收入家庭住房状况雪上加霜。纽约在美国历史上是使用政府资金和税收优惠补贴住宅建设的先行者。然而,这些项目在 80 年代初纷纷搁浅,联邦公共住房建设资金枯竭,纽约州为中等收入者提供住宅的米切尔-拉马计划(Mitchell-Lama program)被终止。

科赫市长在位期间,对处理低收入住房危机毫无建树。除了豪宅之外,80 年代的纽约市面临着尖锐的住房短缺问题。[55] 这一危机的指标包括激增的无家可归者、1987 年低于 2.5% 的总体住房空置率、低于 1% 的低收入住房空置率,以及飙升的住房价格。[56] 尽管问题突出,并且来自中产阶级选民和贫困者代言人的政治压力日渐高企,科赫政府仍然视而不见,将大部分的注意力放在吸引私人商业开发上。只有在 1988 年,这位市长详细说明了他在 1986 年承诺的住房计划。他提出城市为其所有土地上的低收入住宅单元的建设和修缮直接注资,同时资助那些愿意为低收入和中等收入家庭建设额外的经济适用房作为补充房源的私人开发商。

这一公开发表的"计划"并未作出什么具体的承诺,算不上是真正的计划。它没有表明城市的明确意图,例如,维护南布朗克斯的居住邻里或是为曼哈顿的无家可归者提供住宅。与典型的再开发规划截然不同的是,它没有包含任何图纸,也没有命名任何项目。相反,其介绍写道:"该计划不设计具体项目或为具体社区分配资金。不过,它为未来十年内将要运营的各类项目以及将要分配给这些项目的总资金比例提供了一份概要。"[57] 不过它确实为城市建设和修缮了一批住宅。本质上，它放手让执行机构在社区支持的范围内推进它们认为合适的个体项目。

科赫市长称该计划的实施倾向于援助中等和中产收入的项目；其继任者大卫·丁金斯将该项目转变为更多为低收入和无家可归者提供住房，但仍保留了援助中产阶级的部分。为中等收入家庭建设住宅的承诺引起了极大的争议。1981—1991 年，非营利组织住房合作社（Housing Partnership）获得了为业主建设的超过 5 000 套住宅的公共补贴。[58] 许多社区活动家批评这个公司自上而下的规划方式以及它定位于相对富裕的人群。它建设的郊区风格的独立式或联立式住宅，除了商业银行的市场利率贷款，还包含 20% 市和州政府投入。辩护者辩称这一项目维持了内城的中产阶级人口数量，不然这些人口可能会迁往郊区；85% 的购买者是少数族裔；购房者中 75% 在本地居住或工作。[59] 最终，城市回应了政治压力，截至 1998 年，低收入家庭——包括之前的无家可归者——占有了承诺修缮或建设的住宅单元数量的三分之二。[60]

由 20 世纪 90 年代初经济衰退引发的财政危机，是导致整个纽约住房项目经费削减的主要原因。在 1989 年（选举年），超过 26 000 套住宅的建设或修缮受到市政府资助，这意味着 7.38 亿美元的公共支出。[61] 该项支出（随后）有所下降，在丁金斯任期重新上升，但在朱利安尼市长时期稳步下降，尽管那时城市的财政条件已经有所好转。获得城市预算援助的住宅单元数量下降到约 6 000 个/年，是峰值水平的四分之一。下降可归因于行政政策以及占修缮住宅单元多数的罚没住宅供应的枯竭。[62]

在 1989—1999 年这十年间，纽约在住房计划中的投入超过美国所有其他主要城市，资金几乎全部来自其自身收入。该计划对促进南布朗克斯区的复兴颇有贡献，该区多年来因其废墟般的外表和高涨的犯罪率而闻名世界。[63] 布朗克斯一度是政客和外国游客观察衰败之摧毁性力量时最受欢迎的场所，如今成为救赎的象征。不过，斯瓦茨（Schwartz）对该计划效果的分析，却得出了一个模棱两可的结论：

> 纽约市的住房政策处于一个关键节点。自其开始的 13 年间，该计划已提供和修缮了超过 150 000 套住宅单元，帮助许多社区完成转型和稳定。然而住房问题依然严峻。在 1996 年，这个城市将近 1/4 家庭面临着严峻的购房支付能力问题（至少 50% 的收入用于支付房租）或居住在具有物理缺陷的住宅中。然而，城市似乎不会延续自 1986 年以来一直坚持的（住宅供给）路径。[64]

趋同与分异

不论是在增长或是衰退时期，伦敦和纽约的管治政体不约而同地依靠私营市场来发展经济和提供公共设施。尽管在20世纪80年代，英国和美国之间地方政府体系的差异很大，公共官员决定地方动议的行为却变得越来越相似。利用开发协议、开发公司、监管救济、税收补贴、广告、公关以及财务计划等工具，官员们将政府的经济发展职能前置于社会福利和规划。

在90年代二者的路径逐渐开始再次分异。为了理解这种演变的原因，我们要观察的不仅仅是制度因素，而应包括经济力量，以及它们是如何被意识形态和政治诠释并加以回应的。玛格丽特·撒切尔首相以放开市场和鼓励企业文化的名义削减再分配性质的政府项目，并且强迫区议会为私营开发商提供土地。她的保守党继承人约翰·梅杰在该党政策的意识形态尖锐性上有所缓和，通过推进合作伙伴关系以同时考虑社会和经济因素。布莱尔政府试图寻找"第三条道路"，抑制英国政治冲突的特性，努力将商务和社区纳入其政策项目以达成共识，并且通过更强有力的再分配特性来培育更新方案。同时，它并没有回归撒切尔之前那个时代的强政府干预途径。

在纽约，爱德华·科赫市长并未完全跟随当时执政的共和党国家政府的自由主义思想，而是以日益陷入困境的中产阶级名义来对付开发商。他的继任者大卫·丁金斯，尽管更具包容性，但在严重的经济危机时期几乎没有什么重修政策的回旋余地。在国家层面，那些建议在经济方面进行更大程度的国家干预，并提升再分配力度的人无法让选民相信他们有促使经济复苏的方案。结果带来的是联邦对城市财政援助的大幅缩减。1992年看似更具同情心的国家政权在竞选中获胜，对于资助城市项目却影响甚微。城市并未受到克林顿政府中"新民主党人"的过多关注，在克林顿两届任期的大多数时间中，共和党占大多数的保守派国会使克林顿没什么机会提供城市援助。与英国形成鲜明对比的是，无论如何美国城市都要靠自己来完成城市再开发。1991年一位保守的市长在纽约竞选获胜，他把公共安全视作他最重要的经济发展项目，预示了贫困社区的经济增长不会超越整体增长的溢出水平。朱利安尼市长支持激进的警察策略，其管理团队在重要位置排斥有色人种的参与，并且拒绝与低收入群体的政治领袖建立联系，这一系列行为导致政府与许多纽约市民之间的严重对立。与纽约恰恰相反，伦敦的政治变得更为和谐。

20世纪八九十年代，在纽约和伦敦，站在穷人一边的左翼地方代言人因其相对狭隘的关注点和较为消极的立场，在全国范围内没什么影响。他们别无选择，只能在以利益交换为基础的公私谈判体系框架内工作。不论政府如何变动，建设项目一直依赖私营部门主导。华盛顿民主党政府和英国工党政府的上台，尽管对此有所缓解，但并未从根本上改变这一思潮。只有一股强大的反向思想力量的成长，才有可能导致两地管理上的改变。

注释

[1] 沿着这条线索存在很多批判，包括Altshuler（1965）的观点：规划师有限的知识使其无法对公共利益和综合性具有独特的洞察力；Gans（1968）的观点是规划表达了上层的利益；Harvey（1978）和Foglesong（1986）的观点：规划主要被导向资本积累，而当关注于公平时，它主要被导向合法化。

[2] Dror, 1968; Faludi, 1986, 1987.

[3] 这里描述的是规划师参与Beauregard（1990）所说的城市建设进程。

[4] Teitz, 1989.

[5] Boyer, 1983.

[6] Klosterman, 1985.

[7] Levy, 1990.

[8] Harvey, 1978.

[9] Fainstein et al., 1985.

[10] Foglesong, 1986.

[11] Stewart, 2000.

[12] 尽管该垃圾转运站是一处私人设施，但它的提案是对市长朱利安尼承诺关闭弗莱斯垃圾填埋场（Fresh Kills landfill）并意图将生活垃圾运出城市的回应。滨水的社区组织反对刻意将垃圾转运站选址于低收入社区，他们已经受到商业垃圾转运站的严重影响，坚决要求修改规划（Bautista, 2000）。由于新制定的任期限制意味着市长任期必须于2001年结束，拖延战术将确保新一任政府会考虑他们的诉求。事实上，朱利安尼屈服于反对意见，并且最终放弃了原来的计划。

[13] Kahan, 2000.

[14] 最终这个规划失败了。

[15] 对柴尔斯菲尔德（Chelsfield）的尼克·罗伯茨（Nick Roberts）的采访（2000年1月11日）以及对维斯明斯特议会的哈维·马歇尔（Harvey Marshall）的采访（2000年1月10日）。

[16] 对迈克尔·基思（Michael Keith）的采访（2000年1月13日）。

[17] Dunlap, 2000.

[18] Lentz, 2000b, 4; 也见于Dunlap, 2000.

19 关于政府在提供土地、基础设施和设施等问题上的作用这一方面，金丝雀码头和炮台公园城在近来的项目中显得不同寻常。政府通过税收优惠给予开发商的额外好处意味着这些项目的优惠条件超过了早先的更新/换代项目。然而，相比于早先的项目，开发商也需要为公共事业捐赠更多的私人捐款。

20 哥伦布中心是 21 世纪后启动的最大开发项目（见第二章）。由城市承担的一项限制性条件是它包含用于容纳林肯中心的爵士乐的剧院空间。

21 Exaction 是美国地方政府对开发商要求捐献一部分土地，或者额外建设公用设施，或付费的一项专用名词。——译者注

22 Alterman et al., 1988.

23 在一次关于强制要求（Exaction）发生率的理论性探讨中，迪克·内策尔（Dick Netzer, 1988, 49）总结说它们"远非将那些城市公共服务中具有私营产品方面的融资私有化的理想方法：明确的以边际成本为基础的用户收费更好。不过，当设计恰当时，强制要求可以是一个不错的次优解"。

24 Rosslyn Research Limited, 1990.

25 纽约的土地使用统一审查程序（Uniform Land Use Review Process, ULURP）设置了一系列的条件，项目必须在最终获得城市议会批准之前完全满足条件。

26 在 20 世纪 80 年代中期最初提出时，特朗普对这块后来被称为特朗普城（Trump City）的项目规划，包括一个区域性商业综合体、一座 150 层的塔楼以及一排挡住了河畔风景的 60 层建筑；这些建筑的面积将达到 130 万平方米。新的方案将项目规模缩小到 77 万平方米，并提供社区组织要求的各种捐款。尽管有一些社区组织同意了该项目，其他人依然反对并且视默许者为叛徒（Bagli, 1991）。

27 Lassar, 1990; Squires, 1989.

28 Rees et al., 1985.

29 Parkinson et al., 1990.

30 Marris, 1987; Brindley et al., 1989.

31 LDDC, 1988a.

32 *Guardian*, 1988.

33 ALA et al., 1991; DCC, 1988. ALA 是指工党领导下的区议会联盟；而 DCC 是码头区的一个咨询机构，它受地方当局影响而建立，如今已不复存在。

34 Lawless, 1987; Church, 1988a, 1988b.

35 U.K. DETR, 1998a, 7.

36 Sampson, 1998, 149.

37 U.K. DETR, 1998a, 7.

38 Rhodes et al., 1998.

39 Brownill et al., 1998, 58-59.

40 专项更新预算于 1994 年 4 月被引进。它包括了 20 个以前的独立项目（U.K. DETR, 1998b, 2）。

41 例如，皮博迪信托（The Peabody Trust），在 2000 年管理着 17 000 个住宅单元，而其他一些协会管理的住宅单元超过 40 000 个（对迪克森·罗宾逊、皮博迪信托主管的采访，2000 年 1 月 12 日）。

42 英国环境部，1991，表 6.5。

43 在 1987 年，2 578 个社会住宅单元由住房协会建成，地方当局也建设了差不多数量的社会住房。至 1992 年几乎再无议会住房在建，但住房协会负责建设着接近 4 000 个住宅单元。在 1994 年的巅峰期，住房协会计划了 7 779 个住宅单元，而地方当局建设了 488 个。然而至 1999 年，社会住房的总建设量只有 2 885 个单元，全部由住房协会建设（信息由 U.K. DETR 提供，2000 年 7 月 1 日）。

44 S. Feinstain et al., 1986, 第一章。纽约将它 CDBG 的大部分用于城市所有、纳税抵押房屋的修缮。相反，它使用城市更新资金对城市的大片地区进行大规模重建，主要在曼哈顿。

45 Eisinger, 1988.

46 Fainstein et al., 1989.

47 *New York Observer*, 1988.

48 从 PDC 到 EDC 的变动主要是由于城市的老港口局和老贸易局合并成为一个新机构（Lin, 1991）。

49 在 1992 年，城市规划委员会公布了一项滨水区开发的总体规划（Dunlap, 1992a）。作为丁金斯领导下的、从学术界选拔人员组成的新委员会的一项成果，这份文件代表着 20 年来该机构首次认真地尝试描绘（滨水区的）开发历程。然而，它没有任何约束力，而滨水区的开发只是缓慢而零碎地进行着。

50 它（城市开发公司）在纽约州的其他地方丧失了这项权力，在那里它最初在城市郊区为低收入群体建设住房的努力，激起了大规模的、政治上强有力的抵抗。

51 任何社区组织都可以通过向美国国税局递交一份表格并支付少量费用来使自己公司化。这样它就变成了一个"501（C）（3）"组织，这个国税法规定的部门后缀标明了其税务地位。对房地产开发公司而言，这样的申请通常是由那些想开发住房或取得参与公共项目资格的社区组织发起的；对于商业开发组织而言，它通常发生在城市政府或基金会寻求一个实体来管理一个社区的服务，并建立起一个基于地缘的公司架构和地方董事会来接收资金。在英国，没有一个与此完全对等的部门。社区企业和合作社起到类似的作用，但相比于美国的 CDC，它们的数量远远不及，并且它们不会在税号上拥有特殊地位。

52 地方动议支持公司（LISC）和企业基金会的财务部分依赖于慈善捐款，但它们大部分的资金是从税收优惠项目中提取。地方动议支持公司于 1979 年由福特基金会建立。它提供资金的形式包括贷款、补助、可收回补助、担保、信贷额度和股本投资 [信息由 P. 杰佛逊·阿米斯特德（P. Jefferson Armistead），地方动议公司副总裁提供，1992 年 5 月 4 日]。

53 信息由 P. 杰佛逊·阿米斯特德提供，2000 年 2 月 20 日。

54 罚没住宅（in rem housing），指因未缴税而取消赎回权的财产没收得来的住宅单元。

55 Fainstein et al., 1987.

56 Stegman, 1988, 45, 47.

57 纽约市 DHPD, 1989, 1.

58 这些房子通常有一个出租单元，帮助业主履行抵押义务。

59 Mittlebach, 1991.

60 Schwartz, 1999, 845.

61 Lambert, 1991.

62 Schwartz, 1999.

63 Van Ryzin et al., 1999, 800-802。

64 Schwartz, 1999, 865.

第六章 公私合作的实践：国王十字火车站和时代广场

第六章 公私合作的实践：国王十字火车站和时代广场

城市再开发计划的协商本质，意味着其动因是多元迥异的。接下来的三个章节通过审查伦敦和纽约的 4 个主要再开发项目，来揭示特定情况下各种力量之间复杂的相互作用。我的目标是：①追踪每一项动议的根源；②发现不同的参与者手中所掌握的资源；③明晰他们的目标；④评估他们的成本和收益；以及⑤理解这些反应中所牵涉的价值观。这里探讨的 6 个项目都进行了 20 年以上，并且只有两个——布鲁克林中心和炮台公园城——接近完成。在本书第一版中，我提到对它们的评价只能是暂时性的。最终结果表明，我对时代广场和伦敦码头区这两个项目的预期与最终结果大相径庭。如今我可以带着更多的确定性来评价它们。两个伦敦的开发计划——国王十字火车站和斯皮塔菲尔兹——在过去八年内进展甚微，它们的最终结果依然未知。

这六个被挑选出来进行近距离观察的案例被划分成相似的三对。本章聚焦的两个项目——伦敦的国王十字火车站和纽约的时代广场——都涉及城市中心的大规模土地使用性质变更，并且当再开发意图提出时，这里仍有着活跃的商业活动。[1] 这两个项目的规划都始于 20 世纪 80 年代房地产繁荣的初始期；它们都曾因争议和财务困难而陷入困境。至 90 年代末，时代广场已经成为世纪末纽约开发热潮的中心，而国王十字火车站依旧步履艰难。这些开发最初规划为大规模的办公楼项目，在相当多的城市中都招致了社区的抵制[2]。在接下来的计划中，它们大幅更改了其属性。即便如此，这两个项目不论在早期还是后期，都体现出一些共同特征：它们牵涉到对商业区的再利用，需要面对新的客户、吸引不同类型的企业；它们要求土地使用的大规模重构并且需要迁移或者关闭既有商务场所；再者，它们可能使项目区域及其临近区域就业和居住人口的组成发生改变。这些巨型项目的环境影响，以及周边居民担心上涨的房价会引发他们被迫迁出的恐惧，强化了对这些项目的敌意。90 年代早期房地产市场的崩盘，迫使这两个项目重新思考，最终使其开发内容更为切合实际。尽管时代广场从经济发展目标角度看取得了巨大成功;但在城市环境质量影响上看,却产生了巨大的颇具争议的冲击。而国王十字火车站如今表现得更像是一个渐进式项目,而非一次性转型。

国王十字火车站

对国王十字和圣潘克拉斯火车站(Saint Pancras Station)周边铁路用地再开发的最初尝试始于 20 世纪 70 年代中期。卡姆登地方当局希望刺激这 134 英亩[3]地块上的经济活动,这块土地包括废弃的铁路岔道、装卸点、仓储设施,以及一些"在名单上的"(历史)建筑——包括两个铁路车站和几个储气罐。这一大片土地位处伦敦北一中区,紧邻繁华的购物区,靠近新的国家图书馆并且被中等收入人群所在的住区所环绕。

80 年代中期卡姆登议会出台了一项战略文件,呼吁采取综合而非零碎的方式来开发整个地块。它明确表示限制更多的办公楼开发,代之以混合开发,包括较低密度的工业、零售、住宅以及娱乐用途等。到 1987 年第一个主要的开发计划提出之际,地块内有些短期租赁的小型商业正在运营。虽然不乏生意兴隆者,但这些商户都需要廉价的经营场所才能获得盈利。

两个主要的土地所有者,当时还是公有的英国铁路公司(British Rail, BR)和已私有化的国家货运财团(National Freight Consortium),控制着绝大多数土地。英国铁路公司在 80 年代之前对开发其土地资产兴趣寥寥,却突然变得对伦敦火车站周边地产的资本生产潜力十分警醒,主要归结于当时英国要求保留下来的公有企业都要自负盈亏的压力。英国铁路公司对国王十字火车站的财务需要尤其迫切,因为它需要为海峡隧道列车终点站建设一个新的候车大厅以及轨道上空的站台结构[4]。

英国铁路公司在撒切尔主义设定的藩篱中运作,既是政府机构又兼具企业文化思维。按照一位曾经帮助反对过国王十字火车站项目的学者迈克尔·爱德华兹(Michael Edwards)的说法:

> 英国铁路公司……是一个非常 80 年代现象的范例:一个日渐被剥夺国家资金来源且还被禁止从私人市场融资的国家机构,被强硬地命令从它每一项资

产上获取利润。这类机构……逐渐采纳私营部门的会计方法,将它们的投资和运营决定建立在短期的财务评价上。[5]

尽管控制了大量中心区位土地的英国铁路公司完全有资格作为伦敦战略规划的主体,但公共产权并未禁止它表现得像个投机的私人地主,拿资产在持续增长的市场上搏一把。[6]

英国铁路公司组织了一个竞赛以挑选国王十字火车站的开发商。获胜方案须保证能够在其土地上取得最高的财务回报,这决定了开发商必将选择高强度的商业用途。尽管如此,竞标者还要揣测何种开发方式会被接受,因为方案(标书)的要求以及自治区的规划纲要都很模糊。最终英国铁路公司将开发协议授予了伦敦更新财团(London Regeneration Consortium,LRC),这是一个由国家货运与罗斯霍夫和斯坦霍普开发公司(Rosehaugh Stanhope Developments)[7]组成的合作机构,后者是大获成功的伦敦利物浦大街地铁站宽门项目的开发商。在未曾征询社区意见的情况下,英国铁路公司接受了伦敦更新财团的方案。当开发财团后续充实了概念,将其总体规划方案提交卡姆登区议会时,地方面临的是既成事实,财团已经不能对规划做重大的调整,否则其职责将与对英国铁路公司的承诺不符。[8]

尽管如此,卡姆登区议会还是在答复其规划许可申请之前进行了社区咨询,规划办公室准备了一份社区规划大纲,上面陈述了规划审批的评价准则。这份大纲尽管没有详述商业部分的规模和性质,但概要地说明了议会对于住宅供应、就业、购物、娱乐、设计、环境保护、运输和交通方面的要求。[9] 议会已经判定其获得急需住宅的唯一希望来自私营部门的资金,如果在开发协议中得到确认,他们愿意对办公楼建设让步。不过议会觉得他们是被迫对开发商表现出弹性的,因为一旦协议谈判失败,环境大臣可能通过传见(call-in)或者上诉而驳回他们的决定。同时,议员们也认为,如果说服中央政府认可他们表现得"通情达理",可以避免该地区设置传言中的城市开发公司——其一旦设立将取代地方当局的所有控制权。

方案

伦敦更新财团在最初的规划申请中提出 64 万平方米的办公空间;随后这一数值先是降低到 60 万,然后降到 55 万,最终降到了 49 万平方米。[10] 卡姆登区的规划局长表示：在过去，"这种规模的办公楼建设是不会被考虑的"。如今他能够预见的最好结果是适度缩小规模以及获得规划收益，只有这么做，财团才会为了获得规划许可而承诺提供公共福利。他的目标是迫使 LRC 承诺建设 1 800 套低收入住宅，提供一项工人培训计划，建设一系列社区设施并为其保养维护安排信托基金。

铁路用地社区开发组织（Railway Lands Community Development Group，RLCDG）是本地社区组织的保护伞，它们组织起来对规划发表意见，并获得了区议会的一些资金支持。它强烈抗议办公功能的规模。众多社区组织都在公众听证会上声明，反对所谓的"办公城市"；然而，英国铁路公司拒绝出席听证会，理由是"听证会在法律上是失当的，因为它已经同时在向下议院专责委员会提供有关海峡隧道终点站的证据材料"。[11] 卡姆登区的官员宣称对该理由感到困惑；议会在听证会上提交的报告指出英国铁路公司的缺席"受到广泛谴责"。[12]

一个以伦敦大学学院（University College London）巴特莱特学院为基础组建的技术咨询团队，与 RLCDG 合作批判伦敦更新财团的方案，并准备了一个替代方案。[13] 该方案的资金最初来自卡姆登和伊斯灵顿议会以及伦敦战略政策委员会——大伦敦议会短命的继承者；之后，来自本地开发商和商人马丁·克拉克（Martin Clarke）试图提出不同的策略重建该地区。[14] 咨询团队质疑是否真的有必要建设如此多的办公空间才能产生开发商可以接受的回报率。

巴特莱特团队还调查了该方案对就业的影响。[15] 他们指出，该地块容纳了至少 87 个公司、1 500 名雇员，但并非全部雇员都在基地内工作。仓库、零售和批发占这些产业中的大多数。[16] 除非被迫，否则没有公司计划搬迁，实际上没有一家公司能够负担地块更新后的租金。如果不得不迁离原址，多数公司都认为这是一项损失，尤其是它们无法就近重新安置。现有的职员大多数是白人男性，主要为小公司工作，没参加过工会，工资较低。计划的开发在增加本地区岗位的同时，将会减少本地居民的就业比例，并且高技能工作岗位将会取代低技能的岗位。

巴特莱特团队列举了一些关键问题，作为对就业讨论的结论，这些问题同样适用纽约时代广场的案例中：

> 是否应该如开发商所认为的那样，将类似国王十字火车站铁路用地这样的地区视作废弃且衰败的地产，因而毫无疑问地需要"更新"？还是应当肯定

第六章 公私合作的实践：国王十字火车站和时代广场

这类场所在内城经济中所实际扮演的重要角色？它们为包括剧院的仓储到廉价旅馆在内的各种活动（或功能）提供了廉价的场所，这些都是内城的经济和社会所依赖的。

地方当局应该在何种程度上保护那些像铁路用地内被更新而排挤出去的企业？……这些公司所提供岗位的特征和性质使它们对地方政府特定的政策目标贡献很小。同时（提出了）……性别和少数族裔的分布以及工作场所关系和条件的问题……没几家公司……能够提供任何正规的培训。另一方面，我们知道，在伦敦内城，比起在维持经营的老公司内保有就业，贫困人群在更新换代后的公司内获得重新就业的机会更小。[17]

RLCDG 设计了四个替代方案。[18] 在与社区组织进行沟通的会议中，咨询顾问将方案一（国王十字火车站小组方案）提出来进行了讨论；其他三个涉及社区弱势因素的方案并未参会。所有四个方案都大幅度减小了项目的规模和密度，同时增加了用于其他用途的土地比例。

后期发展

尽管根据卡姆登区提出的时间表，最后议会表决时间定于 1990 年 3 月，但直到 1992 年 8 月伦敦更新财团同意进一步缩减办公规模后，议会才通过了修改方案[19]。然而那时项目背后的开发集团已经开始分崩离析。主要的开发商戈弗雷·布拉德曼（Godfrey Bradman）被迫离开了罗斯霍夫的主席职位；公司陷入严重的财务困境并且最终倒闭。[20] 它与斯坦霍普公司的伙伴关系——尽管双方曾在宽门项目上有过良好合作——如今也变得紧张，最终两家公司的合并谈判失败。同时，斯坦霍普也陷入了与奥林匹亚和约克公司 (O&Y) 的财务纠纷。[21] 即便这些公司状况没那么糟糕，1992 年伦敦房地产市场的状况也不允许开展任何大规模的办公楼建设。

卡姆登议会也不急于加快开发，疲软的办公楼市场无法为规划希望赢取的公共服务设施提供可靠的资金保障。规划收益的获得仰仗于债务偿还和租金收入之间足够大的差值，这样才能使开发者获得足够的利润，要满足之前对卡姆登议会的承诺，只能要求英国铁路公司放低收益预期。尽管是公共产权，但英国铁路公司拒绝作出让步，因此，项目的比例和规模始终坚持在一个社区难以接受的程度，只有等到市场能够重新吸纳大面积的办公空间时，项目才可能重新启动。[22]

1996 年，国会最终决定连接海峡隧道的高速铁路选线，取道东伦敦通往圣潘克拉斯车站。[23] 然而，由于建设工程涉及数英里造价相当昂贵的隧道，项目足足用了五年时间才从铁路公司（Railtrack，私有化后的英铁）、政府和私人投资者处获得了必要的资金支持。结果是，即便伦敦房地产市场已经复苏，但因为不知道铁路是否会修建过来，国王十字火车站的投资依然被不确定性所牵连。不过，小规模的私人投资在邻近地区却连绵不绝，包括升级的零售、豪华住宅、保护建筑的整治再利用以及小旅馆开发。各种新的活动以渐进的方式植入，没有产生现有小企业被排挤的严重后果。[24] 目前看来，该地区更适合于艺术、娱乐和小规模办公，而非用作大型综合办公区开发。[25]

"国王十字合作伙伴"（King's Cross Partnership），一个包括企业、社区、政府以及住房协会代表的组织，获得了专项更新预算（SRB）的资金，用于开发住宅、提升环境、职业培训，以及展开社会服务项目。该组织执行总裁评论说，早先的更新模式过于注重物质空间，如今的模式更关注人。[26] 她的组织及其对国王十字火车站未来的构想代表着当前伦敦更新活动的趋势：规划中多元利益的融入、混合用途开发、社会和物质空间计划的结合，以及对私人部门资金的依赖。早先的敌视情绪都已褪去。不过，所有这些美好的感觉是否能产生现实效果，仍然是个问题。

时代广场

时代广场是世界上最知名的场所之一。它位于曼哈顿中城的核心，夜间被闪烁的巨大电子屏幕所点亮，每年收视率高企的全美直播新年夜庆典就在这里，全天 24 小时都有各种活动在发生着。时代广场涵盖 5 个街区，从北边的 42 街和百老汇大道交叉口到第七大道，这里是纽约戏剧产业的中心，以及如餐厅、布景设计、剧场预定代理、票务代理、舞蹈工作室、服装租赁机构等众多相关行业。除了这一系列被社会广泛接受的娱乐活动，与色情相关联的产业也曾经在这里高度聚集，使得时代广场声名狼藉。色情商店和三级片录像厅就像一块磁铁，吸引了闲汉、毒贩、街头骗子和妓女，导致该区域虽有大量戏剧爱好者、游客和通勤群体，却又有危险的一面，犯罪率极高。

作为一个低楼层、低租金的区域，除了它明显存在的问题之外，20世纪80年代的时代广场还是有着相当多的优点的。在80年代末的建设热潮之前，时代广场的尺度保证了其街道两侧都能照到下午的阳光，这在曼哈顿是非常稀有的。许多剧院衍生的服务产业，以及其他正当但收益微薄的企业散布在整个街区中，仰仗于那些毫无特征的建筑里高区楼层租金的低廉，这些企业才能得以维持经营。然而，老旧的建筑和边缘化的用途，的确拉低了房地产价值。时代广场被几乎所有主要的地铁服务所覆盖，并且相当接近港务局巴士终点站——联系新泽西的通勤交通枢纽。与巨大的开发潜力相比，城市从中获得的税收份额却微薄得可怜。

就在时代广场的西侧，坐落着克林顿社区，一度因"地狱厨房"节目而广为人知。这是曼哈顿中区最后的低收入社区。沿街排列的五层公寓已经感受到了士绅化的压力，房东常常冷酷无情地强迫房客搬走，将他们的房子改造成高级公寓。从前，在附近工作的码头工人几代居住于此，但他们就业的哈德逊河码头如今已经荒废，现在这里容纳了形形色色少数族裔背景的居民。这些居民中许多是剧院产业的工人，或是时代广场附近酒店宾馆的女仆、门童、侍者和帮厨。该社区包括了几个活跃的罗马天主教教区和一所教会学校；那些教堂，过去主要接纳的是爱尔兰或意大利教众，如今成为菲律宾人、拉美人、多米尼加人以及其他加勒比岛国信众的宗教场所。

时代广场再开发的源动力来自克林顿社区居民、剧院和旅店的主人，以及社区领袖，特别是那些对该地区的破败感到沮丧的神职人员。在70年代，42街西段已经进行了更新，其做法是建设两幢高层住宅楼[27]并修缮了一排店面，同时将一座以前的航站楼改造为类百老汇剧院、表演工作室和餐厅。[28]将卖淫和非主流用途替换为有活力的高档娱乐业的场景，看似证明了物质空间提升可以带来社会的转型。

与此同时，一群由市艺术协会所带领的上层社会市民组织也开始越来越关注曼哈顿东区办公开发的问题。作为纽约最富有的居住社区和高档专卖店所在地，曼哈顿东区有许多能轻松联系到决策者的地区领袖。他们理性的应对策略是"向西推进开发"[29]——城市规划委员会负责编制了"新中城区划"，该区划限制了东区未来的开发活动，并通过提高西区的建筑规模来鼓励向西建设。许多媒体都宣称东区建筑总量增加有害，但无论市民组织还是城市规划委员会，都没有过多关注更高的密度对西区的影响，而仅仅是简单假设西区未被充分利用。除此以外，西区如今被视作潜在的磁石，以吸引那些威胁说要搬迁至新泽西或更远地区的公司。时代广场的破败被认定会阻碍其周边街区开发，但如果得到大规模更新，它可以使整个中城的西区成为更抢手的办公选择。根据规划者的心理地图，时代广场将由曼哈顿的娱乐业中心转变为办公和批发的街区。

方案

多年来，许多开发商和设计团队为时代广场区域的中心 42 街设计了更新方案，但没有一个获得过认真的支持。[30] 1981 年，市政府发布了新的开发方案要求，以满足其建设新办公中心的愿景，并更新了建筑导引。该导则由库珀-埃克斯图特（Cooper-Eckstut）公司编制，他们是广受赞誉的炮台公园城的设计者。方案通过建筑退让、玻璃街墙以及巨型霓虹灯景观，重点创建具有活力的街道景观。纵使导引允许建筑高度达到 56 层，起初并未引发任何非议。

市政府与纽约州城市开发公司（UDC）联合为该项目挑选了一批开发商，分别负责不同部分的开发。由乔治·克莱恩（George Klein）领导的帕克托尔地产（Park Tower Realty）在办公部分的竞争中获胜，这是整个项目的最大部分。该方案给人第一眼的冲击就是其庞大的规模。时代广场在 42 街交叉口四个角落的建筑将被四座庞然大物所取代，它们由菲利普·约翰森（Philip Johnson）和约翰·伯吉（John Burgee）设计，总建筑面积超过 37 万平方米。这些建筑的高度分别是 29，37，49 和 56 层。与该地区现状建筑相比，它们的外观相对暗淡，这并不符合库珀-埃克斯图特公司提供的导引中的设计准则。总的说来，其建筑美学更重视宽敞的室内空间规划以彰显严肃的商务活动，而不是曾经主宰这一地区的狂热的娱乐产业。城市开发公司的方案还包括 22 万平方米的大型批发市场，它位于第八大道的一角，与港务局巴士终点站相对，面朝一座有着 550 个房间的旅馆。方案提出更新 42 街上位于第七和第八大道之间的九座剧院，并对繁忙的纽约时代广场地铁站进行精心修葺。然而，方案却没有涉及直挺挺地矗立在地块街对面的那座建筑——纽约最大的"成人娱乐"商业中心。[31]

办公建筑和批发市场的规模大大超出了城市区划法规的许可范围。在国王十字火车站，支持者们为项目的体量辩护说，只有非常巨大的建筑量才能产生足够的收益来支付征地费用并为社区利益提供资金。在这两个案例中，公共主体都以财务回报而非设计水平作为准则来选择竞标人。与国王十字火车站项目相似的另一点是，时代广场的开发商们相信，他们只有确保单位租金远低于那些更知名的区位才能在市场上生存；因此，他们必然选择更大的开发量以取得与其他地区相当的总收益。[32]

42 街再开发公司（42nd Street Redevelopment Corporation）是由两个公共机构和私人开发商共同组成的公私合营伙伴机构，负责协调方案。在政府这一边，城市开发公司（UDC）和城市公共开发公司（PDC，之后变为经济发展局，即 EDC）利用城市开发公司的征用权（强制购买）和修改本地区划的权力，执行规划编制、人员配置、规划实施等职能。在私营部门那边，参与项目的开发商除了要承担建设费用外，还要资助剧场和地铁的改造升级[33]，并要替城市开发公司支付相当数额的土地收购费用。城市评估委员会于 1984 年 10 月批准了该项目。但在接下来的数年中，一系列的诉讼和挫折阻碍了项目的实施，一段时间以后，除了办公开发商和剧场业主之外，所有最初参与的私人开发商都退出了。1992 年，当城市开发公司开始清理场地时，办公楼还没有任何租赁协议承诺，剧院也缺乏足够的资金来维修和经营。

与此同时，纽约市规划局开始着手回应该地区的改造是否会摧毁曾经培育了娱乐产业的各种要素。受到宽松的中城区划的刺激，到 1988 年，围绕时代广场有 13 栋建筑正在建造或是在规划中。它们超过该地区原本最高的建筑至少 7 层；其中有 7 座建筑更是超过了 40 层。[34] 为了避免 42 街项目设计的大体量建筑对周边产生消极的屏蔽作用，规划师为整个区域编制了标识导则，要求所有建筑以伦敦的皮卡迪利广场或东京新宿区为参考，提供巨型外立面标识。[35] 最初这引起了开发商和业主的抵制，但最终事实证明，这个要求极具价值，估计每年为城市经济创造 1 亿~1.25 亿美元的回报。[36]

另外一项不那么表面的工作，是如何保持该区域娱乐业的特色，规划部门从市议会获得了修改区划的权力，保证了时代广场区域内的所有建筑必须将其 5% 的楼板面积用于娱乐相关的功能。[37] 办公楼开发商大都因为被迫迎合娱乐用途而深恶痛绝，并敦促政府给出尽可能宽容的条件。作为对开发商顾虑的回应，政府将许可的用途从排练厅、假发制造工厂以及灯光设计工作室等拓展到唱片店和电影院。

由于后面这些大流量用途有高额租金回报能力,所以这些功能驱逐了剧院产业所依赖的那些更为安静的活动,并且不可避免地霸占了留给"娱乐相关产业"的空间。许多圈内人都对剧院的支撑产业能否真正地在曼哈顿预留的空间中被保留下来持怀疑态度。

在 1989 年,作为对办公塔楼外观批评[38]的回应,约翰·伯吉公司[39]重新进行了设计,以使其反映出现有街区"灯红酒绿的气氛"。[40]新的设计包含了退界、凹凸、非对称的网格、坡屋顶、由蓝色和绿色玻璃幕墙构成的反射性表皮,以及内置的多彩霓虹灯标志。[41]然而,这些变化并未能减少批评家的警告:

> 好消息是这些建筑试着变得更有娱乐性;它们认真地尝试突破时代广场传统的灯光和标识,可能会创造新的审美……坏消息是这些都是涂脂抹粉。因为最初设计的问题从不是它的外观如何,虽然看起来确实难看;实际问题是这些塔楼过于巨大和笨重,可能将时代广场仅存的部分和剧院区置入其阴影之下。[42]

尽管项目规划师认为,取代大规模更新的唯一替代方案是不开发,但向西延伸的 42 街开发表明,更中性的改造是可能的。前文描述的那种温和的方法,在低收入住区旁产生了一排剧院和餐厅,极大地改良了空间环境,且没有激烈的用途调整。对于本项目而言,同样可以采取将整治和新建相结合的策略。在该路径下,政府可以利用征用权,强制驱逐最不受欢迎的用途,对那些不愿意改造的,在现有建筑基础上进行整治提升。城市可以通过与房地产业主合作,对该区域进行改善。城市也可以采用减税的方式来帮助影院所有者整修其物业——这些业主更情愿使用自己的资金,而不是接受办公开发商的资助。定向拆除可以为新建设创造机会。现有廉租公寓的毗邻街区可以是商住混合建筑,包含市场价格的和政府补贴的住房单元。不过,尽管这样的路径能使更新平稳推进,它却无法创造原有路径所能获得的巨大公私收益——即使这不能马上实现。

融资

办公开发最初的资本后台——汉诺威工业信托撤资了。英国保诚保险公司(Prudential Insurance Company)[43]从摩根担保信托(Morgan Guaranty Trust)获得了 1.5 亿美元的信用凭证,同意提供融资,先是成为股东合伙人,最终成为办公地块的所有者。最初克莱恩的帕克托尔公司与一家大型法律事务所达成了预租赁协议；当该事务所退出协议之后，化学银行[44]成为主力客户，但随后也退出了。曾经被选为批发市场开发商的特拉梅尔克罗公司（Trammell Crow）同样退出了该项目，宾馆的开发商也一样。

城市开发公司使用其强制征用权（eminent domain）征用土地和现存建筑所需要的费用高达1.5亿美元，这笔费用都需由开发商承担。最初帕克托尔需负责其中的8 800万美元；该份额在后续的协商中大幅增加，最终由保诚公司支付。[45] 其余的土地购买资金由市政府负担，政府以高于基准的利率向保诚借贷，通过抵税支付的方式（PILOT）——即用未来建筑投入使用后政府的应得税收归还该贷款。简言之，城市承担了超过预定份额的土地成本，并因此向开发商支付高于市场利率的利息。[46]

借此，公共部门只需直接支出该项目少量的前端成本。不过，它确实通过减税的方式为开发商提供了持续的补贴。减免的规模估计在超过十五年内达到约6.5亿美元。[47] 1982年，该项目区域的房产税收益只有510万美元。如果土地成本没有大幅超过开发商的注资，并且如果建筑能够产生哪怕是接近预测值的回报，那么即使减免了部分税收，城市通过抵税支付（PILOT）后仍可从该区域获得大大超过从前的收益。城市可获得的经济收益还包括从不同建筑的租户手中收取租金的分成。这些土地和建筑的所有权仍归城市开发公司，出租时限为99年。不过，十五年之后承租人可以购买该不动产；对于办公建筑，收购价格仅被定为年均净租金的45%。

对规划的回应

在批准方案前，纽约市评估委员会召开了环境影响评估报告草案的听证会，然后是对最终方案的听证。许多发言人对方案急匆匆地被付诸实施颇有怨言——可想而知，项目被推迟了八年才启动，新旧账一起算，人们愈发感到这种匆忙背后掩盖的公正性问题的严重性。即使是项目的支持者们，也对不得不依据不完整的信息作出判断表示不满，并同样反对办公塔楼的规模。11个关注设计的民间团体组成了所谓"主席委员会"（President's Council），就体积、强度和活力问题表示了关注。组织的成员最终因是否接受大体量建筑作为进步的代价而陷入分裂。时代广场西侧的克林顿社区居民反对该项目，认为它会拉动房地产价格上升，并加速其社区的士绅化。克林顿社区所属的第四社区委员会反对该规划；第五委员会代表时代广场区域，并且包含相当一部分来自商务和地产的成员，发布了一个反对意见目录，但立场不是很坚定。有些克林顿社区的组织，包括第九大道商务协会以及一个罗马天主教大教堂的牧师，支持该方案。来自项目基地南侧的服装产业代表表达了对办公功能侵蚀其领域，进而会迫使服装区租金上涨的担忧。尽管剧院的老板和经理支持该方案，但其他的业内人士都表示反对，担心娱乐用途将会逐渐低于在该区域能够存活的临界数量。

政客们在该问题上也陷入分裂，高层政客高度赞扬该方案，包括州长马里奥·科莫（Mario Cuomo）、参议员丹尼尔·帕特里克·莫伊尼汉（Daniel Patrick Moynihan）、市长爱德华·科赫，以及前市长阿卜拉罕·比姆和罗伯特·瓦格纳。这些政要甚至在听证会上陈词，反复提及夺目的灯光、摇曳的舞步以及迷人的魅力曾是时代广场的固有特色，力证唯有大规模再开发才能重现其昔日荣光。他们并未谈及办公综合体与这个怀旧影像之间存疑的关系。与此相反，市议会成员和来自本地区的州议会代表反对该项目。

赞成这项行动的规划部门声称，他们在向评估委员会报批的几年时间中，密集地咨询了社区组织的意见。然而，他们的交流明显是单向的，并且只有在事关最终政策许可的关键问题上，才表现出一些灵活性。仅仅在评估委员会投票表决之前，州和市的谈判者才开始与克林顿社区的代表们热烈地协商和讨论。规划师自始至终顽固地坚持原方案，将外部压力转化为妥协让步的关键媒介是选举官员。达成妥协的主要内容是从州和市府常规预算中拿出 2 500 万美元分配给克林顿社区，这笔钱将在接下来的五年内用于低收入住宅开发和社区发展。虽然获得了公共补偿，但克林顿社区的代表最后未能如愿从私营开发商处拿到钱。他们试图开创一个先例，即开发商需要为项目给社区带来的影响作出补偿。不过，事实证明这个失败其实是克林顿社区的幸运，因为后来即使是开发商承诺的修缮地铁站的最低限度责任，都被其想方设法规避了。

不同于国王十字火车站的社区，时代广场区域的居民和商家并未获得公共资金来组织项目地区委员会对规划提出建议（美国联邦城市更新法案曾提出该要求）[48]。州参议员弗兰兹·莱切特（Franz Leichter）始终是该项目最激烈的反对者，四处游说并且公开宣讲他认为该项目居心叵测的误导之举。[49] 在周边区域有投资的一些开发商断断续续地资助了替代方案的设计，以及帮助曝光原方案负面的财务影响。[50] 附近大量的房屋建设并没有收到同样的补贴，这导致反对者声称对 42 街项目的资金支持是不必要的，并且这将导致本区与其他区域新建筑的不公平竞争。[51] 项目投资者们回应称，该地区被建设成为办公中心的唯一保障是他们（承诺）的投入，否则其他新建筑根本就不会出现。

结果

项目被批准后的每一年，项目投资机构都会大张旗鼓地宣布工程即将开始。然而，诉讼导致城市开发公司直到 1990 年才获得地块所有权，而之后同现有租客的谈判又导致新一轮的延期。1992 年，城市开发公司最终清空了场地，但彼时，保诚和帕克托尔公司对推进该项目的热忱早已耗尽。42 街上空荡荡的办公楼和剧院使得该区域像鬼城一样。由于被转为政府所有，该地区不再创造任何房产税收。[52] 240 家企业的搬迁导致许多公司经营艰难，尤其是那些小型公司。[53] 一座 42 街的建筑曾为 21 名艺术家的工作室提供场地："许多（被赶出的）艺术家……认为，那些驱逐他们的政府官员一边宣称要支持艺术，一边却用更知名的艺术家来'净化'时代广场，这是个悖论……那些在大楼中的艺术家说，他们带着恐惧感眼看艺术提升着街道（该区域艺术展览的崛起）。他们明白他们看到的是自己被驱逐的前兆。"[54] 动作电影粉丝们为他们钟爱的剧院消失而哀叹："'他们正想着法子把新阶层搬过来，'韦恩·威廉姆，一个来自布鲁克林的医院雇工说，'他们想要清除穷老百姓。谁要花 22 美元看莎士比亚？我只想花 5 美元去看两部功夫片。'"[55]

尽管在获取土地和居民安置方面已经投入了大笔资金——加起来最终达到 4 亿美元以上——但 1992 年夏天，保诚保险还是决定不再推进办公项目。城市开发公司试图要求其信守承诺，最终作出妥协，保诚和帕克托尔同意保留其在该地块内建设办公楼的权利。[56] 他们可以等待建设的时机成熟，但在此之前会投资约 2 000 万美元翻新现有建筑用于零售、酒店和娱乐用途。早期要求他们赞助地铁站改善的条件被免除，并且返还一半他们为剧院修缮资助的资金。尽管市政府和城市开发公司仍将参与租金分成，但税收优惠的力度加大了。如果房地产市场走高的话，在长达二十年的减税期内，从房地产税减免获得的利益可以高达 15 亿美元。[57]

因为违约问题，最初无人感兴趣的适度更新方案成为时代广场的过渡性开发计划。它允许通过市场来决定何种类型的公司会落户时代广场。尽管当时城市经济仍然疲软且租约具有风险，即开发商在需要时可行使驱逐权，对于新方案的初始反响依然很强烈。无数的零售、旅馆和娱乐业的租户立刻在42街上寻找空间。[58]这一过程得到了时代广场商务提升区（Business Improvement District，BID）的协助。BID以本地产业自愿缴纳的税收为基础，承担了街道清扫、营销和公共安全的职责。它强有力的领导团队在提升该区域、吸引能够增强其活力的公司进驻方面表现活跃。这对改变时代广场的形象极为有帮助。

同时，来自德国的媒体巨头贝塔斯曼集团带来了时代广场未来发展方向的希望，它在42街北侧数个街区的百老汇大道，购买了一座建筑面积9.3万平方米的塔楼。这座建筑建成于20世纪80年代末，当时的区划法放宽激起了一股建设热潮，但后来有几栋空关，这栋楼是其中之一。美国和日本银行组成的财团为该建筑提供融资并在开发商倒闭后接手，贝塔斯曼集团以不到建设成本一半的价格买下了它。集团将地面层租给了一家意在成为世界最大音乐商店的商家，它创造的狂欢节氛围让人想起主题公园的主展馆。除了精打细算的价格，贝塔斯曼集团还从市政府手中获得了多种税收补贴，而作为交换，它同意为街道改造升级投资，并且为外国公司迁至纽约提供低于市场价的空间。[59]在随后的几年中，许多媒体公司，包括路透社、MTV、维亚康姆（Viacom）以及美国广播公司，跟随贝塔斯曼进驻时代广场。

尽管许多公司逐渐迁入42街以北，但当时作为再开发重点的42街本身，在投入了5亿美元之后仍旧有一半空关着。不过，当迪士尼公司的百老汇剧目《美女与野兽》取得巨大财务成功，并有意购买地标建筑新阿姆斯特丹剧院时，所有的前景都发生了改变。这座剧院在1982年被市政府收购时还保存完好，但是后来因缺乏合理维护日益破败，单屋顶漏水的维修费就高达至少5 000万美元。[60]迪士尼的意向激发了其他人的兴趣，包括杜莎夫人蜡像馆、AMC影院（建了一座25块屏幕的影院）和MTV（投入了一套制作设施）。[61]剧院的修缮工程最终由迪士尼公司承接，其中当然少不了市政府的各种帮助。42街再次成为大众娱乐业的中心。

迪士尼不是一个特别积极的买家，纽约市百般诱惑才让其坚定了开发的决心。除了要求财政方面的重大让步，迪士尼还宣称必须找到另外两家大型娱乐公司一起，否则它不会承诺。在迪士尼设定截止日的最后关头，市政府总算找到了另外两家公

第六章 公私合作的实践：国王十字火车站和时代广场

司，至此，延宕多时的42街复兴工作总算得以启动。迪士尼花大价钱将剧院整修得富丽堂皇，这里成为大获成功的《狮子王》的主场；此外，迪士尼还在旁边建了一个超级商店；华纳兄弟则在街对面盖了类似的商场；另外有几家剧院进行了重新装修；一家多厅影院正上马；而两所大型宾馆选址在街区的西端，即第七和第八大道之间。

随着纽约经济的最终复苏，已经成为办公场地唯一所有者的保诚保险，决定将其出售而不是自行开发。截至2000年，一座办公楼已开始投入运营，第二座接近建成，还有两座刚开始建设。虽然建筑风格更为有趣，建筑群不再像穿着制服的合唱团那样刻板，但建筑规模还是如最初规划的那么大。康泰纳仕（Condé Nast）出版公司决定成为其中一幢建筑的主力租客，这强化了时代广场作为媒体中心的形象。[62]该大楼1999年开张的时候，由康泰纳仕与纽约最大的法律公司——世达律师事务所（Skadden Arps Slate Meagher & Flom）共用。英国的新闻媒体路透社在马路对面设立了办公室。它与开发商威廉姆·鲁丁（William Rudin）达成了股份合作关系，在建筑设计的时候就考虑兼容了两种用途：路透社在美国的新闻运营总部及其在线股票风投的交易大厅。鲁丁说的一句话可以同时反映时代广场更新耗时之长和房地产公司所扮演的角色，他说："我父亲二十五年前就开始参与时代广场的再开发工作了。"[63]

新的时代广场在多样化的商业用途方面独一无二。最初规划设想的是单一办公用途的建筑，期待用一种冷峻的气质改变时代广场的艳俗形象。令人始料未及的是，一家著名的法律公司会愿意与运动主题的酒吧餐厅（ESPN Zone）合用一幢建筑——餐厅占据了康泰纳仕大厦的底层，也不会有人想到《纽约人》的出版商会愿意用巨型广告牌把建筑外立面包裹起来。[64]令人吃惊的是，时代广场并非只吸引了传媒和出版公司的总部，还吸引了重要的金融公司。例如，摩根士坦利和添惠公司（Dean Witter）占据了两座建筑，其中一座还悬挂着"拉链式"的装饰，闪烁着最新股票市场走势。根据时代广场商业承租人的产业细分表明，金融和法律占据最大比例，紧随其后的是时尚、娱乐以及银行业。至于就业人数，商务服务占据首位，之后是零售、银行和金融以及娱乐服务。此外，1999年有28家宾馆坐落在该区域，占整座城市五分之一的房间数，并且还有几家计划在接下来的几年内开张。[65]

这种由娱乐业的生产者和消费者之间创造的复合效应，提高了该区域对于游客和郊区居民的吸引力，这类人占到该区域内步行者的三分之二。[66]因此，娱乐产业的生产和营销需求使得这个全球城市被重组为旅游者的"麦加",其规模在之前难以想象。其他产业的生产地很少对游客产生吸引(除非被改造为历史或旅游景点),而现在娱乐产品制造过程的本身——主题商店和餐厅也给予了游客参与创造过程的代入感——成为重要吸引力。此外,城市文化与娱乐产业一起强化了旅游中异域风情的感受。这消弭了原本存在于生产空间和消费空间之间的鸿沟。[67]

前往时代广场的游客感受到的是人山人海和感官的高度刺激。如果经济的增长、视觉的兴奋和人气是再开发成功的评价标准,时代广场无疑是赢家。不过还是有很多人攻击时代广场的重建具有虚伪性:与过去真正的多元相比,现在是对区域的清洁化或迪士尼化,它提供的是多样性的幻象和安全的探险。一位有想法的批评家说道:

> 在最终的分析中,就一个民主的公共空间带来的含义而言,42街的再开发是有瑕疵的。公共和私人部门的精英们形成联盟,创造了能吸引大量游客和公司租户的营销空间,将迪士尼式可控的、主题公园型的公共空间强加给一处具有显著多元性、也曾令人感到不安的场所。他们听到了商业消费这架大机器平稳运行的嗡嗡轰鸣,却牺牲了鲜活、淳朴的能量,这种能量来自不同社会群体间密切相互作用产生的碰撞和摩擦。通过这种方式,公共和私人部门的精英们颇具争议地摧毁了时代广场作为一个竞争性公共空间的精华。[68]

毋庸置疑,时代广场比二十年前更安全[69]也更昂贵了。如上文所述,它的经济组成比之前更加多样化。此外,游客数量比以往更多,贫困人群和少数族裔的比例几乎肯定是相对减少了,但下降的具体数值还不清楚。一项关于日间行人的调查显示,在1998年的一个夏日,58%的行人为白人,21%是非洲裔美国人,还有11%是来自西班牙语国家;31%的行人收入水平低于3万美元。这一数据表明该区域显然还未完全士绅化,尽管研究报告称行人的平均特征是年轻、单身、中产阶级,并受过大学教育。[70]我们是否应该认为,如果将大量中产阶级吸引到一个过去由贫困的有色人群占主导的地区,这个地区就变得更不多元或更不民主了吗?游客面临真实的危险就比进行人造的冒险要更好?新时代广场的观察者,马歇尔•伯曼纠结地质疑道:

> 那么我们应该忧虑吗？……时代广场的尺度、白热化的氛围以及象征的权力使得这里的一切都显得更加激烈紧张。长期积压的对迪士尼的愤懑也是其中的一部分。这一部分是站得住脚的……但是也有一些来自我们的成见：许多知识分子对大众文化的成见、气泡水对橙汁的成见、东岸佬对中部乡下人的成见、纽约对于世界的成见。我并不是说这些成见是错误的：我会捍卫它们中的大多数，但它们需要经得起推敲和质疑。[71]

时代广场是大型资本与政府结盟的产物。一个不同的开发方案可能会更贴近附近居民的需求愿望，并且更少地改变城市肌理。本书第一版写作时该项目貌似已然失败，当时的我写到：如果开发不那么野心勃勃，使用日常的资本预算来进行公共服务改良，虽然不能立刻获利，但从长期来看会更合算，并且这对提升本地居民和就业者的生活质量来说助益更大。建设办公中心的策略选择，是因为采纳了以增长为导向的评价标准，该标准既不顾及设计中应该体现的公平和人性尺度，也不受控于对类似空间的需求分析。而事实证明，不那么野心勃勃的过渡方案成为四座巨大办公建筑的助推器。鉴于时代广场的中心区位和世纪之交的城市空间需求，其再开发是有必然性的。

我对于城市政策的批判并非基于其对公共空间的破坏，这一点在我看来并不像批评者指控的那么严重。时代广场依旧是大规模娱乐产业区，尽管廉价的电影院可能已搬走，但游客还可以站在街上看电视秀的录制，也能逛逛维珍音乐大卖场而不用买任何东西，或者购买半价剧院票，抑或在巨大的商场里玩电子游戏。街道上绝大多数的人是游客和郊区居民，这本身并不应当被消极地解读。[72] 我诟病该城市政策是因为它造成了巨大的税收流失，城市无法从开发商手中获得更多回报；以及它对区划条例宽松的解释导致一个早已拥堵不堪的区域内又出现了超大规模的建筑。[73]

教训

这两个项目的动议都来自公共部门。公共方的压力（在国王十字火车站案例中的英国铁路公司以及时代广场案例中的纽约市政府）迫使开发商设计能够产生最大回报的综合体。公共官员和开发商将制造业视作明日黄花，坚信只有金融和先进服务业办公才能够培育经济增长；他们极度不愿意考虑其他可能性。国王十字火车站财团，即使面对着一个很多年内都无法支持其开发计划的市场状况，也依然拒绝尝试由铁路用地社区开发组织（RLCDG）提出的替代方案。陷入两难境地的卡姆登议会，为了获得规划收益，勉强接受了开发商的观点。在时代广场区域，合伙的开发商们最初完全无视提升娱乐和零售区域的简明策略。但最终还是屈服于市场的压力，很不情愿地对其对手的概念表示认账。

在这两个案例中，90年代初经济衰退的讽刺性结果是，开发者被迫接受更多元和更适中的开发概念。尽管至今为止国王十字火车站的开发还没有取得什么成效，但当再开发最终发生时，它的尺度会比起始的构想更适度，而它的定位会更偏向旅游、娱乐和小型商业。在时代广场，娱乐产业的提升使得这个地区对金融和服务公司来说更加安全，这是规划师最初所追求的。结果与早期的SOHO相似：民众反对高速公路拆迁造就了一个未经规划的艺术区的成长，但最终艺术屈服于资本的注入，被改造为高端零售业和高收入住宅区。结果证明，具有人气的自发形成的空间，同样可以吸引大型资本企业的投资，效果与一个超大型开发规划无异。

尽管受到影响的社区成员从来无法按照自己的意愿改变规划过程，但他们确实成功地拖延了项目进程，直至市场崩溃。在国王十字火车站，早期无法取得规划许可意味着现有居民不能被驱逐，现状没有发生激烈的、破坏性的变化。尽管如此，由于政府对海峡隧道铁路总站的财务承诺举棋不定，本地企业不得不在很大的不确定性下经营，这种情况在市场暴跌之后仍然持续。而在时代广场，许多小企业和剧院产业的辅助企业一度被驱逐，42街自身以及其北面的几座新办公建筑则空置了许多年。[74]

国王十字火车站和时代广场的方案都显示出大规模更新中强烈的投机因素。由于迫使开发团队将项目做得很大，公共部门也增加了风险因素。这一策略的机会成本相当高，这是一条要么全赢要么输光的路，如果市场衰退，一切都将烟消云散。在这两个案例中，开发财团顽固坚持大型综合办公区开发，给他们的项目带来了厄运。这不是因为当地社区的敌意，而是因为他们的商业构想是错误的。最终，时代广场的复兴超出了城市政府的预期，但是，除了剧院所有者们，没有一个初始开发商从中获利。

项目最初的规划并未考虑周边邻里社区的特殊性。预期创造的工作类型不合适本地工人，产业类型也与现有商业企业没什么联系。尽管对此类位于中心区的大宗

第六章 公私合作的实践：国王十字火车站和时代广场

土地进行规划时应当考虑整个城市的需要，但此类规划不应对既有优势视而不见，也不应对地方的特殊性置若罔闻。90年代初办公市场的崩溃如今看来是从灾难中拯救了国王十字火车站和时代广场，为更加平稳的开发提供了喘息的空间。

注释

1 除非特别标明，这些案例以及引用的信息均来自我于1989年、1992年以及1999—2000年的访谈。

2 Squires（1989）对于美国案例以及Brindley et al.（1996）对于英国案例的讨论。

3 不同来源的文献对于这块用地的描述不同，从125英亩到150英亩，这取决于是否将铁路本身计算在内。

4 政府最终将终点站选择在了斯坦福和国王十字站。但当国王十字站刚刚开始规划的时候，政府还没有最终决定连接跨海隧道的铁路走线。

5 Edwards, 1992.

6 英铁计划围绕所有的重要站点进行开发，但不是所有的规划都实现了。在进行国王十字站进行开发的同时，英铁还同时参与了维斯特明斯特的帕丁顿站的大规模规划。在第二章中讨论过，临近利物浦大街地铁站的宽门（Broadgate）项目已经成为伦敦在码头区以外地区进行大规模再开发的样板，此外，伦敦桥地铁站是另一个大型再开发地区的核心。

7 罗斯霍夫和斯坦霍普本身就是两个公司的联合体。罗斯霍夫的领导人是 Godfrey Bradman，其被《财经时代》（Financial Times）评论为"史上股票市场升值最高的房地产开发商"；斯坦霍普的主席是 Stuart Lipton，一位在英国备受尊重的开发商。斯坦霍普33%和罗斯霍夫8%的所有权都属于 Olympia & York 公司所有（Observer, 1992）。

8 Edwards, 1992.

9 Camden, 1988.

10 Camden, 1988a, b; Camden Citizen, 1990; Financial Times, 1992.

11 Camden, 1988c.

12 Camden, 1988c.

13 这些批评参见King's Cross RLCDG, 1989；参见UCL Barlett School, 1990的替代方案。

14 与迈克尔·爱德华兹的访谈，1992年6月1日。

15 UCL Barlett School, 1990, 第三章.

16 一些公司尽管分类归属于制造类，实际上其主要的活动是一些其他功能。这些企业的主要类型是：建设和建设仓储、运输与配送、车辆维修与租赁、剧院仓储、旅社、小餐饮以及非营利组织（办公）。

17 UCL Barlett School, 1990, 37.

18 Parkes et al., 1991.

19 财经时报，1992。

20 布拉德曼现在是帕丁顿流域开发的一个董事。

21 见第九章。

22 纽约也有这样的例子，三区桥（Triborough Bridge）和隧道管理局拥有纽约老会议中心，即体育中心的产权，在再开发中该局坚持价高者得，这最终导致对建设规划的巨大体量的抗议群情汹汹。

23 圣潘克拉斯车站和国王十字车站是紧挨着的。

24 对迈克尔·爱德华兹的访谈，2000年1月10日。

25 英格兰伙伴，1999。

26 对琼·图维（Joan Toovey）的采访，2000年1月12日。

27 这两座塔楼曾经意图吸引中产阶级的业主入住，并获得了公共资助，但其所在区位却将中产阶级的购买者摒弃在外，市政府曾经对这两栋楼的入住率感到绝望。最终，根据联邦政府对于低收入家庭住房保障的第八条款，该楼获得了租金补贴。但是，既然盖这些房子的本意就是提升邻里居民的社会阶层，那么城市无论如何都不想这里被那些需要社会救济的典型贫困人群所占据。因此，城市对业主进行了限制，大部分的单元仅限供给演艺界的从业人员，这可以保证承租人即使没有中产阶级的收入，但是至少有着中产的生活方式。从城市政府的立场看，最佳的策略莫过于让这些建筑尽快投入使用，并且长期保持一个等待进驻的候补名单。毕竟，这些建筑当时的建造标准就非常高，运营和维护的成本巨大，且每间公寓的补贴也是相当可观，反正这些补贴都是来自于联邦政府，而不是纽约市。

28 这条商业界面后来又经过了二次更新，因为其原有建筑被要求拆除和替换，但是其功能仍然保持不变。

29 见第二章。

30 所有的提案都表现为娱乐功能。这些失败的构思中有很多奇思妙想，比如在一个室内娱乐公园中间修建一个15层楼高的摩天轮，还有一个是在高高的玻璃幕墙上安装一个移动的环带，有许多汽车模仿汽车总动员的奥拉玛大奖赛（car-o-rama），在上边不停转动。

31 "秀世界"（showworld），正如同它"多维企业"（multilevel enterprise）的名号，包罗万象，其包含了一个销售色情和性工具的大型商场，许多专门播放限制级电影和色情真人秀的影剧院。到2000年，尽管其规模有所减小，但是仍在运行中。

32 当世纪之交这些办公楼中的两栋最终完工的时候，时代广场已经成为了新的时尚地标，业主也能够向租客收取更高的租金。尽管如此，政府补贴却并没有减少，看起来它们最终落入了业主的腰包。

33 对地铁站的资助为9 000万美元，而对九家戏院更新的资助为1 400万美元（依据通胀率有所调整）。

34 Dunlap, 1988。

35 有意思的是，增加这些新标识的小趣味似乎是来自后现代主义建筑思潮，但当这些标识真正要挂到建筑上的时候，却掉到了现代主义的框框里："把室外灯光和商业标志做成现代主义风格比做成花里胡哨的传统风貌要容易多了，你用霓虹管给我烧一个传统的三角山墙和柱头看看？"（Goldberger, 1990）

36 Times Square BID, 1999。

37 Stasio, 1989。

38 《纽约时报》的编辑部就位于时代广场，总体上支持这个可以提升其不动产价值并改善周边环境氛围的项目。时报的建筑评论通常是菲利普·约翰逊的忠实粉丝，但是这次，他们也用尖酸刻薄的口吻评价起项目的建筑设计："这个项目设计开始时就不怎么样，随着时间推移越看越让人郁闷，还没开建已经注定是标志性建筑中最过时的一个。"（Goldberger, 1989a）

39 当时菲利普·约翰逊已经退休，但是仍然担任巴吉公司的顾问。

40 问题的重点在于这些低级酒吧的风格与传统的现代主义建筑对于设计纯粹性的追求简直是天壤之别。如果善意地评价，我们可以说这反映了罗伯特·文丘里、斯科特 - 布朗（Denise Scott-Brown）以及斯蒂文·艾泽努尔（Steven Izenour）的观点，他们在《向拉斯维加斯学习》（Learning from Las Vegas）（1977, 6）

的书中宣称："流行音乐公告牌几乎总是对的。"也有人认为这是设计前沿最新的赶时髦时尚。来自建筑师的评价涵盖了这两种不同的解读："问及为什么最初的设计……没有反映出时代广场的特征，伯吉先生和约翰逊先生回答说，公众的观点总是在变化，因而建筑的潮流也随之而变……'最近六年以来，建筑领域发生了一种重大的革命，'约翰逊先生说，'我们希望塑造一种整体的冲击感，我们试图打造一个全新的时代广场，就像洛克菲勒中心那样。现在，除了大众的反应——让我们有更多的光和人——在建筑行当里，我们正在从古典主义，比如AT&T大厦就是拷贝的20世纪20年代的设计，逐渐走向我们称之为新现代的东西。'"（Goldberger, 1989b）

41 Chira, 1989.

42 Goldberger, 1989b.

43 与大多数保险资本仅仅扮演开发商的角色不同，保诚保险在全美国不但全资拥有、也共同参股到许多大型的项目中（P. Grant, 1989）。在其持有的物业中，包括旧金山的英巴卡迪诺（Embarcadero）中心、洛杉矶的世纪广场大厦、底特律郊区的市镇中心以及波士顿的保诚中心。

44 汉诺威工业信托与化学银行后来合并了，并且被大通银行并购。

45 纽约公共数据公司（PDC，未注明出版日期）；Stuckey, 1988。

46 Hoff, 1989.

47 Mollenkopf, 1985.

48 位于克林顿北侧、曼哈顿的西区城市更新区，项目地区委员会负责监控和调整更新计划，在整个20世纪60年代和70年代初期都扮演了重要的角色。为应对城市更新对社区冲击而造成的反对声浪，多年以来，联邦更新计划都提出公共参与的需求，但随着1974年联邦城市更新计划的终止，公共参与的要求也寿终正寝。1974年通过的、取代城市更新法案的社区发展整体补助金（the Community Development Block Grant, CDBG）只有一个对于市民投入的含混要求。在共和党当政时期，联邦政府自行撤销了其对地方CDBG支出的监管。这使得从任何角度看整项计划，其规模都退化到了几乎可以忽略不计的程度。由于CDBG的资金是如此有限，使得中央商务区的再开发几乎不仰仗于联邦补贴的扶持，因此也不受联邦法规的约束。

49 项目的支持者谴责莱切特，说他实际上是为支持其竞选的落选开发商站台。但莱切特辩称，那些支持该项目的政治家们从乔治·克莱因——42街的选定开发商那里获得了多得多的政治献金。

50 莱切特曾经做过计算，如果匹配土地的价值，城市被迫要向开发商借贷的资金，包括必须要支付的潜在的利息成本，换算成后期财务补贴高达15亿美元。当然，这个数字很可能是高估了，城市政府仅仅对土地收购所进行的借贷而产生的实质性利息有偿付责任，其补贴的方式不仅仅包括已知的预期税收收入以及基础设施投资，这是可想而知的。

51 事实上，这些建筑还是获得了一些好处。比如在中心城特别区划下，其区划管制上获得了更多的宽容度，在新商业设施建设方面获得标准ICBC（Independent Community Inclusion Board——译者注）减税的优惠。

52 道格拉斯·杜斯特（Douglas Durst），康泰纳仕大厦最终的开发商，经年都在反对时代广场的开发计划，如他所言："他们已经把第42大街变成无人区，降低了周边物业的价值，并且把每年大约300万美元的税收抛弃掉，他们已经千方百计把事情搞得一团糟。"（*Crain's New York Bussiness*, 1992）

53 P. Grant, 1990.

54 McKinley, 1994.

55 第42大街的剧院迎合了一些特殊的口味。一位《纽约时报》的记者在大礼堂被关停以后，采访了一位从前的观众：戏迷"希望还是看到一只胳膊的功夫大师，他们对世界上最好的电影剧院集中地被关闭表示愤怒，这里有他们喜欢的僵尸、女色魔、外星人、电锯杀人狂、冲浪达人、搏击高手、食人魔，当然，还有监狱里的女人……政府进行再开发的开发商保证他们同样会把廉价的娱乐带回剧院，也许其中也包括动作片，但是这些承诺根本无法归到'The Deuce'（也就是第42街区的）电影门下的忠实信徒，他们所喜欢的电影，在电影评论家看来应该划分到许多亚类，譬如《脱逃的野兽》（*Beasts-on-the-Loose*）、《赤脚剑客》（*Sword-and-Sandal*）以及《监狱里的女人》（*Bimbos-behind-Bars*）"。（Tierney, 1991）。

56 Dunlap, 1992b.

57 Municipal Art Society, 1994.

58 Martin, 1993.

59 Bagli, 1992.

60 Neuwirth, 1990.

61 Pulley, 1995.

62 该建筑是由道格拉斯·杜斯特开发的。他与他的父亲西摩尔（Seymeur Durst）一起，不遗余力地游说反对更新计划。保诚保险与该大楼原选定的开发商乔治·克莱因（George Klein）达成协议（Croghan, 2000b）。克莱因最终回归加入开发财团。该财团由波士顿地产的 Mortimer Zuckerman 领导，并且在大道南侧另外两栋办公楼地块的开发投标中获胜。（扎克曼曾经是体育场地块的初始开发商，但是1994年他放弃了控制权，见第二章）。财团支付了3.3亿美元以获得土地（Leonard, 1998）。

63 Holusha, 1998.

64 《纽约时报》的建筑评论曾经赞扬过这种给建筑加上巨大的标志牌，以及将其部分的结构用于娱乐用途的做法。例如 Herbert Muschamp（1998）说过："时代广场正顺利地走在成为世界媒体中心的道路上……伴随着零售和娱乐中心的逐步成形，这个区域将会成为全球范围内流行文化的制造者以及消费者最具生气的聚会空间。而这些新建筑，连同其装饰的标牌，将用视觉形式表达出社会的融合。"但是，《纽约时报》自己所在的地块也规划自建一座大楼，这里在原本的设计中是一个批发市场（从港口管理局汽车站到第八大街的路口），《纽约时报》却表示，他们不准备响应关于广告牌和娱乐用途的要求（Bagli, 1999c）。据报道，《纽约时报》对所谓的税收优惠根本不屑一顾，而要求城市提供实质性的减税以及其他的激励手段（Bagli, 1999c）。有意思的是，《纽约时报》报道此事的记者无法从报社本身获得任何肯定消息，而只能依赖来自政府官员的信息源。

65 Times Square BID, 1999.

66 Times Square BID, 1999, 18.

67 Sassenand Roost, 1999, 153-154.

68 Reichl, 1999, 179.

69 1993—1999年，整体犯罪率下降了57%，其中抢劫下降了78%（Times Square BID, 1999, 28）。

70 Times Square BID, 1999, 18.

71 Berman, 1997, 82.

72 Martinotti, 1999.

73 Brendan Sexton，当时是都市艺术协会的主席，他总结道："伴随着娱乐产业将时代广场从一滩烂泥中解救出来，这些办公塔楼仅仅是一种解决方案的可能性。我们现在有了两个紧巴巴的地块中的两栋庞大、矮壮的塔楼，但是考虑我们所付出的庞大公共补贴，纽约人应该得到一些更棒的建筑群，而不是仅仅这两个塔，他们与曼哈顿的其他塔楼别无二致。"（转引自 Bagli, 1998）。Sexton 后来成为了时代广场 BID 的领导人。

74 在42大街的最西侧有一个项目，那里曾经是一群小百老汇剧院，占据了修缮过的廉价公寓。该项目将在新的建设中提供一栋新的公寓楼，其中额外容纳更大的剧院设施。这个项目的建设也将重新安置一些被时代广场所挤压出来的排练厅。在 20 世纪 70 年代中期进行的早期翻修被认为是第 42 大街重生的开端（Feiden, 1999）。

第七章 创造新中心：斯皮塔菲尔兹和布鲁克林中心

第七章 创造新中心：斯皮塔菲尔兹和布鲁克林中心

在公众心理认知中，斯皮塔菲尔兹和布鲁克林中心都被认为是中央商务区的外围，然而在物理空间上看并非如此。每个区域都有一片老旧的、利用率不高的商业用地，围绕着以少数族裔为主的破落街坊。政府为它们的再开发规划提供了一系列的扶持政策；私人开发商也承诺投资于这一地区的提升。尽管拟议中的开发会带来土地使用方式的转变，伤害到现有居民和企业，相对于希望渺茫的城市其他部分，这些计划也承诺对就业和其他经济利益作出贡献。因此，相对于国王十字火车站和时代广场，由政府资助的再开发动议获得了当地社区的更大支持。许多社区活动家看到了这个公私合作项目为其产业带来利益的潜在可能性。

斯皮塔菲尔兹

从宽门（Broadgate）办公楼群——这里如今是许多世界级金融和先进服务业公司的所在地——的高层窗户望出去，你会看到曾经容纳了斯皮塔菲尔兹本地产品集市的巨型结构。三百多年前，商贩们（在这里）为伦敦中心的杂货铺和餐厅供应果蔬产品[1]。到了2000年，斯皮塔菲尔兹集市已经成为商贩、餐厅和体育设施的临时场所，它正憧憬着蜕变成集办公、零售和居住功能为一体的综合体。沿着布里克巷（Brick Lane）继续向东，沿线的地块也被划定为改造区域。与国王十字一样，在过去十五年间，这里再开发规划的特征发生了变化，建设另一个巨型办公综合体的欲望在消退；也和国王十字火车站一样，变化更趋渐进式、规模变小。斯皮塔菲尔兹包含了临近贝斯纳格林（Bethnal Green）的一个选区，后者则是塔桥自治区的一部分。伦敦城和贝斯纳格林的边界正好穿过集市。尽管宽门的金融交易员和集市商贩仅一街之隔，但他们存在于两个世界中，以土地使用和人口上的巨大差别为标志。直到今天，服装制造业（俗称"the rag trade"）和皮革加工仍然是斯皮塔菲尔兹的支柱产业。大部分位于布里克巷的商铺主要是低端的"印度"（实际上是孟加拉国）餐厅、杂货铺、莎丽店、工人酒吧。低层建筑为主，许多商铺的楼上就住着居民。不同于伦敦城，这里人口密集，而且房屋主要是社会住房和私人出租的廉价公寓（tenement）。[2]

在胡格诺派[3]绸织工开创纺织工业后的几个世纪中，这个伦敦东部的地区已经成为成批的外来移民进入英格兰的首站。在胡格诺派法国人之后，爱尔兰人和犹太人开始定居于此。如今孟加拉族裔占到了大多数[4]，而其他人口的国籍构成则五花八门。新移民居住在恶劣环境下，生活极为艰难：

> 人们络绎不绝地从乡村搬到同样恶劣的居住环境，干着同样卑微的工作，除此之外，不同族裔几乎毫无共通之处。他们因为诸多原因来到斯皮塔菲尔兹，并满怀着不同的憧憬。犹太人为躲避大屠杀，居无定所，也无乡可归，他们因绝望而来。孟加拉人来自安定的农业社区，即使大英帝国也没有摧毁他们基本的生活模式，他们因希望而来，他们从未想过在此定居。[5]

尽管在斯皮塔菲尔兹扔块石头都能丢进城市的经济热浪（指旁边的伦敦城），但这里的居民并未摆脱贫困。根据1986年伦敦四项指标的贫困排名，斯皮塔菲尔兹排在首位，仅一个选区在失业上超过它，而在拥挤程度上则无人能比。[6]不过，邻近区域金融服务岗位的不断增加，已经造成了塔桥其他片区人口特征的变化。在伦敦码头区开发公司的推动下，高端住宅开发汇聚到泰晤士河边，随之吸引了城内工作的专业人士、管理层或白领服务人员。与此同时，从前白人工人阶级的后代越来越多地迁入更偏远的郊区。不过，即使塔桥增加了一些高端人口，1998年的排名仍然将其列为英国第六贫困的地方政府。虽然缺乏下一级选区单位的数据，但这个事实表明该自治区更为贫困的片区仍然极度弱势。这个区域的"民族色彩"和标志性建筑确实吸引了一些游客，但整体上仍然与国际化大都市格格不入。

绝大多数议员将大规模开发视为获得规划收益和改善地方经济的良机。根据一位反对各种再开发计划的议员的话：

> 在这样的社区，人们不知道该去哪。他们无学可上、找不到工作。这是一个底层社区，容易被财富所操纵。开发商的到来带去了希望，他们利用社区

领导人来操纵地方,社区总的说来会在斯皮塔菲尔兹的开发中遭受损失。但社区领袖被收买了,社区被分化。

社区和商务团体

漫长的社团运动历史造就了一批活跃在贝斯纳格林地区的孟加拉民权组织。[7] 他们的斗争主要集中在两个方面:为孟加拉家庭获得体面的居住条件以及保护社区免遭种族主义的攻击,这在20世纪70年代尤其严重。这些团体曾成功地建立了住房合作社,吸引了很多住房协会进入该地区,同时也使邻里变得更安全。

80年代之初,社区组织担心会重蹈伦敦码头区正在发生的整体改造、无视地方意见的现象。[8] 1981年伦敦码头区开发公司(LDDC)接管了塔桥区沿泰晤士河区域的规划管理权。斯皮塔菲尔兹西部的办公改造计划有复制码头区模式的危险。与此同时,开发商因为预计会遭遇激烈的反对,且缺乏LDDC的庇护,释放出了更强烈的沟通意愿,愿意做出更多的地区改善贡献,借此平息反对的声音。

商业公司一开始以异乎寻常的积极态度资助东伦敦的各项地方计划。通常英国的商务领袖不会参与到社区活动中去,但因为开发商对本地区的兴趣增加,他们开始通过一个名为"东伦敦伙伴关系"(East London Partnership,ELP)的组织介入。ELP最开始由艾伦·谢泼德爵士(Sir Alan Shepherd)担任主席,他是大都会集团(Grand Metropolitan)的首脑,该集团在斯皮塔菲尔兹的拟开发地块拥有一家杜鲁门啤酒厂。东伦敦伙伴关系是全国性"社区企业协会"的从属机构[9],吸纳了哈克尼(Hackney)、塔桥以及纽汉这三个东伦敦自治区中45个大中型公司的首脑。在东伦敦,ELP不仅仅积极游说地区转型,还给包括孟加拉妇女组织在内的一些社会团体提供少量资金和技术支持。[10]

市集场所

当伦敦城的周边开始被办公楼和智能服务业充斥的时候,菜贩子及其所吸附来的交通流就显得越来越格格不入了。与此同时,集市旁边的一些历史建筑作为居住区位变得十分有吸引力。隔离伦敦城与塔桥区的心理藩篱开始被打破。在

1987 年，拥有斯皮塔菲尔兹集市的伦敦城法团发布了一个 11 英亩土地的招标文件；中标人需要承诺重新安置商家以换取一份长期的租约，助于开发办公和零售用途。

由三个地产商组成的斯皮塔菲尔兹开发集团（SDG）[11]，为市场及邻近地区提出了一个以写字楼为主、混合使用的开发方案。第一步，他们花费 4 千万英镑将集市搬到哈克尼地区。这需要国会通过一项法案，以撤销 17 世纪颁布的设立集市的皇家特许状；获得国会通过花费了两年多时间，期间抵抗的声音变强了，"保护斯皮塔菲尔兹"的运动开始萌芽。批评主要来自两方面：来自中上阶层的保护主义者担心项目会影响该地区的历史文化环境；而来自社区的力量则担心在孟加拉社区开发现代商务和零售业将会破坏社会经济的稳定。

到了 1990 年，斯皮塔菲尔兹开发集团眼看着即将获得塔桥议会的规划许可，此时环境大臣以核查规划对当地历史环境影响的原因而要求"传见"（call in）方案。大臣拥有对地方政府开发决定的否决权，他受到的压力更多地来自英格兰遗产和皇家艺术委员会，而非居民社区。

1991 年，集市开始动迁，金融大爆炸对写字楼市的影响没有预期的那么火爆，斯皮塔菲尔兹集团表达了希望减少原定开发面积的意愿。经过和环境部的协商，开发商同意重新设计方案，并聘请了一位名叫本·汤普森（Ben Thompson）的美国设计师和一家英国本土的合作方。汤普森因设计波士顿的法尼尔厅市场（Faneuil Hall Marketplace）而名声大噪，该项目是第一个在历史市场基地上开发的大型主题购物中心。他对规划的调整消除了保护主义者抵抗的声音，但是工党依然因为该计划对当地居民的忽视而反对它。

当 1991 年集市动迁已经完成之际，规划许可依然被搁置。1992 年，塔桥地方当局和伦敦法团才通过了规划纲要，但截至 1993 年 3 月，环境部对此仍然举棋不定。塔桥当局批准的方案包括 10 万平方米的办公区（包括一个 16 层的现代玻璃塔楼，由诺曼·福斯特爵士——国王十字的主要设计师——设计，被视为"进入斯皮塔菲尔兹的门户"）[12]，再加上 6 300 平方米的商店和 165 套住宅[13]。政府部门并没有像纽约那样给予开发商财政支持。公共部门的支持主要是两方面：其一是伦敦城以非常低的价格提供给开发商一大块中心区位的地块，减少了初始投入，且未来的税费与该地产所产生的回报相关联；其二是塔桥当局放松了开发强度限制，以提高开发商的利润空间。

开发集团与塔桥议会就规划收益进行了谈判。但斯皮塔菲尔兹社区发展集团（Spitalfields Community Development Group，SCDG）没有参与这次讨论，如果说当地居民意见有所反映，那是通过受到其影响的社区议会的方式[14]。除了预计的集市动迁费用，SDG 同意在市场基地上开发 127 套住房，完工后交付当地住房协会。同时，该集团还承诺捐赠 500 万英镑给慈善信托机构（斯皮塔菲尔兹开发信托），每年支付 15 万英镑用于职业培训。

塔桥的工党仍然反对该开发计划，依据是这会驱逐下一层次的居民，并赶走非技术工种。开发商老调重弹地表示，只有大规模的发展才能获得足够的收益来偿还债务、支付地租并保证规划收益。尽管社区代表们觉得议会屈从于浮士德式的交易，但是在 1991 年，一名开发集团的官员对我说："如果要我们今天签字，我们是不会签的。"那时还未出现资金匮乏和办公空间过剩，他很感谢（因社区的反对）最后规划许可被延迟。

在那之后的几年里，集市及其周边出现了各种动议。一个住宅开发商在集市的对面建造了不少住宅，包括高端豪宅、业主自住的住宅和经济适用房。SDG 出让了部分土地给伦敦期货市场，但是由于没有获得预期的收益，被伦敦城法团回购。到 2000 年，SDG 总计亏损了近 1.5 亿英镑，但它仍然保留了部分地块的开发权。在此期间，SDG 异乎寻常地引进了一位企业家埃里克·雷诺兹（Eric Reynolds），来开发地块内的过渡性用途。他在集市大厅引进了很多匠人在售卖亭贩卖手工艺；修建了手球场和其他运动场地，以及特色餐饮、酒吧和时尚餐厅。装修是最低限度的，一旦 2000 年该集市如期清退，商家将被转入主教门货物堆场（Bishopsgate Goods Yard）。[15] 尽管投资极少且具有过渡性质，但这创造了大约 1 000 个工作岗位，其中的三分之二给了本地居民。[16]

直到 2000 年 7 月中旬，SDG 才获得了仍然保有开发权的那部分地块的最终详细规划许可。未来可能的使用者是法律和金融公司。集市的另外一部分，现在属于另外一个开发商所有，前景仍然不明确，但意图是翻新为零售和餐饮业。

布里克巷

布里克巷是斯皮塔菲尔兹社区的中心。在 20 世纪的大部分时间里，街道沿线都是犹太屠夫和裁缝。随着孟加拉人的到来，当地的服装产业开始发生转变，街道两旁的餐饮也改为印度次大陆的风格。SDG 最初规划进行再开发的集市，距离布里克巷东翼仅有三个街区，孟加拉社区意识到这将对其居民微薄的经济基础产生威胁。杜鲁门啤酒厂和上文提到的主教门堆场这两大片属于布里克巷的土地都被确定为开发基地，总面积达到 27 英亩。杜鲁门啤酒厂就像斯皮塔菲尔兹集市一样，具有悠久的历史；它的拥有者"大都会"是一家涉及土地开发、餐饮和休闲项目的大型集团；因为计划重新开发该区域，公司关闭了啤酒厂。空置的主教门铁路堆场曾经被设想发展成一个商务办公区。英国铁路公司将废弃堆场的转型视为固定资产兑现为流动资产的好机会。

社区组织在反对政府开发码头区和集市的规划中失败了，现在又将意见转向了布里克巷。为了应对大规模商业发展的威胁和机遇，很多这类的组织都聚集在 SCDG 的旗下。SCDG 并非纯粹地反对开发，而是主张这两个地区应该编制一体化的开发计划。作为这两个地块被划作办公用地的回报，其中的部分区域应交由当地社区自己托管及使用。SCDG 设想了一个"孟加拉城"购物中心，既可以为社区提供服务，又能拓展特色餐饮和民族工艺品市场。他们还呼吁建设办公楼之前在本地进行培训和建造公共住房。

1989 年，借助中央政府专项资金和社区商务团体资助，SCDG 推出了一个详细的社区规划。[17] 次年，在贝斯纳格林社区议会的支持下，SCDG 成功地和大都会公司签订了一份关于 12 英亩土地转让给社区托管的协议。SCDG 有三项基本原则：①项目应该赋予孟加拉族裔从事零售的机会；②服装业工人——特别是皮革制品从业者——是地方现存唯一具有市场潜力的工人，应该获得资金支持；③项目资助方应该在就业培训方面做出重大努力。为了确保协议的实施，SCDG 要求全程参与布里克巷开发的规划和实施，而不是简单地签署一次性规划收益的协议。

当啤酒厂和堆场开发项目受到 20 世纪 90 年代房地产低迷影响而停滞的时候，开发商允诺的条件无法落实，SCDG 的希望成为空中楼阁。90 年代后期，开发的压力开始加大，紧挨着宽门开发的办公建筑群（其中有一栋巨大的大楼是给荷兰银行

ABN AMRO 盖的）开始侵占传统上被认为是东伦敦的区域。城里的高收入阶层希望接近工作地点的住房需求也推动了斯皮塔菲尔兹房价的上涨。本地小企业极少持有自己经营场所的产权，上涨的房价可能将它们逐出。[18]

在没有大型开发动议的情况下，中小企业开始改造这一区域。杜鲁门啤酒厂成为繁荣的文化产业中心，容纳了接近 200 家企业，从事有关艺术、时尚、音乐和设计产业。事实上，该地区突然变得时髦起来：

> （布里克巷）是其中更大区域的一部分，人们常说……这里每英亩土地上艺术家的数量比欧洲其他任何地方都多……仍然有很多房子可供更多人使用，而越来越多的人来到了这里，啤酒厂周边有众多的工作坊、工作室和商店。去年九月，啤酒厂为庆祝自己的转型，举办了一个名叫"设计师之家"的活动，一天时间内有 8 000 人参加了活动……这个街坊具有折中的风格……结合了酷炫的、设计师品牌的，和没那么酷的、质朴自然的。这是刻意为之，但希望看上去不是控制得特别井井有条。[19]

业主们，虽然从来不确定这一地区的长远命运——这些用途只能是临时措施——但是这种文化产业的集聚所带来的活跃气氛却吸引了越来越多的潜在大用户。啤酒厂最终仍然有可能成为金融办公企业总部集聚地。类似地，在 90 年代曾一直被空置的主教门堆场开始接收从斯皮塔菲尔兹转移来的体育设施，并吸引了新的关注。铁路公司（Railtrack），英铁私有化之后的继承者，拥有这 9 英亩的土地产权，可以容纳许多大型设施。随着一条新的地铁线路穿过基地北部，它的吸引力将进一步被增强。[20]

因此，斯皮塔菲尔兹就像时代广场一样，临时被用于休闲、娱乐用途和文化产业，改变了这一区域的形象。斯皮塔菲尔兹成为这个样本库里的又一个案例，反对大规模开发而提出来的替代用途使资本变得更加安全。以伦敦硬币街、纽约的苏荷和时代广场作为先例，还有很多其他地方都表明，温和的投资和转变的理念，能够为以后的活力和更深度的投资提供可靠的保障。结果有些双重讽刺。一方面，开发联盟意识到推倒重建与强迫改变社区是错误的；另一方面，社区和多样性的拥护者，其短期的胜利给自己制造了一个困境，长期看他们终究会丧失主导权。

城市挑战

尽管房地产投资的新浪潮可能会更有助于实现原先开发计划所承诺的规划收益，但目前看来，资助地区的社会项目还是依赖于政府。1991年7月，斯皮塔菲尔兹所在的贝斯纳格林区获得了"城市挑战"的资金用于社会和物质更新（见第五章）。"城市挑战"是迈克·赫塞尔廷（Michael Heseltine）再任环境大臣时积极推出的项目[21]。他提出的"顶层切割"计划砍掉了各种零星的地方扶植计划，集中力量有针对性地用于最需要的地方，通过公私合作的方式协调运作。根据塔桥首席执行官的说法，能赢得这个资助（21选11），很大程度上归功于赫塞尔廷亲身访问了塔桥。他敦促议会申请该项基金，因为他对这里的实验在自由民主党领导下的政府分权后遭遇失败很受触动。

"城市挑战"基金将在五年时间里每年提供750万英镑。项目运营权属于一家非营利社区组织，其类似于美国的社区发展公司。[22] 该组织的董事会由政府和在该地区有利益关系的政府组织和非政府机构代表组成，包括房地产开发商、议会、ELP、SCDG和住房协会。该计划的重点是提供建筑业、办公以及幼托职位的职业培训、英语语言学习，通过资金和技术支持的方式帮助当地的中小企业发展，由住房协会资助公共住房修缮以及建设。政府希望通过相对较少的投入拉动私人投资。但是私人投资的获得取决于开发基地的规划实施成果。1992年夏天，奥林匹克和约克公司（O&Y）的破产把这个希望击得粉碎（见第九章）。O&Y之前一直是东伦敦最主要的开发商，曾是ELP中的积极分子；其破产使其他开发公司的财务状况也陷入困境；而其宏大的金丝雀码头综合体被视为城市东区发展的旗舰。没有了开发商支持，"城市挑战"成为又一个资金不足的内城项目。

1997年，政府用专项更新预算（SRB）取代了"城市挑战"项目，改称"城市周边"（Cityside）计划，预计五年内提供1 140万英镑的资金。"城市周边"计划的主要目的是将当地的工人、企业与伦敦城内的大公司联系起来；致力于地方经济的多元化和发展，同时吸引更多的游客。另一项SRB项目同时也在包括塔桥在内的几个区实施，主要用于对失业者进行技能培训、环境改善以及文化发展。但是，这些资助规模都非常之小。

与早期的更新计划相比，斯皮塔菲尔兹的规划不限于物质方面，"城市挑战"和SRB都提出要将物质规划与社会规划统筹考虑,同时要求企业和社区代表的参与。

第七章 创造新中心：斯皮塔菲尔兹和布鲁克林中心

城市挑战计划的制定者明确提出，要改善居民的语言水平、工作技能和居住条件。"城市周边"则专门支持小企业和就业安置。但是，如同时代广场和国王十字地区，如果需要从房地产开发商那里获得足够的补助给社区居民，该项目就必然要利润丰厚——也意味着足够大——才能获得财政盈余。这种规模的开发将不可避免地改变这些地区原有的特征。

伦敦最贫困的、有色人种占主导的社区，与金融业蒸蒸日上的伦敦金融城相邻而居，所面临的几乎是无法解决的困境。即使是以最温和的方式将伦敦城所产生的财富再分配给它们的穷邻居，也会使得城市边缘的低收入社区获得前所未有的资源。但是，在这样一个便利的区位上，任何邻里升级都会鼓励士绅化的发生。只有强有力的政府干预才能真正阻止这个进程。但是，项目资金严重依赖于私人领域的投资，排除了强干预模式的可能性。

布鲁克林中心

直至1898年被纽约整合之前，布鲁克林中心一直服务于一个独立的市政商业中心。一开始，布鲁克林被标签为在曼哈顿阴影下的"住宅与教堂之城"；"城里"（指曼哈顿岛）咫尺之遥，最早通过轮渡，后来则有了汽车和地铁联系，使布鲁克林中心仅作为次级服务节点[23]。当中产阶级从这里迁至郊区之后，仍然留在市中心的就只剩下市政厅、最后一间大型百货公司、很多努力谋生的小商贩以及布鲁克林音乐学院[24]。早期的城市更新拆除了一些破旧建筑，却没来得及建设新的代替。[25] 20世纪80年代中期，单身旅馆收纳了很多无家可归的人，垃圾遍地的空地上充斥着各种流浪汉，卖淫和贩毒四处蔓延。唯一的摩天大楼是1929年修建的34层高的威廉姆斯堡银行大楼（Williamsburgh Saving Bank），发生在经济大萧条的前一年，之后的六十年里布鲁克林都没有发生商业房地产开发。

在二战之后的四十年里，人口和投资纷纷撤离布鲁克林市中心，其邻近的邻里社区比它发展得好。布鲁克林高地（Brooklyn Heights）与曼哈顿的天际线隔东河相望，与布鲁克林其他地区形成天然的地形隔离，保住了白人精英住区的定位。紧邻着卡德曼广场（Cadman Plaza），重建计划拟建造一个购物中心、一片中产阶级现代主义风格的高层住宅综合体，进一步将高地孤立出来。其他地区保留着富人们迁出后留下的大量精美的褐砂岩住宅,成为士绅化的目标。贝德福德-史岱文森(Bedford-Stuyvesant)和格林堡(Fort Greene)的黑人人口增加了,大型公共住宅计划容纳了众多贫困人口;然而此外,这里还有一些邻里被中层阶级——主要是黑人——升级换代,非裔美国人的文化中心从哈莱姆转到布鲁克林。[26] 布鲁克林也是各种加勒比地区移民的目的地——据估计,在1983—1986年,有16 000名牙买加人、15 000名海地人、12 000名圭亚那人、2 500名格林纳达人、3 000名巴巴多斯人和4 000名特立尼达人来到这里。[27] 他们提供了大量的廉价劳动力,也刺激了当地中小企业的发展。

20世纪80年代末许多因素的共同作用激发了重建布鲁克林中心区的意愿。首先是纽约市与新泽西州两个政府对大公司总部的争夺。只有土地价格低廉的地区才能提供有竞争力的租金。将开发重点转向在布鲁克林区创造一个不那么昂贵的商务核心,有利于与本州以外的地区竞争;还可以平息市长办公室所面临的"只关心曼哈顿"的指责。[28] 除此以外,区域规划协会(Regional Plan Association,RPA),一个相当有影响力的私营机构,认为布鲁克林良好的交通基础设施为其创造了作为"曼哈顿商务区第三节点"的潜力。

政府有意图在布鲁克林开发办公的同时,私人开发商已经开始在此广泛寻觅可开发用地了,因为曼哈顿的建设热潮几乎把中央商务区中的可用地消耗殆尽。布鲁克林两块比较大的基地脱颖而出。一块临近理工大学(Polyrechnic University),这是一所私立的工程学校,坐落在市中心的边缘,之所以理想是号称能够利用大学的科技能力与高技术企业需求相协同。这个项目被称为大都市科技园(Metro Tech),1990年开放招租。第二块在大西洋终点站(Atlantic Terminal),在纽约市地铁和火车线路最密集的交汇点之上,具有无可比拟的商业增长前景。[29] 该项目开放于1996年。

大都市科技园(Metro Tech)

1984年理工大学公布了扩建计划,并提出了对周边地区进行开发的建议书征询函(Request for Proposals,RFP);校董会希望建设一个类似于硅谷东区的高科技中心。虽然这块16英亩的土地早就被划为城市更新区域,但仍驻有约100户家庭、60个小型企业和5家政府机构。前纽约州消费者事务委员会委员布鲁斯·拉特纳（Bruce Ratner）认为这块区域具有发展潜力。他刚刚与一家基于俄亥俄州克利夫兰市的森林城市公司（Forest City Enterprise）[30]组成合资公司（Forest City Ratner），后者由其家族成员管理[31]，拉特纳说服他的合伙人加入对理工大学的开发计划投标。

森林城市公司是一家专注二级市场的上市企业。它的负责人宣称自己不是投机而是机构开发商——意味着他们根据现有市场情况评估未来收益，并不是追求投资的回报增长超过通胀率。尽管其股票市值在1989—1992年期间跌去了三分之二，但是由于它避免使用高杠杆，依然能够维持运营；其创始人曾表示："森林城市公司没有交叉抵押和企业授信……没有二次抵押或者被追索抵押物的情况。"[32]森林城市公司不投资面临竞争的地区，并且在预租出去一半物业以前，它不会启动建设融资。虽然表面上看它挑选的这类地方发展前景偏弱，但这些地方具有成本优势，并且能够获得政府补贴，以进一步降低风险。[33]它在90年代用这种模式持续地对外围地区进行投资，同时也越来越多参与大型的、中心区位的、有其他感兴趣的开发商的项目，特别是带有政府补贴的项目。

理工大学的建议书邀请函完全符合森林城市公司当时的战略准则：没有其他开发商对这个地区感兴趣到愿意投标，且有政府提供的切实的财政补贴。开发公司的一位负责人说："森林城市拉特纳（Forest City Ratner）意识到金融服务业就是纽约的高科技公司，它是电脑的大用户，毗邻理工大学具有先天优势。"原先的研究实验室以及软件公司方案设计也在"高科技"旗号的掩护下慢慢转变成了另一种形式的企业办公方案。开发公司构思了一个规模达到39万平方米的办公区方案，可以满足金融业对计算机运行的需求。

很多森林城市拉特纳的员工都有在市政府部门工作的经历，他们知道如何利用公共福利把租金成本降低到新泽西州水平。森林城市公司的高管这样描述这个过程："除非你在政府部门工作过，否则很难理解这个过程。我们建立了一套公式，比较布鲁克林和新泽西州不同的开发成本、然后根据差价申请政府补贴，这不是简单地砸钱进去。"

公共开发公司（PDC）（后来的经济发展局）在这个项目中担任政府牵头

机构。根据理工大学和开发公司的要求，PDC 收购土地、拆除建筑、动迁居民和企业。作为回报，政府获得了地租。森林城市拉特纳公司投入大约百分之十的股权投资，其余资金来自日本银行。尽管它还坚持着没预售前不建设的准则，它仍然在获得长期抵押融资方面有很大的难度，因为金融机构认为布鲁克林投资具有风险性。

在城市工商业激励计划（ICIP）的刺激下，所有入驻大都市科技园的企业，可以享受长达二十二年的房产税减免、十二年的商业占用税豁免以及十二年内按每个员工 500 美元的额度免除企业利得税。布鲁克林联合天然气，一家私人基础设施供应商，在政策吸引下承诺将腾出原有的办公地点、搬入临近区域。联邦城市开发行动基金（UDAG）为开发商的建设投资提供了 800 万美元的额外资助。证券产业自动化公司（SIAC），一家为股票交易提供电脑服务的非营利供应商，成为大都市科技园综合体的第一位来自曼哈顿的租户。除了享受 ICIP 标准的政策优惠外，它还收到联邦 UDAG 600 万美元、市援助公司（Municipal Assistance Corporation，MAC）1 000 万美元的股权投资以及政府投资预算的 550 万美元建设拨款。因为纽约州基础设施费用极高，不利于大型电脑用户，大都市科技园必须为企业提供廉价的电力。这家企业因此获得了私有的联合爱迪生电力公司的大幅折扣，而电力公司则会得到市政府的税收优惠补偿。[34]

下一个从曼哈顿迁移到布鲁克林的企业得到的更多。1988 年，大通曼哈顿银行表示正在严肃地考虑把拥有 5 000 名员工的数据处理中心搬到新泽西城。为了挽留该企业鼓励其迁至科技园，它在常规的激励政策以外还获得了额外的超过 1 亿美元的奖励。最终其享受税收减免、基地整治，以及电费折扣等各方面优惠价值的总额达到了 2.35 亿美元[35]，包括部分大通银行曼哈顿总部的税收减免。州长马里奥·科莫为这种慷慨辩解到："没人可以阻止我们。这是一个大项目。"区域规划协会（RPA）的副主席评论到："把存量让利引入第一流的公司，是恰当且实际的办法。"[36] 大通银行在《纽约时报》买了一整版的广告对州长科莫以及市长科赫在布鲁克林招商中的诚意表达感谢。[37] 但是广告中也提到："让天平倾向于纽约最简单的原因是过去将近二百年里，纽约都是我们的家。"[38]

美国金融服务公司贝尔斯登（Bear Stearns），是下一家享受科技园福利政策的企业，他们没用这么温情脉脉的词来解释他们的决定：

第七章 创造新中心：斯皮塔菲尔兹和布鲁克林中心

"我们去布鲁克林唯一的原因是——我们认为布鲁克林和新泽西市是差不多的——如果这个城市能给得更多。"管理总监朗先生说。……朗先生传达的信息是："我们需要给位于曼哈顿中城公园大道 245 号的总部减税，否则我们不会考虑大都会科技园。房产税会杀了我们。"[39]

据估计，给予贝尔斯登的额外优惠及 ICIP 的一揽子合同预估总价值达到了 1 700 万美元，包括纽约电力局为贝尔斯登在曼哈顿的大楼提供低成本电力的折扣在内。贝尔斯登选择布鲁克林的另一个原因是丁凯斯政府承诺一揽子补助方案的速度；布鲁克林联合天然气的办公楼马上可以投入使用；而且他们 1 500 名雇员中有 57% 生活在布鲁克林、皇后区和史坦顿岛，这些地方如果要到新泽西通勤会有困难。[40]

大通银行和贝尔斯登的协议中都涉及目标企业在曼哈顿中央商务区部门的税收福利。因此，虽然 ICIP 许多年前已经刻意将曼哈顿移出其政策优惠范围，对布鲁克林的额外优惠事实上也帮助了曼哈顿。这种对 ICIP 规则的突破始于市长科赫，被丁凯斯市长继续沿用。

补贴政策成功地帮助布鲁克林区吸引了不少原本无意于此的企业。大都市科技园有 3 英亩的户外公共场地，为衰退的市中心增添了明显优势。综合体由纽约的海恩斯·伦德博格·瓦恩赫勒（Haines Lundberg Waehler）进行总体设计，向周围的城市街道网格开放，而不像大多数新开发项目采用封闭的、防卫性的外立面。不同的建筑师设计了各个建筑单体，如 SOM（Skidmore, Owings & Merrill）这所著名的设计公司负责其中最大尺度空间的设计。虽然建筑单体看起来较为平淡，但不是难以忍受，本地居民很乐于使用这块绿地和享受公共空间组织的各种活动。纽约警察局和私人保安共同增强了警力，加上步行交通的大幅增长，此地的犯罪率 1989—1991 年降低了 23%。[41]

大都市科技园毋庸置疑地给这片区域注入新的活力。这项发展战略产生的项目入驻率超过 95%，周边的零售和服务性企业也感受到了乘数效应，[42] 但是他们同时不得不面临急剧上升的租金，当地小业主也开始感受到有资本背书的连锁店的竞争。森林城市拉特纳公司买下了附近不景气的艾尔比购物中心（Albee Mall），打算进行外立面改造，改变其商业模式。[43] 区内及附近的企业创办了大都市科技园商务提升区（BID）以提供卫生和治安服务、策划节庆事件，与社区团体、商家和地方高校一起服务于公共事件和美化项目。房产交易税的收益被留存下来资助职业技术培训机构，一幢新办公楼的一部分被拿出来作为企业孵化器，以低租金及技术和管理方面的服务来帮助刚起步的企业。由此，这个项目所带来的经济收益将在一定程度辐射到周围地区。

1992年的春天，黑人群体成立了非裔美国人经济发展联盟，关注大都市科技园的就业岗位问题。它认为享受众多福利的办公区并没有为布鲁克林区的黑人创造就业机会。森林城市公司的官员否认这一指责，声称每年办公区内有10%的职员岗位由本地居民顶替。该项目在就业岗位方面的官方精确数据当前还没有公布。

大西洋终点站

被大都市科技园的成功所激励，森林城市拉特纳公司似乎认为在政府帮助下，它可以改造整个布鲁克林。除了与科技园一街之隔的一个酒店和一个办公综合体，公司准备开发这个地区每一个潜在的商业空间。[44] 最重要的一项是它与罗斯公司（Rose Associates）合作开发市属的大西洋终点站城市更新区，该地区自1968年以来就一直处于待建状态。1985年科赫市长在政治宣传中宣布，将投资2.55亿美元建设近55 700平方米的商务办公空间、一座电影院、400套面向中等收入人群的公寓、4 180平方米的区域服务型超级市场以及一个购物中心。[45] 除通常的税收优惠外，城市承诺投入1 830万美元的自有资金。市长还承诺，城市的卫生和医院集团（Health and Hospitals Corporation, HHC）将成为办公空间的主力租户。

城市政府投入了1 620万美元用于拆迁和基地配套。然而，罗斯公司作为指定的开发商，在纽约办公楼和住宅市场上拥有丰富的经验，因此一直遵循着保守的投资策略。当HHC因成本压力和被批评过分铺张浪费而撤出该项目之后，罗斯公司明显失去了继续推进的兴趣。尽管大西洋车站有着绝佳的轨交可达性，罗斯公司还是认为布鲁克林这个区位的风险太大。森林城市拉特纳公司的经验提升了罗斯公司对该区域的信心，在1991年这两家公司宣布它们将联合投资。[46] 由于找到办公租户的可能性很小，因此合作伙伴将首要任务设定为开发超过4 600平方米的购物中心和超大型超市。[47]

第七章 创造新中心：斯皮塔菲尔兹和布鲁克林中心

大西洋终点站城市更新协会（ATURA）是一个当地社群的联盟组织，它成立于1986年开发计划的公布伊始，致力于反对开发。成员们特别关注可能造成二次驱离（即开发会造成周边地区的住户难以承受成本而被逐出），并反对仅仅对中等收入者提供就地安置。[48] 他们回忆说几年前，当半空的场地上的住房被拆除时，居民得到承诺会被提供安置住房。ATURA 提出的方案混合了经济适用住房、为当地社区服务的小型超市和小规模的零售和办公开发；然而，ATURA 缺乏制定成熟的替代方案的资源。在公益律师事务所的无偿援助下，它就三个与项目的环境和社会影响相关的问题提起诉讼，并赢了其中一个，法官命令对开发带来的种族影响进行研究。

ATURA 认为区域型超级市场将吸引令人难以忍受的小汽车和卡车交通，从而让本地区本已严重的拥堵和环境污染问题更加突出，对周边低收入住区的租户产生负面影响。然而，他们关于超级市场和住房的观点，不是所有社区的共识。社区委员会认为需要超级市场和购物中心带来经济机会，同时中等收入的公寓业主会有助于稳定社区。因此，社区委员会热情地支持这个项目。ATURA 指责委员会就是一个橡皮图章，认为他们甚至没打算从他们的批复权限中获得任何（公共）回报。

就像在斯皮塔菲尔兹，社区力量是分裂的，站队的依据是开发的潜在收益是否对其有利。住房问题上的分歧尤为严重，即便是低收入居民都担心为无家可归的人提供永久住房会恶化社会环境。虽然争议的主线是居民的生活条件问题，但非裔美国人经济发展联盟的意图是控制大西洋终点站的新增就业。与 ATURA 一样，非裔组织出于其利益显然不会支持开发办公用途，但也不确定他们与 ATURA 会就可能的规模达成协议。如同在时代广场一样，对项目所在地居民没有常规的公众意见征询要求，社区意见征集是以各种非正式安排以及视民选代表的表达意愿而定。

1992 年，区主席办公室将官员和社区代表联合在一起，成立了一个大西洋终点站咨询委员会，但委员会严重偏向于项目的支持方。有迹象表明，城市资金将用于改变住房使用者的收入结构，使之更为多元化。这反映了丁凯斯的主要执政主张，而其前任则更关注帮助低收入人群。停车规划的修改减轻了对社区的负面影响。而办公部分的问题在磋商中完全没有提及。开发团队害怕为了应对变化的房地产市场而修正规划，可能需要重新走一遍用地审批流程。因此他们适度响应社区的顾虑，希望这种合作精神能打动邻里组织不再要求正式重审。

20世纪90年代的房地产低谷对布鲁克林的打击要比曼哈顿小很多，主要有以下两个原因。首先，城市提供了极高水平的补贴，包括一些政府机构承诺入驻以及政府负担土地征收的费用。尽管时代广场的税收补贴是相当不错的，但跟用政府办公功能填充空间不能比。这里的租金成本高得无法接受；位置距离围绕市政厅集聚起来的行政中心也非常远；在42街建造办公大楼的合理性被大大削弱。

其次，森林城市拉特纳公司——布鲁克林中心开发的主要私营部门——证明其挖掘区位价值的能力是非常出色的。像布鲁克林联合天然气这样的企业不得不待在布鲁克林，甚至没有人愿意（为其改建工程）投标。大都市科技园位于布鲁克林的行政核心，为该地区吸引了更多的政府活动。布鲁斯·拉特纳在市政府的工作经验教会他如何利用人际关系和对工作流程的理解，用公共资源给自己带来最大的收益。他利用新泽西对纽约金融公司的吸引力，给自己的开发带来了更多的城市补贴，而且他有着布鲁克林政客们的支持，他们长期以来一直抱怨（公共投资）偏袒曼哈顿。

丁凯斯市长，像他的前任科赫市长一样，被迫回应大公司的每一次准备迁移至新泽西的威胁，提出各种反迁移承诺。事实上，在布鲁克林的公司不会考虑迁往曼哈顿，但如果搬去新泽西，将会导致皇后区和布鲁克林区居民严重且长期的就业岗位流失，鼓励在布鲁克林进行必要规模的新建设是保持持续的经济活力的必要条件。如果大都市科技园和大西洋终点站维持了对本地（经济）的乘数效应，如果少数族裔的就业要求得到满足，那么市政府为布鲁克林开发所做的大手笔投入会给它的市民带来巨大利益。除此以外，在拥堵的曼哈顿核心以外开发一个新的商务中心，并通过高质量的公共轨交系统将其连接起来，可以有环境方面的优势。不幸的是，布鲁克林的道路状况和内部的交通支撑系统不支持其与曼哈顿岛的机动车联络，这意味着在这里开发商务中心将对其自身产生非常严重的负面环境影响。

关于纽约市政府是否应当承担企业从曼哈顿疏散到其他地区的巨额成本还存在不小的争议。纽约大学城市研究中心有一份广为人知的研究，认为城市应该发挥其既有优势，继续强化曼哈顿的核心地位。[49] 到了1992年中，包括减免的税收，这座城市已经在布鲁克林中心花费了1.66亿美元；其在布鲁克林的财政支出几乎占全市经济发展资本预算的3/4。[50] 就森林城市拉特纳本身，其投资仅为3亿美元，略超过市政府投入的两倍，可是在这个项目里市政府并没有股份。[51] 当然，同样很难理性地解释政府在持续处于预算危机的时候为什么还有这么大规模的公共补贴。

布鲁克林的确成为城市商务区的第三个节点,但却付出了难以想象的成本。90年代初的经济衰退导致全市税基收缩,政府放弃了许多税收抵扣,迫使中小企业承担更大比例的税负。与此同时,更多的公司开始打起了各种税收优惠的主意,每个公司都看出来,提出自己有兴趣搬到新泽西去（就能获得好处）的逻辑。大都市科技园进一步加深了原本就拥堵的地方机动车交通和因此而造成的空气污染;大西洋终点站注定也会让问题更严峻。某种程度上,由大都市科技园所带来的经济发展对布鲁克林市民能有什么好处还不确定。即使入驻科技园的公司已承诺提供就业培训并安置布鲁克林一部分劳动力,但"布鲁克林居民最担心的是……布鲁克林中心将成为一个孤立的气泡,与其他地区切断联系"。[52]

到20世纪末,布鲁克林中心区已经初具规模。森林城市拉特纳规划正在综合体中修建其最后一栋建筑,它试图修改区划,将规模提升至是原规划的两倍,开发9万平方米的建筑。这个区域的就业人数达到90 000人以上,布鲁克林中心区所有56万平方米的优质商业空间已经租罄。[53] 万丽广场酒店和办公中心的业主正在考虑扩大其物业,但布鲁克林的领导人依然担心:"该区并没有将科技园的成功充分转化成资本,使中心成为吸引其他企业的磁铁。"[54]

开发动力机制

在本章与上一章介绍的四项再开发计划都始于多种力量的结合,包括私人开发商、社区团体、非营利性组织,当然还有政府。除了布里克巷以外,开发商的兴趣都由政府的官方方案征集所引发。所有四家企业的目标都是在一个不那么时髦的地方创造新的商业节点,并且都要求大量的公共投资。虽然它们的出发点不同,但是其超大型综合办公区的规划却惊人地相似,这也必然导致在20世纪90年代房地产暴跌时,需要对方案重新考量。

这些开发由于其物质环境影响、潜在的对企业和居民的驱逐作用,都威胁到了绝大多数的周边社区,因此引发了对抗。各项目都与具有国际声望的著名建筑公司合作。除了布鲁克林以外,新设计的建筑群在周围环境中都显得突兀,以宣告再开发地区与它们过去的形象有根本性的不同。此外,划定更新范围以及再开发之前的土地整理都会在短期内对经济活动产生消极影响,而（开发）长时间的延宕和举棋不定则会制约其现使用者和潜在投资者优化其资产。然而，时代广场与斯皮塔菲尔兹在这个普遍的问题上呈现出了例外性。进行临时开发的决定激活了该地区，并为后续的高强度开发开创了良好局面。

这四个案例都在地方与城市发展目标、公共物品与市场准则、公平与增长之间充满了矛盾的价值观。建成区域的再开发必然会对现有使用者产生不同影响，只有少数人因改变用途而受益。商业开发项目被吹捧，称其具有维持这两个世界城市繁荣的潜力。制造业属于过去，政府官员和开发商认为只有金融与先进服务业公司才能孕育产业扩张。即使他们对于未来繁荣发展的产业门类预测是正确的，但是以写字楼为中心的增长模式，制约了纽约和伦敦的贫困与工人阶级从商务功能的扩张中分享福利。创造或保留的工作机会很少能提供给那些没有受到良好教育的市民，但是为这些举措而增加的公共投资最终会转嫁到那些市民和小型企业税负上。

规划协议的达成需要对当地居民的损失作出补偿：诸如，国王十字、斯皮塔菲尔兹与布鲁克林的住房与就业项目、时代广场旁克林顿社区的社区发展基金，以及在这四个地方都建设的公共设施。一些社区反对者们因收到补贴而偃旗息鼓；另一些人虽然不太满意，但无可奈何。在时代广场和斯皮塔菲尔兹，不是所有人都得到了物质回报，他们依赖于开发按原规划推进。在斯皮塔菲尔兹和国王十字，未来的开发规模与社区能够获得的收益尚不明确。在时代广场，开发商已经推卸掉了重建地铁站工程中的责任，他们在剧院重建中本就微薄的贡献还在减少。

除了这种依赖私营部门所产生的不确定性之外，社区和私人投资者之间的讨价还价也使得通过总体规划而建成一个满意的环境成为泡影。不过，这很符合自由主义经济学的交易模式。到 20 世纪末，伦敦虽仍严重依赖于规划收益这项工具，但已经与撒切尔时代采用的狭隘视角渐行渐远。规划开始回归，以专项更新预算为工具统筹贫困地区的社会和物质环境规划。与此相反，除了史坦顿岛以外，在市长鲁道夫•朱利安尼领导下的纽约市政府很大程度上已经不再寻求覆盖周边地区更大尺度的整体发展，既没有规划，也没有利益交换。唯一的例外是在哈莱姆/南布朗克斯振兴区，其管理方式在社会资金和合作协议安排上与伦敦的项目类似。

伦敦和纽约的项目都获得了政府支持，但纽约更愿意向开发者提供直接补贴。英国的两个项目都没有收到任何税收减免优惠。英国法律不允许在企业区以外提供

第七章 创造新中心：斯皮塔菲尔兹和布鲁克林中心

税务优惠，尽管工党政府正在提议改变这一点。在斯皮塔菲尔兹，政府利用城市挑战与专项更新预算的资金去间接地鼓励私营部门活动，公共资金没有直接资助开发的私营部分。因此，在伦敦，尽管项目最初的规划价值导向都是发展大于平等，政府支出仍限定于公共目的。

四处案例中的三处，都在20年代90年代房地产衰退后进行了反思。在国王十字和斯皮塔菲尔兹，其结果是开发商放低野心，更注重社区参与和邻里福利。在时代广场，人们重新认识了该地区作为娱乐产业区的重要性，令人惊喜的结果就是娱乐功能吸引了最初希望开发的办公类型。这三个地区都没沿用初始的办公方案，取而代之的是更灵活多样的土地使用方式。四个地方中只有一个，即大都市科技园实施了原有规划。公共部门直接投资给企业，使得科技园即使在最惨淡的时期上市但却躲过了衰退。这也要归因于开发企业的谨慎，它们没有大规模借贷，并提前预租售了物业，避免了其他案例所存在的风险。

注释

1 现存市场的建筑要晚得多，主体建筑是19世纪80年代建设的，西翼建于20世纪20年代，但不管怎样，临街面的老建筑都被列为历史建筑。

2 该地区的人口数量多年以来都在下降，但是二战期间的轰炸和贫民窟的拆除使得在保留下来的建筑中仍然高度拥挤。

3 胡格诺派（Huguenot），16—17世纪法国新教徒形成的一个派别。兴起于法国而长期惨遭迫害的新教教派。——译者注

4 据估计，1981年，斯皮塔福斯街区中的人口为6 654人，其中37%出生在孟加拉国；1989年为8 821人，80%来自孟加拉国（Community Development Group, 1989, 18）。大斯皮塔福斯人口估计有20 000人，孟加拉社区占其中一半人口（Bramidge, 1998, 4）。

5 Forman, 1989, 6.

6 Townsend, 1987, appendix 4. 构成这个指数的其他两个指标是房屋拥有率和汽车拥有率。

7 Forman, 1989.

8 See Church, 1989a.

9 类似纽约城市伙伴，社区企业协会由大企业的CEO或者高管组成，威尔士亲王担任主席。

10 该组织的主要成就是将英法海底隧道列车走线东延至斯塔福德（Stratford）。

11 SDG由以下三方构成：① Balfour Beatty有限公司，一家大型的建设和开发公司，由大型控股企业

BICC PLC（public limited company，公共有限公司，是一种联合王国公司法框架下的特殊公司类型——译注）全资拥有；②市、区物业有限公司，由国际性的自然资源、建设和物业开发公司康斯坦集团全资拥有；③英国最大的物业开发商之一的伦敦和爱丁堡信托 PLC，在首次投标之后，一家瑞典保险公司接替了其席位。在 20 世纪 80 年代之前，瑞典的公司不能在本国以外投资物业。开禁以后，其寻求控制一些对当地条件比较了解的已有公司。

12 在福斯特塔楼的表现图上，建筑的风格与原先的市场迥然不同，也与宽门传统的砖石风格立面形成了强烈的对比。

13 Houlder, 1992.

14 1986 年，自由民主党击败工党在塔桥区议会掌权后，进行了一次政府分权的实验，将自治区（borough）划分为七个小区（district），每小区有一个党首（partisan），选举产生的议会负责提供辖区内的服务。议会一度由一个传统的、男性的、蓝领的工党领袖主导，其对社区内左翼的专业知识分子和移民团体的呼声都漠不关心："在 20 世纪 70 年代中期以前，（议会）是一群在工会注册过的老年白种男人，代表着四分之一是少数族裔，五分之一是失业人口的社区，大部分产业外流或者倒闭。"（Forman, 1989, 39）。当工党中的少壮派和进步派联盟上台，赢得了下一次的地方选举，就解散了小区议会。

15 Eric Reynolds 访谈，1999 年 4 月 1 日。

16 市场临时使用功能的开发得到了贝斯纳格林城市挑战资金的帮助，在本章的后文会涉及（Segal Quince Wicksteed Ltd, 1996）。

17 Community Development Group, 1989.

18 Bramidge, 1998.

19 这段文字引自报纸《伦敦标准晚报》（*London Evening Standard*）的娱乐、美食和时尚专刊（Moore, 1999）。

20 信息来自 Andrew Bramidge，2000 年 7 月 18 日。

21 迈克·赫塞尔廷在撒切尔时代就担任环境大臣，在撒切尔落选后，他曾经短暂地重返这个岗位。

22 议会立法要求成立这种形式的社区法团。

23 Glueck and Gardner, 1991.

24 布鲁克林音乐学院是一个广受尊重的团体，拥有一家歌剧院和两个剧场。它以先锋派的作品见长，并吸引了一大批忠实追随者。尽管有如此杰出的成就，它还是无法吸引来自曼哈顿的观众——他们认为布鲁克林是世界的尽头。

25 Willensky, 1986.

26 在下个十年的末期，哈莱姆或许重新占据了这个地位。

27 Stollman, 1989, 12.

28 在科赫的市长任期中，这种考虑是显而易见的，但是朱利安尼上台后，并没有在这些区内的再开发中采用同样的办公楼导向。

29 所有经过布鲁克林的地铁和长岛铁路都交汇在这里。

30 森林城市拉特纳隶属于克利夫兰的森林城市公司。该公司是美国最大的上市开发企业。在 2000 年，其价值达到 36 亿美元，在全美都拥有开发或者管理的物业。公司拥有 41 家零售中心、114 栋公寓楼、24 栋办公楼和 9 间酒店（Forest City Enterprise, 2000）。

31 这家合资公司刚刚为摩根士坦利公司建设完成了布鲁克林最近 40 年间的第一栋高层办公楼，就在布鲁克林高地旁边、中心区以外。布鲁克林中心的居民强烈反对此项建设，认为不请自来的商业功能干扰到了他们宁静的生活，并要求修改区划。城市政府为这个项目投入了慷慨的财政补贴。

32 Rudnitsky, 1992, 48.
33 森林城市拉特纳是全美接受联邦 UDAG 资金最多的企业，这是一个能够表征其独特战略定位的指标。
34 Forest City Ratner, 1992; Dunlap, 1991.
35 Luech, 1988.
36 Luech, 1988.
37 *New York Times*, 1988.
38 然而，大通在 2000 年宣布，它正在将 1 900 名员工迁移到新泽西的新办公楼中去（Lentz, 2000a）。
39 Dunlap, 1991.
40 Dunlap, 1991.
41 Myers, 1992.
42 Retkwa, 1992.
43 Vizard, 1992.
44 即万丽广场项目，该项目萧条了很久，最终是被丁金斯市长救活了。他将布鲁克林地方检察官办公室从六个分散的地点集中到了其中一座空关的办公楼中，签了 20 年的长约（Mitchell, 1992）。该片区内有万豪酒店，这是布鲁克林在 50 年间的第一家酒店。城市政府以 19 美元 / 平方英尺的初始单价租用了 36 000 平方尺的空间。在当时，这个价格已经达到了周边地区 A 级写字楼的租金标准，但政府却没有获得任何租金回佣或者附赠附着物，而在 20 世纪 90 年代早期，所有的私人承租方在这种情况下实际上都会有这样的优惠。该片区还受益于 ICIP 税收激励政策，理所当然地，公共部门的使用者被永久地豁免了零售和商业占地税（sales and commercial occupancy tax）。在政府承诺以前，开发商——来自皇后区的慕斯（Muss）开发公司——无法获得融资。
45 先前有过两个方案。1969 年，约翰·林赛市长提出过一个投资 5 亿美元的方案，包括办公楼、百货公司和公寓楼。1975 年，基地的一大部分被指定为城市大学巴戎（Baruch）学院的新校区。最终，两个方案都被放弃了。
46 Breznick, 1991.
47 起初，开发商企图用公共资金建设一座体育运动场。来自社区的强烈反对以及对实际使用率的质疑，让这个设想也同样进了废纸堆。
48 这些住宅都会附带有可出租单元，用以补贴房主们的搬迁费。
49 O'nealand Moss, 1991.
50 Myers, 1992.
51 Rudnitsky, 1992.
52 Myers, 1992.
53 Croghan, 2000c, 13.
54 Lentz, 2000c, 36.

第八章 创建新地标（一）：炮台公园城

第八章 创建新地标（一）：炮台公园城

1992年春天，房地产市场的观察员们感觉房地产业的衰退应该已经到底。然而紧接着，奥林匹亚和约克公司（O&Y）这个庞大帝国的轰然崩塌再次震动了整个市场的信心。在纽约，O&Y是最大的商业地产主；它的金丝雀码头项目规模在欧洲首屈一指；它在其他房地产公司也拥有大量股份；许多大型银行持有它的大量债权。由于O&Y不能为它的短期票据再融资，无法及时偿还债务利息，整个房地产市场的稳定性都遭到了威胁。并且，O&Y不只是一个大型开发商；它代表着整个行业的标杆。它之前的投资获利之大、项目涉及之广，它与政府合作时响应之快，它的建筑技术创新能力之强，以及它的持有者——赖希曼家族——对于建造高质量的建筑和公共设施的投入，都展现了以公私伙伴关系来合作重建城市的巨大潜力。

O&Y把一个靠近纽约金融中心的填埋场转变成为曼哈顿岛最负盛名的公司所在地。虽然现在看来，位于炮台公园城的世界金融中心拥有很多竞争优势，但在赖希曼家族开始投资之前，整个项目已经处于崩溃边缘。赖希曼家族在纽约的成就使得他们看起来不可战胜。当他们开始着手在英国伦敦狗岛开发一个更加庞大的综合体时，一批投资者刚刚撤离，英国政府认为自己找到了救命稻草。然而，世界金融中心遭遇了房地产浪潮的顶峰，金丝雀码头则注定直落谷底。整个房地产市场的形势再加上码头区自身的一些特殊情况，导致了古希腊悲剧式不可避免的失败。赖希曼家族所具有的那种助他们成就了无数次胜利的特质，也无情地招致了他们的毁灭。

之后，命运再次反转，20世纪90年代中期起两国经济的繁荣使得伦敦和纽约逐步消化了空闲的办公空间。尽管O&Y不复存在，保罗·赖希曼——之前的领导者——作为主要投资人又入主了经过重组的金丝雀码头公司。金丝雀码头，这个曾经被认为是遭受了厄运而仅能勉强成为二级办公区位的地盘，又迅速被各大公司占满，其管理层也开始着手继续扩张。

本章讲述了 O&Y 崛起的故事，并审视了纽约炮台公园城——大部分由 O&Y 开发——的整体开发计划。接下来的一章回顾了伦敦码头区开发的历史、O&Y 在其中所扮演的角色以及金丝雀码头商业区的沉沦与复兴。正如之前几章一样，我的目标是捕捉整个发展过程的动态机制，包括个人性格、经济机会以及政府干预之间的交互作用。以赖希曼家族的发展兴衰为例，个性扮演了尤其重要的角色。O&Y 对纽约和伦敦的影响和冲击一度是如此巨大，它改变了人们对房地产市场的未来和特性的普遍预期。就像保罗·赖希曼标榜公司成就时所说的，其在"创造一个新地标"中的胆识和胜利使得房地产引导的城市复兴显得前景光明。它的失败则提出了有关政府政策在孕育发展中的重要问题。最终的结果显示，房地产市场总是出人意料。

奥林匹亚和约克的崛起

作为 O&Y 的三巨头，保罗、阿尔伯特和拉尔夫是塞缪尔·赖希曼和蕾妮·赖希曼[1]六个孩子中的三个。他们的父辈在匈牙利度过了童年时代；他们在维也纳定居，在那里塞缪尔·赖希曼成功经营着蛋类批发生意。当纳粹进入奥地利之后，他们全家逃亡去了巴黎，然后是马德里，最后到了（摩洛哥的港口）丹吉尔。塞缪尔在流亡中设法带了一些资金，他在丹吉尔开设了一家小银行，主营通货兑换。赖希曼一家，尤其是蕾妮·赖希曼全身心投入帮助欧洲沦陷区的犹太人逃亡的事业。蕾妮·赖希曼帮助救援了成百上千的犹太人；1942 年[2]她安排了一次非常大胆的救援匈牙利犹太人的行动。她与大型救济组织建立了关系，并煞费苦心地设计了一套系统为集中营囚犯输送食物和衣服；她别具匠心地向他们供应了大量巧克力，方便他们将此当作集中营里的货币流通。

战后，赖希曼家族留在了丹吉尔，塞缪尔·赖希曼的生意十分兴隆。他们家是救助难民的中心，他们虔诚而慈善的名声随着受他们帮助的集中营幸存者开始新生活而广为流传。最终，赖希曼家族决定离开丹吉尔，家族中已经成年的孩子们开始寻找合适的新住址。作为极端正统的犹太教信徒，赖希曼家族成员只能选择支持他们生活方式的社区居住。最终，他们选择了加拿大，据说他们拒绝美国的理由是他们被麦卡锡主义所排斥。他们在 1955 年搬了过去，家庭的一些成员待在了蒙特利尔，其余的去了多伦多。

第八章 创建新地标（一）：炮台公园城

家族的兄弟们在犹太初等学校接受了教育，并因为坚持正统犹太教义而与专业或职业高等教育无缘。20 世纪 50 年代末他们开办了一个名叫"奥林匹亚瓷砖与墙"的建筑供应公司。公司得益于人们对于豪华浴室需求的迅速增加。他们首次向开发业务进军是公司作为总承包人为自己建造了一个新的仓库。

1965 年初，公司的主营业务开始转向房地产开发，阿尔伯特和保罗·赖希曼建立了一家叫作"约克开发"（York Development）的公司，以 2 500 万美元的价格从破产的纽约房地产开发商威廉·泽肯多夫手上买下了靠近多伦多的"唐河谷林荫大道"（Don Valley Parkway）的一块土地。他们把土地分为几块开发，并且通过出售他们未开发的土地付清了购买土地的所有花费。1969 年，赖希曼家族组建了 O&Y，在继续经营瓷砖的同时，在这个新组建的私营公司名下快速扩张了他们的地产开发事业。

保罗·赖希曼是家族的首席房地产战略家，预见到了由政府资助的城市中心重建项目中的营利潜力。他开始涉足多伦多市商业区大量的零售业以及办公综合体的规划过程。在 1974 年，O&Y 开始建造"加拿大第一广场"（First Canadian Place）项目。在建造之时，这个 33 万平方米的开发项目在加拿大开辟了先例，有人质疑它是否可能被填满。结果这个项目被证明利润丰厚，并且，它成为 O&Y 后期事业融资的基础。事实上，1988 年 O&Y 以该建筑的租赁协议作为担保出售了 4 亿美元债券，它甚至无需将这个综合体的任何一部分抵押。

在建造"加拿大第一广场"的过程中，赖希曼兄弟成功地试验了一些融资及建筑技术并随后运用到他们开发的其他项目中。例如，他们承担多重利率借入短期债券的风险，使他们能够在长期利率下降时获得好处。他们也倡导使用新的建造方法和办公楼设计。在他们的一系列建筑创新中，包括计算机控制的绞盘、轮盘、升降机系统，有的升降机可以容纳卡车装卸建筑材料到达预先指定的楼层，从而减少了建造时间。他们把建筑转角建成锯齿状，使位于转角的办公室数量翻倍，从而增加其产品的市场吸引力，也因此获得了更高的租金。[3]

到 1990 年，在资产急速贬值之前，Q&Y 持有的房地产资产估价为 240 亿美元[4]。赖希曼家族的财富如流星般快速上升是混合了策略性地获取低价土地与天才地使用金融工具的结果。在 1977 年纽约市财政危机以及经济萧条到达谷底的那段时间，O&Y 进入纽约市场，收购了乌里斯兄弟——另一家破产的纽约公司——的资产；它支付了 5 000 万美元现金并接手了 8 栋价值 2.88 亿美元抵押贷款的建筑[5]。并购发生十年之后，这 8 栋建筑被重新估值为 10 倍于原价，赖希曼家族因此成为亿万富翁。

敏锐地运用金融工具是赖希曼家族财富增长的另一个源头。O&Y 是第一个使用商业票据的房地产公司，发行自家的短期债券；它持续成功的名声使它成为少数几个可以以此融资的开发公司。为了增加可流通资金，公司使用了复杂的汇率对冲以及债务掉期交易，这些手段极大地增强了其灵活性，同时也使其财务状况异常复杂。

O&Y 依靠精干的组织运作，并雇用了一批以见识和能力闻名的人员。公司许多高级雇员之前在公共部门工作过，他们在那里获得了与开发商谈判的广泛经验，并在过程中学习了可以从政府手里获得哪些交易。多伦多前任住房部长，迈克尔·丹尼斯（Michael Dennis），以执行副总裁身份领导了伦敦金丝雀码头的建造企业。1990 年，赖希曼家族雇用了约翰·祖柯（John Zuccotti）——前任纽约城市规划委员会主席以及后来的纽约副市长——作为其美国分公司的总裁。作为一名在纽约政府系统内非常有关系的"调停者"，他是这个家族公司里第一位非家族成员的首席执行官。迈耶·弗鲁切尔（Meyer Frucher）曾是炮台公园城管理局主席，当上了 O&Y 美国分公司的执行副总裁。

赖希曼兄弟代表了保守与鲁莽行为之间一种不同寻常的结合。尽管他们富可敌国，他们依然在多伦多北约克郊区的中上层社区里深居简出，其参拜的犹太教堂步行可达。他们因慈善而闻名，不限于支持犹太人，而他们的个人消费习惯却非常节俭。他们严格地遵守着犹太教的饮食教规，遵从着正统犹太生活方式的规章，并且在犹太教节日以及安息日完全停止公司的所有生意活动。不像其他那个年代许多浮夸炫耀的开发商英雄们，赖希曼家族成员生活极度低调，拒绝媒体采访，也不会将家庭生活暴露在公众视角下。一个记者形容他们为"无色的多彩"[6]。他们在不以道德著称的商界中拥有值得信赖的良好声誉，使得他们通过一次握手就能达成交易，并从那些通常很谨慎的银行家手中拿到无抵押贷款。

与此同时，他们也是贪婪的投机者。保罗·赖希曼的信条是"进入任何一个领域最合适的时间就是当整个市场都认为错误的时间"[7]。在超过二十年的时间里，他的逆势战术行之有效，使得 O&Y 公司获得了资产、信心，以及敢于豪赌的名声。公司的气概在于愿意用自己的资产进行冒险，以及它惯用的买下有声望的租户未过期的租赁合同以诱使他们搬进 O&Y 名下地产的做法。

他们最危险的赌局，是在远离常规的地段接手规模惊人的项目。用《商业周刊》（*Business Week*）中一段赞扬的话说：

> 也许赖希曼家族最与众不同的标志就是赖希曼兄弟愿意下惊人的赌注来换取长远的成功。这是他们与政府如此亲密的原因。在世界金融中心这样的大规模公私合作伙伴关系中，他们提供资金，政府提供廉价土地，他们一起创造了完整的新的城市中心[8]。

O&Y 最伟大的胜利——位于纽约炮台公园城的世界金融中心，以及它的致命失败——位于伦敦码头区的金丝雀码头，展现了他们家族如何走向成功的顶点而后又到达危险的境地。我们现在把目光转向世界金融中心的故事。这个项目表现了 O&Y 以自身庞大的资源为赌注来保证建筑有足够承租人的能力。O&Y 公司开发了一个庞大而奢华到足以构成整个新商务中心的项目，提供充足的激励来吸引那些租约未到期的租户入驻其物业。

炮台公园城

在曼哈顿岛南端坐落着一块现在称之为炮台公园（Battery Park）的绿地，这块地在 19 世纪早期由填埋而成[9]。它由一个炮位而得名，西炮台坐落于此，俯瞰纽约港，守卫着城市不受海上攻击。当它的军事使命结束后，这个城堡变作名为"克林顿堡垒"的娱乐舞台，然后是移民接待中心、城市水族馆，最后，成为一个风景如画的废墟。20 世纪中叶，纽约城高速公路建设的沙皇罗伯特·摩西，准备在公园里建设他所提议的布鲁克林 - 炮台大桥匝道；在计划破产之后，他仍然试图摧毁这座历史建筑。受阻于保护主义者，他没能完全摧毁这座建筑，而是留下了城堡的墙。在战后的岁月里，炮台公园及其周边提供了曼哈顿下城仅有的公共滨水区。华尔街的高楼在它的北边；腐烂的码头和废弃的海军设施排列在西北方的邻近滨水区。

20 世纪 60 年代，商务活动逐步向中城转移，大通银行曼哈顿分行的总裁大卫·洛克菲勒（David Rockefeller）领导建立了下曼哈顿下城协会（Downtown Lower Manhattan Association，DLMA）以保留华尔街地区作为金融中心的地位。DLMA 的部分策略是让港务局建设一个世界贸易中心，基地选在炮台公园北面几个街区、面向哈德逊河的地方。洛克菲勒对这片地区的雄心受到了他的哥哥、纽约州州长纳尔逊（Nelson）的支持。纳尔逊通过州立法机关推动了一项法令，给予纽约和新泽西港务局启动这一项目的许可[10]。这一巨型综合体成为后期特大项目开发的先行者，仅为此进行的清挖工作就产生了大量垃圾，如果可以直接倾倒入哈德逊河会是最廉价的处理方法。这一行为还可以在这个世界上最密集的建成区上创造出一大片市有领域。市海军和空军部门之前就提议过，在他们废弃不用的港口设施附近填埋造地，因此他们非常支持这一提议[11]。

规划方案

纽约市、纽约州、港务局以及 DLMA 的官员们对应该在新的土地上建些什么进行了热烈的讨论，许多人倡导将部分基地用于廉价住房。1968 年，纽约州立法机关成立了炮台公园城管理局（Battery Park City Authority，BPCA），该机构负责融资以及这片 37 公顷土地上的建设事宜。1969 年纽约州—市政府为这片土地联合拟定了"总体发展规划"，描绘了一个由超级街区组成的现代主义新城，建筑建设于升高的平台之上。很多建筑师团队曾为这个方案工作，但是主导力量来自州长纳尔逊·洛克菲勒最喜欢的事务所哈里森和阿布拉莫维茨（Harrison & Abramovitz），林肯表演艺术中心和阿尔巴尼州政府广场的设计师[12]。在接下来的日子里，炮台公园城管理局与纽约市达成了租赁框架协议，规定每栋建筑必须采取混合居住模式，即拥有均等数量的低收入、中等收入和高收入住宅。但该住宅协议随后被废弃。只有一栋建筑按照原方案被造起：门户广场（Gateway Plaza）。拥有着 1 712 个住宅单元的中产阶级租赁建筑，建造始于 1980 年，因为要获得联邦住房管理局抵押贷款保险的问题，其动工时间被延后了数年之久。《纽约客》的建筑评论家布伦丹·吉尔（Brendan Gill）描述这栋高层大板式建筑的特征为"一种冷酷而灰暗的监狱风格"[13]。

第八章 创建新地标（一）：炮台公园城

为了给拆除旧码头、完成土地填埋及基础设施等建设进行融资，炮台公园城管理局在1972年发行了价值2亿美元的名为"道德义务"的收益债券。在这个现在已废弃不用的融资框架下，纽约州认为自己具有支持债券发行的义务，但并不受法律约束，因此没有履行常规的公民投票赞成程序[14]。填埋工作直到1976年才完成，那时整个城市正在财政危机中痛苦挣扎，办公楼市场上充斥着闲置的空间，并且联邦和州住房补贴计划已经销声匿迹。纽约人开始把这块空置的大块土地作为非正式的娱乐场所，该地成为展示大型环境雕塑的场所。城市官员们开始害怕这里会成为"人民的公园"，抗议者可能会要求将填埋土地永久保留为公共空间。

1975年成为纽约州州长的休·凯里（Hugh Carey）试图重启这个止步不前的建设项目。然而，他直到1979年才获得了三人董事会的控制权。那一年，董事会让州城市开发公司的总裁理查德·卡汗（Richard Kahan）[15]来领导炮台公园城管理局。在一份与纽约市签署的谅解备忘录里，城市开发公司以1美元的价格征收了土地并全面接管。通过这个法案，炮台公园城管理局本质上成为城市开发公司的下属子公司，并免于遵守城市的规划章程和公共审核程序[16]。以放弃所有权为代价，纽约市将收取未来（这片土地上产生）的所有利润和相应的税赋。

卡汗接管之后，BPCA需要获得州立法机关的即刻批准以重新发行债券来融资，否则整个项目就会被搁置。卡汗不喜欢他继承下来的总体规划方案，而且认为这个方案过于整体的方法阻碍了开发商的兴趣，因此他委托亚历山大·库伯（Alexander Cooper）以及斯坦顿·艾科斯塔特(Standton Exkstut)尽快设计一个新的方案以避免被立法终止。"根据（建筑师的）报告，在该项目失败的各种内部原因中，总体规划'过于死板的大规模开发模式'是其中之一，这种开发模式阻碍了土地的渐进式开发；对项目所有细节不合时宜的复杂控制是另一个原因"[17]。不同收入阶层混合居住的承诺从建议书上消失了。

新方案获得了高度赞扬，以世界贸易中心为核心向外延伸的住宅开发采用阶段性模式。设计师被从早期计划烦琐的审核程序中解放出来，建立了街道网格，并要求新的建筑样式与周边纽约的传统商业和住宅邻里风格维持和谐：

> 库伯和艾科斯塔特规划方案的物质特征在于，它既是对纽约不断增加的小地块私人开发历史的重现，又创造了浪漫的最宜居的邻里环境……人们对新

计划的热情理由不难理解。库伯/艾科斯塔特的方案描绘了一幅熟悉的纽约社区景象，并将它们组装在街道和街区网格中，（作为视觉走廊）将下曼哈顿街道一直延伸到滨水。[18]

建成部分

1980年7月，炮台公园城管理局为商业区征求开发建议书，财政压力迫使建设越快展开越好。在11个认真的投标者中，BPCA选择了O&Y公司，作为一组耗资10亿美元、占地59万平方米，名为"世界金融中心"建筑群的开发商。赖希曼家族不但承诺会在五年内——比其他任何竞标者更快——完成该工程，并且O&Y公司会出资5 000万美元以确保管理局发行的25年期债券的偿付[19]。

O&Y举办了一个设计竞赛，最终选择了西萨·佩里建筑师事务所（Cesar Pelli & Associates）；该事务所设计了一组占地3 700平方米，包括4栋34~51层建筑的建筑群。这个办公楼群于1985年启动、1988年竣工，吸引了美林证券公司、美国运通、道琼斯公司和奥本海默公司等知名租户。为了引进这些知名的企业以及"创建一个地标"，O&Y接管了这些租户的现行租约，从而成为纽约市最大的地主。通过这种方式获得的多数空间还需要大量投资才能改造成一流的办公楼。

世界金融中心大楼位于1.4万平方米的公共滨水广场一侧，偏现代主义风格，外墙缩进和砌石基础使人们想起了曼哈顿经典的摩天大楼："佩里利用质地更轻、色彩更光亮并且透明的一系列外墙退界，精心设计了有别于传统沉重砌石基础的建筑结构；透明的玻璃在几何形状的明亮尖塔映衬下，更加相得益彰。"[20] 所有看得见的都按照最豪华的标准建造，办公设施体现了最新的技术进步。

在办公大楼内部，O&Y置入了一个冬季花园（Winter Garden），120英尺高的拱形中庭内安放了16棵高大的棕榈树，可直接从连接该主建筑群和世界贸易中心的天桥处，沿着宏伟的大理石阶梯进入。[21] 冬季花园形成通往一个购物中心的门户，商场专营昂贵的皮革制品、时尚男女装、设计师巧克力、艺术书籍以及手工制作的意大利纸张。最初O&Y不愿意在该工程中开发太多的零售商铺，它觉得下城没有太多购物者。在它最后同意零售开发时，还禁止租赁给奢侈品企业。该企业的第一反应看似正确。虽然没有这些商店成功与否的数据，但肉眼可见的商业区的寂静表明，它们的表现不尽如人意，尽管该区域的人口在增加，业务量可能会有所提高。但是，冬季花园周围的餐馆以及邻近的室内庭院，夏天作为户外广场上的露天咖啡馆营业，却看起来蒸蒸日上，冬季花园中举办的公共活动也备受关注。

炮台公园城的滨江步道总长为 1.2 英里。其中央部分的两侧排列着长凳和街灯，正对对岸布鲁克林高地长廊的散步者。南部的公园是园林设计的杰出作品。野蔷薇和翻滚的岩石暗示了 18 世纪的海岸线；另一边是精心设计的花园。BPCA 罕见地邀请了新公寓和附近翠贝卡（Tribeca）社区的居民对北部公园的设计提建议，并因此而增加了主动的休闲活动，公园提供了篮球场，还有一个巨大的、极为精妙的、想象力丰富的儿童游戏场。居民和路人能欣赏海港、埃利斯岛、自由女神像以及新泽西海岸的壮丽景色。炮台公园城使滨水地区前所未有地向公众开放，为纽约人提供了独特而壮观的开放空间[22]。

该项目的住宅部分最终能容纳多达 14 000 套住宅单元，均以市场价出售。一条主街构成了公寓群的内部轴线；边缘是各种服务店铺。1992 年，约有三分之一的住宅竣工，绝大部分是豪华公寓，剩下的则是昂贵的出租房[23]。受不同基地的开发商委托，不同的建筑师设计了以高层为主的公寓楼。在选取建筑材料及高度方面，他们遵循了库伯/艾科斯塔特的设计导则，旨在重现纽约传统住区的感觉。没有哪幢公寓大楼特别突出，但是它们在一起确实营造了宜人的邻里环境。对开发商来说，不幸的是由于极力模仿传统风格，建筑立面严守道路边界，给标准建筑设计带来了一个典型缺陷——许多单元视野不够开阔，导致初期很难卖出去。

在 20 世纪 90 年代房地产低迷时期，除了公共设施之外，炮台公园城的建设全部停工。花费近 2 亿美元的新史蒂文森高中（Stuyvesant High School）于 1992 年竣工。这是纽约市五所最有竞争力的高中之一，学生入学竞争十分激烈。不像纽约其他教育机构，它的存在不太可能产生任何困扰环境的社会问题。1994 年，犹太遗址博物馆和两所公园开始建造。炮台公园城管理局决定自己担任为各种收入阶层设计的、家庭式大型住宅的开发商。除租金高达 6 000 美元/月（1999 年的市场价格）的公寓之外，几乎四分之三的单元是为中等收入家庭准备的。

1995 年的房地产低迷末期，标志着进一步私营市场活动的开始。森林城市拉特纳公司的另一个工程——纽约商品交易所，在城市的大力资助下开始施工。到 1999 年，尚未开发的10块土地或处于积极规划阶段，或在新建。包括为老年人提供的高端养老公寓和四栋"80—20"大楼——这些大楼中有20%的单元是向收入低于纽约市平均收入50%（包括50%）的人群提供的。收入在19 000~25 000美元的四口之家有资格以525美元/月的租金申请两居室公寓（与超过4 000美元/月的市场价形成对比）。由森林城市拉特纳开发的宾馆和娱乐中心于2000年开业，共有463个房间、以及一个4 000座的多厅电影院。另一家宾馆计划于2001年开业，其上是一座公寓大楼以及摩天大楼博物馆（Skyscraper Museum），一家先前无永久栖身之所的独立非营利机构[24]。

财务安排

炮台公园城的公共财政支出包括2亿土地填埋投资，由最初的债券融资提供；还包括额外的基础设施投资[25]，公共空间的建设、维护及服务费用，炮台公园城管理局人员配备，以及给开发商的一系列税收优惠。世界金融中心以税代费（PILOT项目）获得了相当于正常税收补贴150%的工商业激励计划（ICIP）优惠。1992年前建造的住宅部分可应用421a条款减免十年的税收。后建的市场价格的住宅开发没有获得税收减免的优惠，但是，在80-20项目下建造的房子都得到了减税和低于市场利率的融资。

炮台公园城管理局继续拥有土地，其土地批租给开发商，直至2069年不得出售。它收取租地费、抵税支付、以及用于公共空间维护支出的市政设施费用。这些收入主要用来偿还各种债券债务、维护公共空间、支付其位于世界金融中心的总部办公租金以及员工工资。1991年管理局拥有62名支薪员工，20世纪80年代中期建设高峰期有55名；根据《纽约观察家》的报道，新雇佣的许多员工都是"政治关系良好的管理层"[26]。然后员工基本稳定在该水平。当项目开始盈利之后，管理局将余额转交市政府。从1991年开始，BPCA贡献了大概9 000万美元给市通用基金，但是这两年，支出从2 800万减到了1 800万美元。在1999年，管理局预计有2 100万运营费用，并需偿还6 500万债务，仍给城市上交了4 400万美元。[27]此外，它的预期收入还支持发行了总价值4亿美元的债券，用于建设城市其他地区的经济适用房（见下文）。一旦债务到期，所有的利润——初始估计为100亿——都注入纽约市场。[28]

评估

炮台公园城物质建设方面获得了来自专业评论家和公众的大量好评。当第一栋建筑物开放的时候，《时代》（*Times*）的建筑评论家称之为"近乎一个奇迹"。[29] 后来他评论到："在我们的时代，纽约或者其他城市没有任何一个地方像炮台公园城这样，在 92 英亩的土地上融合了住宅和办公的综合体，而其中公园、滨水步道、街道和公共艺术的地位与建筑本身同等重要……他们创造了一个场所（place）而不是一个项目（project）。"[30]

然而，反对者却试图驳斥主流对炮台公园城在美学和社会上大获成功的共识。物质宣言的批评者说它近乎迪士尼的品质：太完美、太奢华、太不真实。它过于富丽堂皇，如果套用迈克尔•索金（Michael Sorkin）宽泛地批判近期规划的城市开发的话也非常适用：

> 这个新的疆域是模仿之城、电视之城、主题公园之城。建筑无比招摇，从历史、从任意截取过去的片段构成急迫和造作的现在……今天，城市设计职业几乎完全为再生产所操纵，忙于创造城市假象……这种煞费苦心的机构正努力证明它与正在被毁灭的城市生活的联系。
>
> 这是带着罪恶扭曲的城市更新，一种欺骗的建筑学，带着貌似熟悉的笑脸，却与基本的现实渐行渐远。这座城市的建筑几乎就是一些符号，玩的是嫁接符号的游戏、主题公园式建筑。不管是代表无差别的历史还是现代性，这些设计跟广告一样在算计，是纯粹抽象的想法，不顾居住在其中的真实需求与传统。[31]

炮台公园城是简•雅各布斯所提出的自然发展、异质性的城市街区的对立面，然而它也融合了很多她的观点。[32] 比如高密度、多用途、小街区、沿街界面布置建筑，以及小而可达的公园。它单一的管理主体允许创造一种人造的多样性，带着精心挑选的租客和从城市记忆中摘取的各种理想化版本。[33] 它缺乏 20 世纪初大都市那种自发的鲜明对比，社会评论家抨击它的排外，声称即使它确实有华丽的开放空间，但仍抑制了公众参与：

> 怎样开放才算公共空间，当环境本身竖起强大的社会壁垒，从而使普通的劳动群众（更不要提那些失业者）进入其中会感觉到不自在？能期待多少穷

人家庭会通过那高起的桥梁进入世界金融中心这个财富的大本营，游荡在终南大道（South End Avenue）和雷格特广场（Rector Place）之间的特权领地来到允许他们休憩的滨水地带呢？[34]

华尔街的白领工人会在工作日使用公园，而周末则有各种族群的人使用游乐场和篮球场。不过，炮台公园城仍主要是富裕阶层的娱乐区[35]。世界金融中心内部是财大气粗的公司的标准样式，进入建筑高层是受限制的，只对那些有理由进入的人开放。尽管规划师自夸通过道路网将该地区与城市联系在一起，但是世界贸易中心庞大的结构和一条八车道的高速公路还是将炮台公园城与金融区的其他地区分离了出来。尽管室外有众多吸引人的地方，本地员工能够很容易地通过通勤铁路、地铁或者地下车库进入办公楼而无须走到室外。

然而，炮台公园城的规划师们将其融入纽约的愿望也没有全部落空。布伦丹·吉尔（Brendan Gill）如是说："一个临时的、小小的希望……炮台公园城可能已经成功地将自己织入这个城市的肌理……作为这个城市无穷的生命力的象征。"[36]大量的人来到这里游览，如果说公园城给他们带来的享受是虚假的或者仅仅服务于特权阶级恐怕过于武断[37]。炮台公园城的奢华建筑代表了它们所容纳的现实：世界金融中心的确是资本之都，而不只是一个幻影。公园和人行步道与纽约自然环境存在着真实的关联；并且，一旦突破进入此地的心理障碍，这里向各种各样的使用者开放[38]。左翼城市批评家喜欢贬低被净化的环境，但是"杂乱"并不一定就会比美丽更受欢迎。很少有纽约人，无论何种社会阶层，会不喜欢偶尔拜访这个面向大海的干净的公园；炮台公园城满足了人类真正的需求。尽管它追求个性，但与其他大型开发不免类似。不过与此同时，炮台公园城独特的自然景观和设计团队的创造力使它可能超越那些对它起源和功能的简单的批评。作为一个物质空间，它充满力量，给人们带来快乐。

政府通过用该项目获得的收入资助城市其他地方经济适用房的建设，平衡了最初该项目住宅对低收入人群的排斥，以及为豪华公寓和富丽堂皇的办公楼提供的巨额补贴[39]。根据1986年的州立法，BPCA发行了4亿收益债券用来扶持经济适用性住房项目，并承诺将在2000年前实行另外总额达6亿的住房补贴计划[40]。然而它在1992年暂停发行更多债券，并且到目前为止，尽管在90年代后期有额外的建设收益，它并没有将更多的资金投入到住宅建设中。⁴¹ 最初的推迟被解释为应对房地产市场的震荡状态，并且害怕 O&Y 的问题会影响投资者购买债券。当时炮台公园城的官员告诉我这只是暂时的。选择继续将增长的收入盈余投入城市通用基金而不是作为住房债券的背书，这反映了住房项目在朱利亚尼政府中的地位比他的前任低得多。

当它将收入用于其他地方的住房建设时，管理局本质上变成了城市住房建设的预算借款工具。如果是政府而不是 BPCA 发行债券，其效果将是一样的，只不过 BPCA 无须偿还债券，而是将它增长的收入上交给城市。然而，通过 BPCA 借贷缩减了城市的预算，确保了资金分配给住房使用，专款专用，并且比城市普通债券提供了更优惠的利息收益。

炮台公园城作为一个精心设计的整体环境，其巨额财务收益惠及普通市民。主要的开发商承担了很多合同之外的责任，为公众建设了很多重要的公共设施。当局也投入资金使城市变得更具吸引力。然而，除了公园规划，其他任何项目都没有公众参与⁴²。虽然，任何人都可以使用其公共设施，但它的住宅和办公楼却是为美国最富有的阶层和公司准备的。

就利用私营部门的资产杠杆及就业岗位维持而言，炮台公园城在经济上是成功的。总是有人问（如果没有这项开发）城市能否保留那些资金和工作机会，考虑到纽约日趋显著的离散力，答案可能是否定的。此外，由于它位于毗邻金融区的填埋场地之上，在经济和空间上都没有驱逐任何人。市府因为慷慨赞助也确实收获了很多。如果对项目有所批评，一定是基于机会成本的理由。公共部门可以将投资于炮台公园城的资金用于能取得更大社会效益的支出。税收减免可以导向其他方向，为急需的人群创造更多就业岗位、减少空间隔离。然而，在纽约的政治经济条件限制下，很难想象这块基地的其他方案能够产生更具效益的结果，或者在没有任何开发的情况下，资源会被调动用于更有益于社会的事业。

注释

1 此处描述的赖希曼家族史,引自美国新闻与世界报道(U.S. News & World Report, 1988);Maclean's, 1988a, b; Lever, 1988a, b; *Business Week*, 1990; Hylton, 1990a;以及 Elaine Dewar(1987)在《多伦多生活》(*Toronto Life*)杂志所写的一篇长文。Elaine 所写的这篇长文记录了赖希曼家族从奥地利飞往丹吉尔以逃避纳粹以及他们随后建立家庭产业的经历。尽管她具体描述的是赖希曼夫妇积极的、事实上有时是英勇的事迹,但她在没有任何证据支持的情况下,暗示存在未被揭露的隐秘、损害家族正直名声的事实。

赖希曼家族对该作者、该杂志以及多伦多报业领袖,《环球邮报》(*Globe and Mail*),提出诽谤诉讼——《环球邮报》曾发表社论反对该诉讼。该文章对事实的叙述总体来说是正确的,但它的暗示使其存在潜在的诽谤嫌疑。最终,该案达成了庭外和解,赖希曼家族接受了作者道歉以及杂志社向慈善机构捐款作为和解条件。

2 Dewar(1987, 132)引述了她对赖希曼兄弟中的一员,爱德华·赖希曼的一段采访:"1941 年末和 1942 年间,从欧洲传来在捷克斯洛伐克的镇压活动和那里犹太人处境的流言……那时战争正如火如荼地进行着。母亲决定前往匈牙利……她去了法国,转道意大利和南斯拉夫,最后进入匈牙利。我们的父亲和她的朋友都无法劝阻她。从丹吉尔,我们无法得知她在欧洲的行动是否有效。结果是她救了数千人……她收到一封信,称赞她是西班牙红十字会的代表人物。"

3 Lichfield, 1992.

4 Hylton, 1990b。在 1992 年,公司的北美资产组合主要由大约 370 万平方米的办公空间组成:54% 在纽约,17% 在多伦多,10% 在卡尔加里,5% 在渥太华,其余分散在更小的城市中(Hylton, 1992a)。

5 Shachtman,1991,290。在赖希曼家族收购这些建筑时,它们的所有权归属于金尼国家公司(National Kenny),这原先是一家停车场经营公司,已故的史蒂芬·罗斯(Stephen Ross)曾将其改名为华纳通讯并以此为其最终控股时代华纳通讯的基础,这是史上最大的收购案之一。在赖希曼家族收购它们时,这些地产正在贬值。它们中包括水街(Water Street)55 号——世界上最大的商务办公楼。到 20 世纪 80 年代中期这座建筑变成纽约活跃的投资银行非常时髦的办公地址,包括雷曼兄弟公司、贝尔斯登公司(Bear Stearns)以及罗斯柴尔德公司(L.F. Rothschild)。在 1986 年,这座办公楼的入驻率高达 99%,而 O&Y 公司以此为抵押借贷了 5.48 亿美元的欧洲债券(Dizard, 1992)。

6 Maclean's, 1988a, 48.

7 *U.S. News and World Report*, 1988, 38。

8 *Business Week*, 1990, 33。

9 对炮台公园城讨论的主要来源包括:Ponte, 1982; Lopate, 1989; Gill, 1990; Sclar et al., 1991;炮台公园城管理局, 1992; Dunlap, 1999;炮台公园城网站, www.batteryparkcity.org/index.htm;对炮台公园城管理局官员的采访。

10 为了推进该项目,港务局也必须获得新泽西州政府的支持。新泽西州政府同意加入这一投资项目,作为交换,港务局接手了哈德逊和曼哈顿地铁,这是一条连接新泽西州和曼哈顿岛的破产的地铁线。

11 河岸到防波堤之间的水下土地均为城市所有。

12 哈里森和阿布拉莫维茨在设计有浮华外饰的超级现代主义建筑方面十分专业。他们的后柯布西耶式巨型结构、彼此隔离的超大街区,所代表的正是被简·雅各布斯所极力批评的城市更新项目模式。雅各布斯(1961, 4)将这些项目描述为生产"奢华而又粗俗乏味的建筑项目来掩盖,或者说试图掩盖他们的浅薄。文化中心却容不下一家好书店。市民中心除了那些无处可去的流浪汉之外,人人避之不及……人行道从

第八章 创建新地标（一）：炮台公园城

无意义的场所通往不知所谓的地方，上面也没有行人……这不是对城市的重建。这是对城市的洗劫"。

13 Gill, 1990, 103. 开发商是勒弗拉克组织（Lefrak Organization），而建筑设计师是哈里森和阿布拉莫维茨。

14 道德义务债券是约翰·米切尔（John Mitchell）在纽约做债券律师时发明的。之后他因在水门事件中担任理查德·尼克松的辩护律师而臭名昭著。

15 理查德·卡汗的职业生涯与纽约市许多主要的公私伙伴关系纠缠交织，与公共和私人部门都是如此。他从哥伦比亚法学院毕业后就供职于城市开发公司（UDC），并且之后出任勒弗拉克组织（Lefrak Organization, 美国最大的开发公司之一）的副主席。之后他又回到了城市开发公司，并且在三十出头时同时出任城市开发公司、炮台公园城管理局和会议中心开发公司（随后建了贾维茨会展中心）的首脑。从公共部门离职后，他加入了另一个大型开发公司，铁狮门公司（Tishman Speyer），担任合伙人。之后他与社会学家理查德·森尼特一起，成为了城市议会组织（Urban Assembly）首脑，这是一个旨在改良第三世界城市的组织；他还同时担任南河岸（Riverside South）组织的主管，这是一个与唐纳德·特朗普合作开展其西区铁路调度场项目的社区组织财团。2000 年，他领导一个组织，寻求为纽约市许多缺乏运动场的学校建设运动设施。

16 炮台公园城，42 街再开发公司，以及会议中心开发公司都从城市区域自治委员会的特殊权力中获益。

17 Gill, 1990, 102.

18 Sclar et al., 1991, 17.

19 Shachtman, 1991, 317-318.

20 Ponte, 1982, 14.

21 尽管广场和冬季花园都对公众开放，它们是由 O&Y 公司建造并持有的。

22 1979 年总体规划将城市土地的 30% 分配给公共开放空间，这其中不包括街道。

23 在 1986 年这些公寓售价为 3 767 美元 / 平方米，或出租价格为 269 美元 / 平方米·年（*New York Times*, 1986）。房地产崩盘后，价格陡降，开发商无力建设新的住宅单元。1991 年，两位开发商将持有的住宅单元拍卖，平均售价为 2 874 美元 / 平方米。2000 年公寓的售价为 8 138 美元 / 平方米，或 660 000 美元一套两卧室、视野良好的公寓，而单卧室公寓的售价在 4 305 美元 / 平方米以内。宽敞的两室两卫公寓的建议出租价格为 7 000 美元 / 月，而一室公寓是 3 288 美元 / 月。最初的公寓大多数是一室户或者一室一厅。之后的建设包括了更多的家庭规模居住单元，也有一些人购买了相邻的小公寓并将它们合并起来。

24 Dunlap, 1999；炮台公园城管理局，2000。

25 总的来说，炮台公园城管理局除了对其公共艺术和景观建筑上慷慨的赞美之外，什么也没得到。然而，在一个负面宣传的案例中，大卫·埃米尔（Davil Emil），这位接替迈耶·弗鲁切尔（Meyer Frucher）成为炮台公园城管理局主席的人物，因下令修改连接炮台公园城和曼哈顿其他地区的第三人行天桥的设计，而饱受批评。这座附属于史蒂文森高中的人行天桥，最初计划耗资 400 万美元。重新设计后结构耗资翻倍。埃米尔为其决定辩护道："这会是一座迷人的、美丽的桥。桥天生带有一种具有魔力的意象，不管出于什么原因，通往南方的桥没有抓住这一点。而这座桥会（抓住）。"（Golway, 1991）

26 Golway, 1991.

27 Dunlap, 1999.

28 Peterson, 1988.

29 Goldberger, 1986.

30 Goldberger, 1988.

31 Sorkin, 1992a, xii-xiii.

32 Jacobs, 1961.

33 Boyer, 1983.

34 Lopate, 1989, 24.

35 居住在炮台公园城以及邻近的斯塔顿岛渡轮码头（Staten Island Ferry Terminal）的流浪汉为数众多，在炮台公园城却难得一见，就此引发了炮台公园城如何真正向公众开放的问题。然而，炮台公园城管理局的官员声称，户外空间并未采取有别于纽约其他地区的管理方式。虽然除了正常的纽约警察局之外，还有一只小型的无武装警卫巡逻队，但他们并不负责驱赶不受欢迎的寄居者。并且，在我自己到访那里时，虽然我没有看到任何特别不体面的人，但我也没看到有人受到骚扰。我所采访过的那些人的看法是，身体和心理上的障碍将这些人（流浪汉）驱离炮台公园城。

36 Gill, 1990, 105. 布伦丹·吉尔（Brendan Gill）是《纽约客》（*New Yorker*）杂志的建筑评论家，并且曾担任过优秀历史建筑保护和都市艺术协会的主席，这两个都是专注于保护和改善纽约建筑遗产的市民组织。

37 我知道没有过针对炮台公园城公共区域的调查。随机观察显示，在此游玩的主要是白人中产阶级，但是，在一天的不同时间段以及一周的不同时间，会有许多不同种族的工薪阶层混杂其中。

38 Gordon, 1997.

39 吉尔（1990）引用迈耶·弗鲁切尔（Meyer Frucher）——理查德·卡汗（Richard Kahan）炮台公园城管理局主席职务的继任者的话说："当州长科莫（Cuomo）邀请我接任炮塔公园城管理局主席时他对我说，'赋予它灵魂。没有灵魂的美丽是肤浅的。'这是一个困难的挑战，但我想从根本上来说我们有两种途径（达成这个目标）：通过纽约住房计划，以及使炮台公园城成为所有纽约人的目的地。"

40 Schmalz, 1987.

41 最初的计划是，筹集 1.5 亿美元在哈林（Harlem）和南布朗克斯（the South Bronx）支持 1 850 个公寓的彻底修复建设，以提供给不同的家庭，其中无家可归者占 30%、低收入者占 45%、中等收入者占 25%（Oser, 1987）。

42 考虑居住在炮台公园城内的人口，缺少参与的规划很可能会产生比居民指导管理局政策的情况下更平等的结果。最近关于建设不同收入阶层混合住宅，以及将综合体南端和北端的公园与城市其他区域连接起来从而减少隔离的决定，遭到居民的反对。一些居民拒绝支付包含其租金内的公园维护费，理由是公园被大众广泛地使用。

第九章 创建新地标（二）：码头区

第九章 创建新地标（二）：码头区

"码头区"（Docklands）这个名称是指位于伦敦东部、毗临泰晤士河的部分区域。东区（East End）一直是伦敦最穷困潦倒的居民的家。直至20世纪60年代，这里还为它的居民们提供了各式各样的工作——码头、港口相关的活动以及制造业。然而，随着集装箱化的出现，这些码头逐渐被废弃。与此同时，该地区的产业结构变得越来越陈旧，居住人口也开始萎缩。码头区落后的机动车交通连接导致产业逐步迁移或倒闭；1967—1981年，码头最终全部关闭，投资无着的状况彻底恶化。[1] 这一章记录了码头区从港口和制造业区转变成一个办公楼和豪华公寓的新地标的过程。

再开发策略

第二次世界大战结束后的几十年里，公共部门在内城建造了大量社会住宅，住宅单元数从3万增长到12.5万套。然而，这些再开发没有缓解地区拥挤，（内城）人口依然密集；也没能扭转那些曾经十分繁荣的工业和贸易活动的衰退。人口被聚集到荒凉的、制度造成的孤岛之中，大量废弃的工业和码头设备变得越来越凄凉和阴森。[2] 彼得·玛瑞斯（Peter Marris）[3] 精确地描绘了码头区80年代初的状况：

> 伦敦的码头起初是被任意地设置的，很快就落后于时代，码头间的相互竞争也越来越令人失望。这些码头能够继续运作部分是因为伦敦港尽管效率低下，但毕竟它们服务于大英帝国的首都；而更多的是因为每当它们在商业上的生存受到威胁时，劳动力价格就会被残酷地压低。到20世纪之初，码头公司合并后由公共机构统一管理，但这并没有从根本上改变码头区好斗和脆弱之间的平衡。二战结束后的码头工人们终于获得了人身安全；然而，他们的生活方式和形成的社区，连带着他们对自己手艺的骄傲、实用的激进主义、他们的风

霜和历史，都面临着激烈的变革。老码头被不断增长的拥挤的城市所包围，却无法适应能使它起死回生的高强度的机械化运作。

20世纪60年代，伦敦港务局（Port of London Authority，PLA）在下游蒂尔博里（Tilbury）建了一个现代集装箱港口，并因伦敦码头糟糕的运营状况一直备受码头社区领导和大伦敦议会（GLC）的严厉批评。大伦敦议会在1985年的一份报告里提出，尽管伦敦东区上游的码头不适合长距离的集装箱货运，但对欧洲内部的贸易仍有价值，应该重新开放。[4] 为了这一目的即使是能找到投资，东区码头的经济价值已然十分有限。伦敦已经失去其在世界贸易格局中的中心角色，再加上技术变革，即使最乐观的情况下，他们的就业潜力依然很小。

无论如何，跟纽约和新泽西港务局一样，伦敦港务局意识到这些内城的设施与其用于运输，不如进行房地产开发会更有价值。它开始利用它持有的物业作为财务资源推动其他港口现代化企业的发展。70年代初，大伦敦议会已经开创了一个先例，离伦敦塔几步之遥的圣凯瑟琳码头（St. Katherine's Docks）变成了混合公寓、办公楼、酒店和游艇码头等多种功能的区域，表明改造性再利用具备可行性。这个综合体在建筑风格上保持传统，提供了吸引人的滨水景观，游艇码头周边的区域为附近的办公员工和酒店客人提供了休闲场所，这里没有伦敦城的喧嚣但地理上又十分靠近。在南沃克的泰晤士河南岸，海斯码头（Hays Wharf）关闭，周边地区被规划为办公建筑区后房地产价值迅速上升，增加了企业的成本压力，迫使制造企业离开。[5] 即使70年代中期房地产市场的低迷导致南岸规划实施中断，但这个区域从工业用地转变为办公用途的发展轨迹并未被扭转。除了航运业之外，滨河区的企业主要从事印刷、食品和饮料加工、工程以及金属加工等行业，大多规模较小。他们缺少足够的资金和盈利能力来改善他们的经营场所。与此同时，机械化和合理化改革使得航运业劳动力从1969年的23 000人减少到四年后的12 000人，而到1979年仅剩下7 000人。[6]

随着码头被关闭，附属的仓库、传输设备、工业厂房以及越来越多的土地都被闲置。70年代保守党执政的中央政府建立了一个研究小组来评估该地区的发展潜力。其规划方案报告主要强调滨河土地——西欧面积最大的位于内城的可开发土地——的商业潜力，但却受到当地社区领导人的反对。[7] 1974年工党上台时，他们再次拿出这份报告并且为这个地区建立了战略规划机构：码头区联合委员会

第九章 创建新地标（二）：码头区

（Dockland Joint Committee，DJC）。委员会成员包括来自中央政府、大伦敦议会以及当地政府的代表，还包括伦敦港务局和工会代表；委员会另设码头区论坛征求市民的意见。码头区联合委员会制定了一个全面的计划，强调保护制造业、建造公共住房以及一些针对目前居民的社会项目。

然而，这个缺乏有力的支持并且资金短缺的计划，注定会被遗忘。1977年大伦敦议会被保守党控制，对东伦敦地方政府持有敌意，影响了这个计划的实施。除此之外，保证码头的正常使用需要一大笔开支，那时各级政府都面临财政危机，码头区联合委员会的计划对私人资本并无吸引力，这些都意味着码头区的改造需要重大的策略改变。一个大规模的改造项目，要么需要远远超过当时政治经济背景下政府投资能力的庞大财政投入，要么需要提出对私营部门更具吸引力的计划。

伦敦码头区开发公司

1979年保守党重掌大权后，他们寻求新的方法来振兴这个区域，并于1981年建立了伦敦码头区开发公司（LDDC）。[8]伦敦码头区开发公司享有正式的规划管理权，管辖范围覆盖22平方公里，包括塔桥、纽汉和南沃克[9]这三个区的滨河部分。公司与环境部（DoE）伦敦办事处密切合作，在重大交易决策时涉及多位内阁成员。与纽约类似的机构——炮台公园城管理局不同，伦敦码头区开发公司在项目选择和设计上给予开发商更大的自由。它的风格更接近企业，最高峰1990年拥有470名员工，更致力于实施而非规划。[10]正如公司的一位高管对我说过的："从来就没有宏大的总体规划。瑞格•沃德（Reg Ward，第一任首席执行官）只希望促成此事。"

LDDC的主要目标是促进大伦敦地区的经济增长；改善滨河地区居民的生活充其量不过是其中的一个子目标。它与当地政府的协商只是敷衍了事，没有建立正式的公民参与机制。LDDC将泰晤士河沿岸看作（未来）整个大都市充满活力的新核心，而不是码头沿线各自治区规划控制下的一个地区。它的目标是吸引大量有能力实现这一愿景的私人投资。由于它主要的资产是土地而非金融资本，所以它主要将土地交给房地产开发商开发，而不是采用以运营公司为目标的开发方式。换句话说，它是一个土地开发机构，而不是一家开发银行。

伦敦码头区开发公司接管了其管辖范围内原本由各自治区或大伦敦议会拥有的大部分土地；此外，它购买了开发区内港务局所持的土地，并且强制征收了部分额外的私有土地。[11] 它负责为开发准备土地，然后转让给合适的开发商。土地准备往往是一个成本很高的过程，因为涉及清除构筑物、清理环境危害以及土地填埋等。起初的LDDC在土地销售上就差点破产；它在狗岛（Isle of Dogs）上的土地初始售价仅每英亩8万英镑。但是到1986年，该价格已上升到每英亩25万英镑，有些地块的售价在投机热潮的顶峰时期甚至达到每英亩300万英镑。[12] 1988年伦敦码头区开发公司收到了从中央政府拨款的1.65亿英镑以及本地房地产销售的6 300万英镑；到1991年房地产销售收入减少到2 700万英镑，而拨款迅速增至3.15亿英镑，超过政府对全国城市开发总支出的三分之一。[13]

该地区交通联系十分不便，以往的工人都是步行前往工作地点，货物大多是通过水运，这意味着将这个地方开发为办公用途需要大规模的交通设施建设。LDDC最初的投资包括对一条故障频发的轻轨进行改造；由于需要尽量削减开支，这个轻轨总站在无法与主要的地下交通系统无缝衔接的情况下就开始运营了，而且运载能力非常有限。[14] 将其重建成更高标准的轻轨需要大约5亿英镑，由于问题出在操作系统上，如果这一工作能早点开始要简单得多。即使有所改善，轻轨依然没有足够的运载能力来满足预期需求。于是伦敦交通部门计划将银禧线延伸到东区。此外，LDDC和交通部门承担了一系列成本惊人的公路建设项目，1987年有一家私营公司在泰晤士河畔开辟了一座机场并准备扩建。LDDC认为机场能促进发展、增加就业，但大伦敦议会提出了反对意见，理由是他们认为机场无法实现对就业的要求，而且会造成空气和噪声污染。[15] 起初大伦敦议会的意见似乎奏效了，很长一段时间内机场几乎没有使用；然而到20世纪末，该机场已经成为欧洲内部旅游的重要航站楼并且开始获得盈利。

住宅开发

在1981—1998年，码头区开发区内建成了约24 000套住宅单元。其中大约四分之三是市场价格的自有住房，导致这个开发区内的自有住房业主比例从5%增长到40%。仅有大约6 400套是新建的社会住房；此外，LDDC资助了将近8 000套当地政府或住房协会拥有的社会住宅单元的翻新。[16] 到 1998 年，该地区人口已经从 39 000 人增长至 84 000 人，预计最终会增长到 115 000 人。[17] 虽然部分新住宅单元是由仓库改建的，但其他大多数是新建建筑。除了住区命名多以航海为主题外，这些住宅在建筑风格上几乎没有参照它们所取代的社区，与伦敦中心城也无关。布伦瑞克码头（Brunswick Quay）、萨里码头（Surrey Quay）和布莱斯码头（Blyth's Wharf）的开发与东南郊区的低层公寓街区很相似，当然其建筑密度更高。

这种住宅策略意味着最终该地区的人口将由与原有居民截然不同的价值观、政治背景和收入的人构成。[18] 尽管如此，码头区仍然保留了将近 40 000 名原住民，其中许多人失去了早先在工业和港口相关产业的工作，大多生活在超过 13 000 套社会住房中。[19] 因此，在注入了新的自有住房之后，这个地区在经济上高度混合，极度富裕和极端贫困赫然并立。[20] 由于该地区以前是单一的工人阶级住区，新老居民之间的对比非常明显。[21] 珍妮特·福斯特（Janet Foster）引用狗岛上一名新居民对新来的中产阶级影响的评论：

> 按说即使是在像克拉珀姆（Clapham）、哈克尼或者其他任何地方都有混合的人群，但是这里都是工人阶级，都是码头工人之类的人，而不是中产阶级……他们都一模一样……这就是问题所在。问题不出在有人搬进来，而是原本这里的居民都是同一阶层的。[22]

在 1987 年 10 月经历股市的黑色星期一之后，金融大爆发带来的金融业扩张势头逆转，码头区的房地产市场停滞不前；1989 年整个伦敦的私有住宅行业崩溃，许多开发商陷入严重的财务困境。所有市场价住房的新建计划在第二年实质上都被搁置；有的开发被终止，有的只完成了一部分；新住宅单元完成的数量远低于 LDDC 的预测。[23] 此外，急剧上升的利率意味着开发商必须提供大量的优惠条件来吸引买家，包括抵押贷款补贴。1992 年码头区的住宅建设活动仅限于住房协会的工程和地方政府的住房改造，LDDC 停止出售用于营利性住宅开发的土地。正如书中介绍的大部分案例，房地产崩盘不是没有任何好处，不仅因为它使更多的住宅价格更加合理[24]，而且它抑制了住房成交量："讽刺的是，房价崩溃后的长期经济衰退实际上产生了一定程度的稳定作用，迫使最初没有计划在岛上（即狗岛）

长期居住的人留了下来。更出乎他们意料的是……他们发现自己喜欢上这个地方并且准备继续留下来。"[25]

码头区的市场与伦敦的住房市场一起恢复了。公路网的完成、码头区轻轨的延伸升级以及1999年完成的银禧线至码头区的延伸线，大大提高了码头区可达性，将该地区与大伦敦其他地区整合在了一起。到2000年，空置住宅已经成为过去，新建筑不断出现以适应日益增长的需求。人口结构发生了变化，也许还包括一些早期居民的心理变化，民意调查显示当地居民对LDDC表现的评价已经得到很大提升。1988年只有32%的人认为LDDC考虑到了当地居民的意见，61%认为没有；到1996年，49%的人认为他们做到了而34%认为没有。[26] 到1997年，有68%的当地居民认为LDDC已经做得很好了。[27]

金丝雀码头

在纽约开发世界金融中心（WFC）获得巨大成功后，奥林匹亚和约克公司（O&Y）已享有全球规模最大、管理最好的房地产开发公司的美誉。公司所有者赖希曼兄弟变得极为富有，开始将他们的经济力量扩大到房地产以外的领域。尽管世界金融中心仍在建设和寻租的过程中，他们又开始为其财富寻找高风险房地产活动之外的其他投资渠道，以保持资产的多元化。他们在自然资源公司的投资尤为巨大，据说是因为预测这类企业的财务状况会与房地产行业周期相反（以对冲风险）。这种看似谨慎的多元化策略却被自然资源行业的专业化所削弱，这是另一个臭名昭著的投机领域，在20世纪80年代末被证明与房地产市场周期完全同步。尽管O&Y已经在房地产运作当中保持很大比例的自有资金以避免负债过多，但它仍需为其新的收购大规模举债。

公司其他的投资也被证明是不稳定的。对海勒姆·沃克蒸馏器公司（Hiram Walker）的收购行动造成了众所周知的惨败。而对罗伯特·康波（Robert Campeau）房地产和零售公司的大型投资也失败了。[28] 公司另一个对冲风险的进一步努力同样产生了相反的结果。为保护房地产部门，O&Y从与其竞争的加拿大、美国和英国的房地产开发公司那里购买了大量的股权。这些投资的影响，以及为康波公司提供贷款是以房地产为抵押，增加了公司在20世纪90年代房地产市场低迷时期的风险。[29]

第九章 创建新地标（二）：码头区

然而，赖希曼破产的主要原因还是源于其核心的业务：房地产开发。在曼哈顿的填埋场上成功创造了一个新的办公中心带来了过度自信，他们试图在伦敦码头区复制之前的足迹。然而，他们不幸地在英国市场陷入周期底部的时候把房地产投入了市场。并且，他们的合作伙伴——英国政府在其无法履行义务的时候无情地抛弃了他们；相比纽约金融中心，这个基地离既有的金融中心更远；本地市场的商务办公用户不太愿意放弃他们对传统区位的偏好。O&Y 在狗岛的金丝雀码头上努力建造世界金融中心规模两倍以上的办公区，却由此导致了其英国和加拿大分支机构的倒闭，并且暂时形成了泰晤士河畔世界最大的鬼城。

作为刺激私人投资政策的一部分，保守党政府将狗岛上 482 英亩（接近 2 平方公里）土地划定为企业区。这里起初是伦敦金融城以东约 2.5 英里处由泰晤士河湾形成的一个半岛，因 19 世纪开凿的一条运河而从相邻地块中分离出来。1802 年它成为西印度公司码头所在地。随着码头的扩建，运河与码头之间的土地建设了大型仓库。被称为金丝雀码头（Canary Wharf），这里曾经用来储存西印度公司的香蕉和蔗糖，以及加那利群岛（Canary Islands）的水果——它因此而得名，并将此名传递给了 20 世纪在这里建造的超大综合体项目。直至 1900 年，这里负责处理大部分供给伦敦、进口自南非和新西兰的水果和蔬菜。直到 20 世纪 60 年代中期，仍有大约 20 000 人在西印度码头工作；1981 年码头最终被关闭。[30]

企业特区划定后，区内的公司得以不受大多数规划法规限制，无须支付营业房产税（即非住宅类房产税），并可以从企业所得税中 100% 抵扣其在工商业建筑上的建设支出。[31] 企业特区的福利条件在 1992 年（成立十年后）结束，这个规定意味着开发商必须在税收补贴失效之前赶快开始建设。企业特区的终止期限与纽约《中城特别区划》设定的期限有着相似的作用：在对空间尚不存在明显需求的情况下，开发商匆忙地开始建造，以争取在优惠条件消失之前获利。尽管 1992 年后才开始在企业特区发展的项目并不享有税收优惠资格，但在终止期限之前开始的项目可以拿补贴最晚拿到 2002 年。据估计，由于较低的土地价格和企业区的鼓励措施，企业区开发的净成本是伦敦市中心的一半，而且租金仅有伦敦市中心的 59%。[32]

最初，伦敦码头区开发公司预计相对较小的事务所和工业企业会充分利用企业特区的优惠政策。20 世纪 80 年代随着经济不断升温，办公楼开发商开始向所有他们能找到的空间进行投标。1985 年以美国开发商、波士顿第一房地产（First Boston

Real Estate）的 G. 韦尔·特拉韦尔斯特德（G. Ware Travelstead）为首的集团，提议在金丝雀码头建设一座 82 万平方米的以金融和先进服务业公司为主的办公楼。[33] 为了回报集团的开发承诺及愿意为码头区轻轨升级的部分费用提供担保，LDDC 保证将向西延伸码头区轻轨，将其直接与"银行地铁站"（Bank Underground）相连接。特拉韦尔斯特德的协议还要求 LDDC 提供最初估计 2.5 亿英镑成本的基础设施和主要道路建设；道路规划的核心是贯穿狗岛的莱姆豪斯干线（Limehouse Link），使得东西两端都可到达该项目所在区域。道路修建需要大量开挖和重新安置 558 个家庭。[34] 由此产生的费用使它成为英国每英里建设成本最贵的道路，最终 LDDC 对道路的投资大大超过预算金额。[35]

1987 年中，特拉韦尔斯特德集团退出了谈判，此时 O&Y 的介入大大减轻了政府的压力。O&Y 承诺到 1992 年至少开发 43 万平方米土地面积，在那之后再开发 65 万平方米。它支付给 LDDC 土地费用 820 万英镑，并为码头区轻轨的延伸升级提供了 1.5 亿英镑。[36] 为吸引德士古公司（Texaco Corporation）加入，它又制定了建设额外 8.6 万平方米建筑的计划，这导致 1991—1992 年的建设总量超过 46 万平方米。后来，O&Y 承诺提供 4 亿英镑以说服政府实施其建议的穿过金丝雀码头的银禧线延伸段，并加快审批。直接参与谈判的环境部提出沿用炮台公园城模式，即政府分享开发利润，但"相关部门和伦敦码头区开发公司都认为这样做可能会危害整体发展"。[37]

设计

保罗·赖希曼效法引导炮台公园城的设计概念，要求设计一个能体现自然增长的方案。许多建筑师参与了设计，包括西萨·佩里、贝聿铭、SOM 等，尝试模拟出自然演进的城市多样性。正如炮台公园城一样，建筑重视退界和立面材质。建筑群模仿伦敦中心大广场的样式环绕着西码头环岛（Westferry Circus），它是这个综合体的西部末端。只有 48 层的中央塔楼，这座整个不列颠岛最高的建筑，刻意体现出与伦敦其他区域的不同。为了使建筑沿街对外开放，停车都安排在深挖的地下室中。金丝雀码头像炮台公园城一样将许多土地（超过三分之一）保留为开放空间，在可见的地方保证最高的品质，建筑配备了先进通信技术的支持。

社区利益

O&Y 承诺雇佣 500 名当地建筑工人,这是它与 LDDC 协议的一部分。它还资助开设一所建设培训学院,为当地院校建立 200 万英镑的信托基金[38],并为码头区轻轨延伸提供了 7 000 万英镑。有水上巴士提供码头区和伦敦市中心查林十字码头(Charing Cross Pier)之间的接驳服务,当它陷入财政困难时,O&Y 出手接管并填补了亏空。像在炮台公园城所做的一样,赖希曼家族不惜成本地提供高水平的公共设施,金丝雀码头精心设计的中央广场装置了纪念性的喷泉和从德国进口的大树。

吸引力

O&Y 利用各种极其昂贵的设备以吸引伦敦市中心的公司(迁移至码头区)。它重复其在纽约通过买断现有租约来吸引租户的做法。这种做法在纽约时成本已经十分高昂,对租期更长且租金更高的伦敦来说甚至更加昂贵。为了使已经入驻狗岛的《每日电讯报》(*Daily Telegraph*)迁往金丝雀码头,赖希曼以高于净值 2 000 万英镑的价格购买了该报社位于南码头的建筑。[39] O&Y 还提供累计高达 2 亿英镑的装修补贴,传说租金优惠最高可达五年免租。[40]

奥林匹亚和约克公司的破产

第一个显示 O&Y 出现困难的确切证据发生在 1990 年 9 月,赖希曼家族未能成功出售其在美国持有地产的 20%。[41] 尽管此举标志着该公司首次在它的房地产部门寻求外部的投资者,但其管理层否认发行金丝雀码头债券和随后的再融资表明公司存在流动性问题。然而很多观察员怀疑赖希曼的资产是否足以承受公司所在城市中心的房地产困境。[42] 1990—1992 年,赖希曼家族拼命努力,自我投资了 5 亿美元试图来支撑这个帝国,出售个人资产确保流动性。[43] 它以远低于原始投资的价格出售了一些非地产股份,但到 1990 年,大西洋两岸的房地产市场都陷入停滞,它找不到愿意为它名下的任何一处不动产出价超过该处负债额的买家。

虽然过度供给致使财富在世界范围内骤然缩水，O&Y 还是继续在金丝雀码头投资了数十亿美元，码头的未来显得越来越不确定。在 1990 年《星期日泰晤士报》（Sunday Times）的一则广告中，保罗·赖希曼断言金丝雀码头的风险比世界金融中心少，他宣称："在那里建设一座建筑是有风险的，建一打那么多就不会。从 1 到 10 的尺度上，如果说炮台公园城的风险是 9，这里是 1。"[44]

虽然有乐观的预测和对租赁者的各种激励措施，但是接近完成的办公空间直到 1992 年夏天仍有 53% 尚未出租。[45] 极少零售空间被租出去，并且如果这里没有大量的办公人员，未来（被租出去）的可能性也不大。《每日电讯报》是 O&Y 唯一吸引到的大客户。除了瑞士信贷第一波士顿银行（Credit Suisse First Boston, CSFB），其他的大型签约租客都是美国公司：摩根士坦利投资公司、贝尔斯登银行和德士古石油公司。[46] 缺少有声望的英国金融或服务公司意味着赖希曼未能成功创造一个新地标。一名开发商引用《独立报》（Independent）的话，认为 O&Y 的错误根源在于它无法理解伦敦金融城对英国公司的神秘性："保罗·赖希曼做错了什么？北美人对场所或历史没有感觉。他没意识到英国人民和企业被无形的线羁绊在特定场所：靠近英格兰中央银行或者某一组街道、某些商铺、某家餐馆。"[47] 这些线虽然最终还是松开了，但它们在一开始使 O&Y 与伦敦金融城内业主的竞争处于十分不利的地位，尤其是金融城内办公楼曾经供过于求，降低了原本中心城区和码头区之间的租金成本差异。

最后几个月

1992 年 2 月开始发生的一连串事件导致 O&Y 不可抗拒地走向崩溃。首先是公司的商业票据被加拿大债券评级机构降级，它预计 O&Y 投资清单（即在上市公司的投资）的价值在过去两年里下降超过 40%，从 66 亿加元降至 39 亿加元。[48] 公司通常会借入每 30~90 天到期的票据，并且在它们到期时偿付。但现在 O&Y 无法通过将它的短期债券直接出售给投资者进行再融资，也找不到愿意收拾残局的银行家。被评级机构降级后，公司开始自己购买约 4 亿美元的商业票据。[49] 1992 年 3 月 22 日，O&Y 承认其在维持"流动性危机"，并且召开债权人会议进行 120 亿美元的债务重构。公司本该为银禧线延伸工程提供 4 亿英镑，但这之后的一周内公司没能筹集到首付款。[50]

第九章 创建新地标（二）：码头区

接下来的几个月，O&Y 错失了一系列债券和房屋抵押贷款等金融工具的按期支付，这些债务以世界金融中心的一座高楼、多伦多的安泰中心和加拿大第一大厦为担保。公司为避免破产越来越疯狂地做出努力，还在为预计夏天入驻金丝雀码头的租户做准备，（然而）它共求得两项合计仅 5 800 万美元的短期银行贷款。5 月 14 日，其加拿大母公司及部分子公司在加拿大申请破产保护，美国一些子公司也根据美联邦破产法第 11 章申请破产保护。加拿大破产法院限制了公司将其加拿大财产转移到其他项目（包括金丝雀码头）的能力。到了年末，贷款方开始占有公司在加拿大的股份。

英国政府表示正在考虑将环境部的总部搬至金丝雀码头。然而政府一直拖延，于是银行决定采取行动不再等待。[51] 最终，伦敦地铁总部搬到了金丝雀码头，但对 O&Y 来说为时已晚[52]。5 月 27 日，避免金丝雀码头破产的努力失败了，11 家银行已经在这个项目上提供了 5.5 亿英镑贷款，它们拒绝在月底前为银禧线提供新的融资来维持建设继续进行。那时的 O&Y 已经在这个项目上投入 14 亿英镑，银行投入了 12 亿英镑；据估计，完成第一阶段的建设还需要额外的 6 亿英镑。[53]

这些银行都承受了极其重大的损失，但是用《商业周刊》的话说："向 O&Y 借贷的银行数量之多……可以避免任何单一的债权人受到生存的威胁。"[54] 许多银行已经核销了对该公司的部分贷款并将剩余部分归入不良贷款。因此，它们的财务状况并没有因破产声明改变。1993 年美国的银行与其通过违约接管的资产剥离，一方面资产价值大受损失，但也提高了流动性。随后利率戏剧性的下降增加了他们优质贷款的收益，加上美国经济复苏，银行得以安然无事。英国银行避免了像美国和日本同行那样过度卷入房地产市场的风险。后者在伦敦事件受创最重，日本的"泡沫经济"被戳破后更是雪上加霜。

金丝雀码头经英国破产法院判定由安永会计师事务所（Ernst & Young）的三个合伙人管理。根据英国法律，管理员运行破产的公司，并向法院提交决定公司最终命运的计划；美国破产法第 11 章则与之相反，在美国公司仍由原组织进行管理，提供重整计划以避免公司被清盘——相比较而言，英国的破产程序更有利于债权人。[55]

此外，将狗岛开发为一个办公中心在交通运输和基础设施方面的要求，消耗了 LDDC 越来越多的资源。虽然政府拨款有大幅度提升，但 LDDC 的财政困难依然日益增加。1990 年其首席执行官迈克尔·哈尼（Michael Honey）突然辞去了他的职务。[56] 到 1991 年中期，曾任环境部官员的新首席执行官埃里克·索伦森（Eirc-Sorensen）宣布计划在接下来的两年内裁掉其 456 名员工中的 40%。[57]

为什么发生？

世界房地产业最大的失败发生之原因有其特殊性和一般性，其中包括 O&Y 的财务状况、赖希曼家族的个性以及国际商业地产市场的状况。

拯救 Q&Y 的财务障碍

赖希曼家族希望债权人同意将必要的额外资金注入他们项目的重组计划，但几个原因的存在使其难以实现。首先，他们房地产价值的损失是因为房地产市场低迷造成的，这表示他们的负债超过其资产。[58] 他们不再拥有任何的可支配不动产能够作为抵押物进行额外贷款。银行家只愿意在其相信股价会增值的时候收购股份，但那时大家对市场复苏的预判值很低。其次，各家贷款银行对 O&Y 资产和收入的要求有显著差异。1990 年时再融资给金丝雀码头 5 亿英镑的银行贷款是以 O&Y 的资产作为担保；之后的借贷方是以金丝雀码头公司的股票作为抵押，因此他们在向母公司追讨债务方面排名落后于前一组债权人。额外的贷款只会使后者情况更加恶化。第三，赖希曼家族一直试图赎回他们总计 8 亿加元的短期票据，他们首先考虑商业票据持有人，而后再考虑总数约 100 余家的银行。[59]

个人性格和国际房地产市场

赖希曼家族的财富使得他们拥有非常高的风险承受能力。将财产投入到金丝雀码头，因为显然他们认为自己有充分的缓冲足以承担市场低迷。事实上，1988 年有报道称，他们拥有 110 亿加元净资产以及不到 20 亿加元的债务。[60] 但与他们的预期相反，房地产投资的国际化意味着不同城市的市场趋向一致，因此他们的多个投资并没有相互平衡。经济衰退与他们的预期相比，时间更长、程度更深，而且衰退期间他们的非房地产投资也出现了问题。

许多评论家想知道赖希曼家族为什么甘冒这么大的风险？他们个人消费欲望十分有限，并且已经拥有了巨额财富。约翰·利奇菲尔德（John Lichfield）的猜测提供了个人性格与公共事件相互影响方面的见解。[61] 他引用赖希曼一名商业伙伴的话，相信"他们的想法之所以发生改变"是因为玛格丽特·撒切尔亲自说服他们要抓住机会在这个曾经属于社会主义的码头区证明资本主义的力量。利奇菲尔德复述了一位多伦多犹太学者的解释：

> 战争结束后，许多犹太家庭想要建设一个安全可靠的、不需要再逃离的永久定居地。在我看来，驱动赖希曼家族的不止于此，他们想创造一个足够富有的基石，富有到他们可以实践自我对法律的解释而无须妥协——比如与异教徒和非正统犹太人进行的社会接触中——那些被迫的妥协曾经一次次地驱逐他们走向流亡。除此之外，他们希望筹集资金在欧洲开始重建——至少是在学术上——他们破碎而封闭的正统社区。[62]

最后，利奇菲尔德概括了彼得·福斯特（Peter Forster，一本关于赖希曼家族的书的作者）的观点：

> 所有一切的关键是保罗·赖希曼的心理特征。他是一个交易迷。交易就是他的生活和呼吸，对交易的迷恋促使他不断制造更大更好的交易。这种需要时刻盘踞在他脑海里，缺乏恰当的管理结构。像大多数商人一样，钱不是驱动力……他的动力是游戏本身，把事情做得更大更好、去完成更复杂更有创造力的交易。[63]

金丝雀码头的复苏

仅仅过了三年，潮流回转泰晤士河畔，金丝雀码头再次成为具有吸引力的投资项目。保罗·赖希曼带领一批投资者，用他实际建设成本的零头从银行投标回购了金丝雀码头。《经济学人》指出，保罗和他的家族蒙受的财产损失合计高达 100 亿美元。[64] 即使如此，他还是能充分利用剩余的 1 亿美元获得新公司预计约 10% 的利息。[65] 新公司更名为金丝雀码头集团（Canary Wharf Group），获得了足以使其履行地铁建设承诺的贷款，并且随后成为伦敦证券交易所的上市公司。《纽约时报》认为:"英国经济复苏和伦敦房地产市场从几年前极度萧条的水平成功反弹,看来证明了赖希曼最初建造大型综合体的战略除了时机不对以外,似乎并非遥不可及。"[66] 盛大的营销活动成功地为这个地区塑造了正面形象,并且吸引了一些新的、颇负盛名的买家,包括巴克莱银行的投资部。此举标志着英国企业认可了这个新区的存在。

金丝雀码头的吸引力来自其较低的租金(1995 年约为城区的 60%),允许马上建设的规划许可正好可满足企业的需求,它有建造拥有巨大的楼板面积、高质量和高技术水平建筑的能力。伦敦建设活动的中断意味着闲置的空间已经被吸收,而办公建筑转化为住宅和酒店致使许多建筑从办公市场退出。因此到 20 世纪 90 年代中期,金丝雀码头在需求不断增长而供应日益减少的情况下独具竞争力。随着项目入驻率逐渐提高,其破产时带来的令人生畏的、被废弃的特质逐渐消失,甚至因此而倍添魅力。1995 年金丝雀码头的入驻率接近 80%,新的建设规划已经启动。

21 世纪之初,金丝雀码头重现繁忙的建设场景。然而现在,不像项目启动期时那样,大部分建筑是为特定租户量身定制,连接金丝雀码头和伦敦的基础设施已经到位。特别是银禧线的延伸以及英国最昂贵的道路——莱姆豪斯干线的建造,使该地区变得适宜大多数伦敦人通勤。现有 42 万平方米办公及零售空间的入驻率达到 98%。超过 32 万平方米的额外空间正在建设中,包括两座 44 层的塔楼,分别为大型金融公司汇丰银行和花旗集团建造,一座由诺曼·福斯特设计,另一座由西萨·佩里设计。另一家金丝雀码头集团持有其股份的公司开发了一个新的综合体,包括一个四季酒店以及 322 套住宅单元一起于 1999 年对外开放。[67] 根据一名顾问的报告,该公司将在此地增加 83 万平方米建筑面积。2000 年 1 月,金丝雀码头的租金低于金融城 31%;到 2006 年,他们预测届时租金将只低 15% 左右。[68]

因此,就像在时代广场发生的故事,90 年代末的经济复苏及其对房地产市场的影响使一个看似要失败的项目重生且生机勃勃。贷款给 O&Y 的银行以及赖希曼家族蒙受了上百亿美元的损失,衰退期内 O&Y 公司持有的房地产资产价值蒸发大半。[69] 然而,世界最大的房地产公司的破产只造成了短期影响。从长远来看,伦敦建成了第三个商务区并且在欧洲城市体系中的竞争水平有所提升。[70] 根据伦敦码头区开发公司的授权条款[71],金丝雀码头现在可以被视为获得了振兴狗岛经济的全面成功,虽然通往胜利的道路并不顺利,而且比预期花费了更长的时间。办公综合体和码头区总体计划更具争议的方面，通常来说，包括应否进行更多的规划去改进开发过程，是否应该允许更多公民和地方政府参与政策制定，以及当地居民能否恰当地从伦敦东区的复兴中获益。

码头区再开发的影响

撒切尔政府成立伦敦码头区开发公司的目的，是为了给予市场尽可能多的空间。因此，尽管政府补贴被限定在企业特区内，并且 LDDC 的运营代表了政府干预，这里由私人投资者来决定建筑的类型和位置。[72] 政府也希望私营企业为必要的基础设施建设提供财力支持。这使得政府无须在开发商开始工作之前保证基础设施到位。

码头区的开发方案旨在实现类似早期英国新城投资的成果——创建一个全新的城市中心。将开发公司作为政府工具复制了新城的组织结构。[73] 但是保守党没有在前期使用公共资金进行大量基本建设支出，而更依赖于私营企业作为主要的投资者和提供公共福利。这样做是出于避免巨额开支的务实考虑以及意识形态上对私营企业的承诺。可因此的后果是，码头区复制了美国新城的经历，那里的开发商在项目获得可观的收入流之前就因无力偿还贷款而破产。[74] 考虑到初始投资的规模、项目从开始到结束的时间长度、房地产市场的周期本质，以及私人开发商无法在借贷机构对市场失去信心时对其债务进行再融资等前提条件，只有在非常偶然的情况下能有开发商完成这样的项目。O&Y 是世界上最富有的开发公司，它的失败表明，为实现公共目标而求助于私营企业存在限度。

保守党政府最终在码头区基础设施上投入了大量资金，O&Y 的继任公司也最终提供了地铁线建造的资金。然而，对政府来说更现实的可能是，在刚开发时就为建设投入资金，并且在出租后分享项目的收益。最初缺乏足够的交通基础设施限制了这些项目对投资者和租户的吸引力。当时许多评论都是伦敦人对搬离城市核心的反感，或者金丝雀码头与伦敦城之间的距离比炮台公园城的世界金融中心和华尔街之间明显更远的问题。有了良好的道路和轨道连接，距离的阻碍将被新环境的吸引力超越，后来证明的确如此。

政府原本一开始就可以采用的其他策略，例如在政策机制和物质形态方面模仿巴黎的拉德芳斯。这个类似码头区商务核心的项目代表了一种吸引私营企业投资的不同的、监管更加严格的路径。一家上市公司在启动阶段就很快将必要的基础设施完工,包括轨道交通。在建设 177 万平方米办公综合体的同时,政府先是限制,随后几乎停止了发放巴黎市中心建造商务建筑的授权许可。[75] 当 20 世纪 70 年代中期爆发金融危机时,内阁注入了额外的财政资金并给予迁入拉德芳斯的公司税收优惠。[76] 因此,虽然法国利用私营企业的资源为巴黎创造了一个全新的地区,但它们没有完全依靠市场来管制这些资源的流动。

相比之下,英国政府仍固执地相信市场机制。它拒绝限制伦敦金融城法团与码头区竞争,从而使伦敦办公空间供过于求,码头区的开发商无法将建筑全部出租。政府不愿意解除 O&Y 的交通设施建设承诺,只有在租金不超过最低现行价格时才愿意把办公部门迁入金丝雀码头。[77]

首相约翰·梅杰表示政府不会救助金丝雀码头:"未来的发展是管理者和银行的事,没必要是政府的。"[78] 然而伦敦码头区开发公司和整个码头区开发是英国中央政府的创意;它后来信奉的清教主义提倡让市场发挥作用,这与项目初始的政府动议相矛盾。如果政府只是简单地等待私人投资主动前来,那么码头区最多只会渐进发展,开发缓慢地从城市边界逐步外移。

最后,有人会说,即使政府给予一贯的支持,结果还会是一样。随着道路和轨交连接的建立,商业网点逐渐繁荣。私营企业承受与其风险相对应的损失;最终公众是有所得还是有所失是个难以判定的问题。一方面,席卷房地产界的破产浪潮加剧了伦敦经济的整体衰退。另一方面,截至 1998 年 3 月,总额达 39 亿英镑的公共支出吸引了 87 亿英镑的私人投资,并有另外数十亿英镑的投资预计在未来十年内能够实现。[79]

伦敦码头区开发公司的组织结构使其设施的建造地点和类型的相应决策不受政治影响。虽然码头区开发引发了广泛的抗议和反对,但具体的投资决定在公众监督之外,如果开发商必须寻求当地政府的规划许可,这样的事便不会发生。更加民主化的进程可能会产生不同类型的商业开发,比如一种并非单一的金融和商务服务的开发类型。这样的轨迹可能会更好地回应地方自治区的特定需求,但是对大伦敦地区的经济发展贡献会少得多。

如果能够更多地将物质建设和社会项目联系在一起规划,那么码头区的教育和培训工作与商业项目的开展可以结合得更紧密。伦敦码头区开发公司前些年关注的重点仅限物质方面。之后为了回应广泛的批评，LDDC 开始将社会更新作为其任务的重要部分。[80] 政治家和商业领袖开始认识到，要想使一个地区的居民因物质改善受益，需要做出特别的努力。英国当下专项更新预算的城市政策明确要求采用这样的整合措施。LDDC 的官方评估指出，公司在社会和社区发展方面共花费 1.1 亿英镑，占净支出的 7%。报告结语表示，"大部分人将从这项工作中受益"，但并没有明确受益的具体内容。[81] 彻迟和弗罗斯特[82] 分析了码头区开发对劳动力市场的影响，他们认为，缺乏充分的数据来估算码头区原住民可接触到的就业机会。许多中产阶级迁入新的自有住宅区，一些早期居民也从社会住房搬到自有住房，这意味着未来这个地区的人口统计将无法确定就业对原住民的影响。

LDDC 的数据显示，开发区的失业率基本上跟随大伦敦整体趋势。[83] 1998 年开发区的就业数量从 27 000 人增加到了 80 000 人，但其中只有 23 000 人可以代表整体就业量的净增，而不是就业转移。[84] 几乎没有证据能表明，码头区的低收入及失业居民通过他们居住地的巨额投资获得了新的就业和收入的提高。可能最重要的影响是地铁延伸改善了该地与伦敦其他地区之间的就业联系，虽然其主要目的是让工人来到码头区工作，但同时也将码头区的居民送往大城市其他地方。

住宅开发方面，令人意外的是虽然 LDDC 最初无意建设社会住房，但当地社区还是从其投资中获得了可观的收益。如果没有 LDDC，城市开发区域的社会住房估计会贵出 40%。[85] 同时，自有住房的数量增加了将近 16 000 个单元，结果 1997 年间自有住房比例达到 37.6%（相比 1981 年仅为 5.3%），社会福利住房占 49.1%（1981 年为 82.8%）。用马克·克莱曼（Mark Kleinman）的话说，码头区"变得越来越像一个'正常的'房地产市场，在租房和住房混合度方面与伦敦其他地方越来越一致"。[86] 这种混合是开发商的行为，回应了经济适用房与市场价住房单元一同开发的要求，也是房地产市场萧条期间一些商品房被替换为社会住房的共同结果。在开发启动阶段，地方政府对开发自有住房没有兴趣，而且大多数新开发住房超过了现有居民的购买能力。然而，因为 LDDC 的住房政策，这些人的后代仍居住在老的住区当中，有了更多向上流动的机会。

民主政治

从一开始,有关码头区争论的双方就显示了巨大的差异。保守党政府及其支持者的观点是码头区可以成为发展的引擎,推动伦敦在 21 世纪的欧洲占据主导性的地位。他们经常提到法国在巴黎外围拉德芳斯成功建造了一个商务中心,并且列举伦敦中心增长的限制、交通拥堵以及过气的存量商务办公楼作为规划的理由,证明伦敦需要一处全新的、满足当代需求的开发。工党政府过去推进小规模增长策略的失败被用来证明,只有私人资本,在公共部门的战略性贡献撬动下,才可以使荒废的码头区充满活力。反对将码头区转变为金融和先进服务业总部的人认为,现有居民只能获得少量的住房和就业福利,并且这些不过是刺激私人房地产投资为主要目标时的副产品;成功推行这个项目所需的巨额公共资金数量意味着对英国社会其他成员额外的税收,这将剥夺政府支持其他社区发展的能力。

码头区顾问委员会的前主任鲍勃·科纳特是推进另一种发展途径的意见领袖。他反对保守党将码头区作为伦敦商务和居住中心的概念。科纳特提出了一个替代的渐进更新策略,将缓解内城的衰败置于优先位置。[87]他的提议包括:①强调职业培训和商务技术援助而非房地产开发;②制定综合战略规划而不是刺激"旗舰项目"开发作为经济增长的磁极;③增加地方问责和民主参与。他提倡的方法不花哨,讽刺的是,比保守党的策略更加保守。它不会吸引大量资本,而且,尽管他呼吁加强区域规划,但这可能会牺牲码头区作为大伦敦战略资源的潜能。科纳特没有地方本位主义,不像早期码头联合委员会坚持只应将码头区的开发利益的受众限定于本地的低收入居民。但他也没有找到可以吸引企业入驻的新方法。他的建议最重要的价值在于直面社会和经济资源的不平等,而其缺陷是对增长的刺激不足。

伦敦目前的战略仍然高度依靠"旗舰项目"。但是城市开发公司已经是过去式。新的发展要求正常的规划和公众参与程序;地方政府是投资的仲裁机构;社会项目从一开始就被纳入构想。这些项目在经济增长和再分配方面尝试反映布莱尔政府所谓的"第三条道路"。20 世纪 80 年代早期对规划目标的标志性巨大分歧已经消失。相反,一种以交往型规划或合作式规划理论为指导的寻求共识的战略开始盛行。[88]这种时髦的方法是否能解决一个城市中随着日益增加的不平等而带来的必然利益冲突,还有待事实观察。

第九章 创建新地标（二）：码头区

注释

1 在 1951—1981 年伦敦内城区东南部的制造业岗位下降了 68%，从 148 000 个降至 47 000 个（Buck et al., 1986, 6-7）。

2 Buck et al., 1986, 7.

3 Marris, 1987, 60-61.

4 GLC, 1985.

5 海斯码头是伦敦桥综合体的海斯风雨商业街的名字，这条商业街于 1988 年开业（见第二章）（Ambrose et al., 1975, 第四章）。

6 在 1920 年共有 52 000 名注册在案的码头工人（Marris, 1987, 61; Brindley et al., 1989, 98）。

7 Church, 1988a; Brindley et al., 1989.

8 见第五章。最初的立法并没有规定新机构的年限，但在 1991 年，政府表示打算在 1996 年之前关闭国内的十个城市开发公司。

9 在它的规划中，码头区联合委员会（DJC）还包括格林尼治（Greenwich）和刘易舍姆（Lewisham）的一部分。

10 Cambridge Policy Consultants, 1998, 10; Brindley, Rydin & Stoker（1989）。

11 在最初十年的经营中，公司通过授权和收购手段获得了 2 109 英亩土地和水面的所有权。在批准 401 英亩保留为水面，483 英亩土地用于道路、铁路或环境用途后，还剩余 1 225 英亩土地用于开发。至 1991 年 3 月 31 日，售出土地总计 661 英亩，仍余 564 英亩土地待改造，待回收或待开发（LDDC,1991,171）。

12 Buchan,1990.

13 LDDC, 1991; Fazey, 1991.

14 对未来需求量的悲观预计抑制了政府在大运量交通上的投资。

15 GLC, 1985.

16 Cambridge Policy Consultants, 1998, 1920; Kleinman, 1999.

17 Rhodes et al., 1998, 表 1.

18 A. Smith, 1989.

19 LDDC, 1988a, 1992.

20 布朗尼尔（Brownill, 1991）。《纽约时报》如此描述这极端的反差："墙，是砖砌的哨兵，保护着一个世界不受另一个世界的入侵，它象征着伦敦一度被废弃的码头区那巨大的变化和不可避免的痛苦。在墙的一端，富裕的新来者占据了时尚的私人住房开发项目。在另一端，则是一个荒凉的公共住宅综合体，晒满衣服的阳台天花板上墙皮剥落，这是工人阶级和穷人的家园。'开发商建造了那堵墙，这样那些人就不用看着这种景象，'史蒂文·阿莫尔（Steve Amor），本地租户协会主席，在他爬上楼梯前往他狭小的公寓时说道。"（Rule, 1988）

21 原住民购买了新的私有住宅数量的最新数据无法获得。剑桥研究协会（Cambridge Research Associates）的研究（1998, 21）表明，截至 1988 年 3 月，建设在伦敦码头区开发公司所有土地上的新住宅中有 45% 被出售给了那些原本就居住在码头区的三个分区中的居民。

22 福斯特（1999, 176）关于再开发对道格斯岛居民影响的民族志研究卓越而细致，抓住了老居民与新居民之间复杂的关系和矛盾的情感。

23 伦敦码头区开发公司希望居住单元的开发量在 1988—1990 年能够翻倍，从 12 000 个增长到 24 000 个，但事实上到那时仅完成了 15000 个（LDDC, 1988b, 1992）。

24 桑普森（Sampson, 1998, 149）根据克莱曼（Kleinman, 1999）所述，"在某种程度上，伦敦码头区开发公司对社会住房的金融介入——不论是新建的还是翻新的——都是地产市场崩溃的结果。伦敦码头区开发公司支持几种混合居住开发设想，这些设想提出规划成果会撬动来自私人开发商的补贴，以使社会住房能够与开发住房相邻。然而，当租金下降时，伦敦码头区开发公司找不到任何私人部门合作者，因此只能同意提供直接拨款"。

25 Foster, 1999, 308.

26 Brownnill et al., 1998, 59.

27 D. Stevenson, 1998, 31.

28 罗伯特·康波（Robert Campeau），一位专门从事杠杆收购的加拿大企业家，曾在美国的 Allied&Federated 连锁百货商店收购案中出价过高。就在他成为零售业之王几年后，当零售商店的收入流被 1987 年股市崩盘所引起的消费萎缩击垮，暴跌至无法支撑他的巨额债务时，他的债务大厦完全崩塌了。O&Y 最初紧急支援了他 2.5 亿美元的贷款，随后却拒绝再为他担保。1990 年康波不得不在美国根据美联邦破产法第 11 章申请破产保护，致使赖希曼家族的股票大跌。

29 《纽约时报》（Hylton, 1990a）显示公司在 1990 年的控股情况如下：奥林匹亚和约克开发有限公司拥有三所全资子公司——美国和伦敦房地产公司，以及 O&Y。最后一个是为管理公司其他股票权益的持股公司。据《纽约时报》记载（与其他来源的资料在百分比的记录上不完全一致），O&Y 公司在其他上市公司持有如下份额的股票：阿比蒂比一价格公司（Abitibi-Price）82%；加拿大海湾资源有限公司（Gulf Canada Resources Ltd.）74%；特里泽克公司（Trizec）36%；斯坦霍普地产公司（Stanhope Properties），在英国开发金丝雀码头的那家公司，33%；地标土地公司（Landmark Land Co）25%；圣达菲太平洋公司（Santa Fe Pacific）19%；泰隆金融公司（Trilon Financial Corp）14%；康波公司（Campeau）10.5%；以及罗斯霍公司（Rosehaugh PLC），另一家英国开发公司，8.2%。此外，它还持有 GW 公用事业公司（GW Utilities）89% 的股份，这是另一家持股公司，依次拥有消费者煤气有限公司（Consumers' Gas Co.）82% 的股份；家庭互联能源公司（Interhome Energy），一家石油和管道公司，41% 的股份；以及里昂联盟公司（Allied Lyons），海勒姆步行者（Hiram Walker）的母公司，10% 的股份。

30 Fathers, 1992.

31 Morley et al., 1989, 133.

32 Buchan, 1990.

33 该财团也是由两家美国商业银行组成，瑞信一波（CSFB，波士顿第一房地产公司的母公司）和摩根士坦利。财团最初对金丝雀码头产生兴趣是因为 20 世纪 90 年代中期这两家金融公司无法在伦敦市中心找到合适的办公场所。

34 LDDC, 1991, 12.

35 在 1990—1991 财政年中伦敦码头区开发公司在道路上的投资总计为 2.48 亿英镑，并且预计在之后的三年中再投入总计 6.5 亿英镑（LDDC, 1991）。将由英国交通部建设的高速公路，将码头区和国家公路系统连接起来，1987 年的测算预估其需要花费 3.48 亿英镑（National Audit Office, 1988, 14）。

36 National Audit Office, 1988, p.19.

37 同上。

38 Buchan, 1990.

39 同上。

40 Rodgers et al., 1992; Economist, 1991a. 在项目进入破产管理后，管理人员担心引诱租户带来的负债超过了出租地产带来的好处，并且计算出如果能说服接受优惠租约的承诺租户不搬进来，公司的资产负债情况会得到改善。然而，O&Y 和瑞新一波（CSFB），这两家拥有金丝雀码头中的一幢建筑，反对美国运通（American Express）公司撤回租约的申请。到 1992 年 7 月，关于美国运通是否能够撤回租约的问题进入司法程序。美国运通辩称当 O&Y 停止向承包商付款而使其无法完成建设时，就已经违背了其租赁义务（Simon, 1992a），而最终它也没搬进去。承诺搬入的租客害怕破产会使得项目赞助商免于承担旧租约的义务，把自己手上那些空荡荡的，甚至是不可出租的空间丢给他们，而他们还得继续支付高额租金。

41 Hylton, 1990b, 1992b.

42 Prokesch, 1990.

43 Hylton, 1992a.

44 Sullivan et al., 1992.

45 有一些公司在此之前已经迁入；在 1992 年 5 月建筑的入驻率为 11%。更大型的承诺租户计划在夏天迁入。

46 瑞新一波（CFSB）和摩根士坦利是最初金丝雀码头财团的成员，并且一直是项目的支持者，二者都同意持有一部分他们自己建筑的产权。然而，摩根士坦利与 O&Y 的协议要求开发商在需要的情况下买下自己的建筑。O&Y 拒绝执行该条款，并在法庭上败诉。

47 Buchan, 1990, 5.

48 Simon, 1992b.

49 Hylton, 1992c.

50 在 1992 年 3 月—6 月，O&Y 的困境几乎每天都被英国和美国的商业新闻和周刊连篇累牍地报道。此处总结的大事时间表，可见于《纽约时报》（*New York Times*, 1992b）。

51 Peston, 1992.

52 在他们搬入时，获得的协议租价为 129 英镑 / 平方米。当他们在 2000 年将要进行租金重新评估时，预期的租金价格要超过之前的两倍（Mortished, 1999）。

53 Sullivan et al., 1992.

54 *Business Week*, 1992.

55 Prokesch, 1992b.

56 *Economist*, 1990, 71.

57 Houlder, 1991a.

58 O&Y 当时的资产价值是它提出破产诉讼时讨论的主题。一份发表在《巴伦周刊》（*Barron's*）的评估认为其亏空在 60 亿~100 亿美元（Isaac, 1992）。

59 Peston et al., 1992a. 不同的资料来源给出了不同的牵涉其中的银行数量，从 91 个到超过 100 个。主要贷款方，根据纽约时报的名单，包括大型日本银行——东海银行有限公司（Tokai Bank Ltd., 2.5 亿美元）、富士银行（Fuji，1 亿美元）、戴英奇劝业（Dai-Ichi Kangyo，1.8 亿美元），以及其他的日本机构（至少有 2.5 亿美元）。其他的银行贷款方有香港上海汇丰银行（Hongkong and Shanghai Banking Corporation，7.5 亿美元）、加拿大帝国商业银行（Canadian Imperial Bank of Commerce，7.13 亿美元）、加拿大皇家银行（Royal Bank of Canada，6.47 亿美元）、法兰克福国际商业银行（Commerzbank International of Frankfurt，2.875 亿美元）、里昂信贷（Credit Lyonnais，2.62 亿美元）、花旗银行（Citibank，4.8 亿美元）、巴克莱银行（Barclay's，3.15 亿美元），以及劳埃德银行（Lloyds，1 亿美元）（*New York Times*, 1992c; Parker-Jervis, 1992.）。《巴伦周刊》认为这些银行中有些被欠的钱更多。举例而言，它指出里昂信贷被欠款 12.5 亿美元，花旗银行超过 10 亿美元；这些数字看起来有些太高了。《观察家》（*Sullivan*, 1992）显示花旗银行持有 O&Y 的贷款为 3.8 亿美元。除了银行贷款之外，据估计，O&Y 公司还有大约 15 个已发行的、以建筑物抵押贷款为担保的债券，虽然其中有一些是以他们的能源和林业公司股票为担保的。

60 Peston et al., 1992b. 考虑到他们之前收购了自然资源公司，这个债务数字似乎太低了。

61 Lichfield, 1992.

62 同上。

63 同上。

64 *Economist*, 1997, 67.

65 《经济学人》杂志（同上）登出保罗·赖希曼的股份为 5%；然而，其他来源的消息，包括一位金丝雀码头公司的官员，给出了 10% 的数字。

66 Stevenson, 1995.

67 金丝雀码头（Canary Wharf, 1999）。

68 Morgan Stanley Dean Witter, 1999.

69 1999 年，该地产被估价为大约 200 万英镑。

70 尤其是法兰克福，这座与伦敦不同、在欧元区内运营的城市，被认为是伦敦作为卓越金融中心的主要威胁。"法兰克福 2000"是一项十年规划，旨在其大都市区内建设超过 557 万平方米的办公空间（Browne, 1999）。此前视码头区为重要竞争对手的伦敦城法团，开始日益将码头区视为其对抗欧洲大陆城市的战友。

71 伦敦码头区开发公司于 1998 年 3 月停止运营。就如同英国所有的城市开发公司一样，它在设立时就有运营时限。英国境内如今既没有企业特区，也没有公共开发公司留存。

72 Imrie et al., 1999.

73 Potter, 1988.

74 就在英国政府资助新城建设的同时，美国在为私人开发商提供少量补贴，并认为这些开发商会自己建设基础设施并形成一个临界规模城区结构。几乎所有的这些美国企业都完全失败了或者需要财务重组。

75 在 1995 年，码头区内共有 226 万平方米的商业和产业空间完成建设（LDDC, 1995, 3）。

76 Savitch, 1988，第五章。

77 政府在海峡隧道财务问题上的行为是类似的。

78 Nisse, 1992.

79 Rhodes et al., 1998, 32. 事实上私营部门的投资在衰退期间一直在贬值，而房地产的估值还没有达到投资的数额，这使得私营部门的投资规模有些模糊不清。

80 Brownill et al., 1998.

81 Cambridge Policy Consultants, 1998, 29.

82 Church et al., 1998, 84-85.

83 LDDC, 1995, 6.

84 Rhodes et al., 1998, 32-33.

85 Cambridge Policy Consultants, 1998, 21.

86 Kleinman, 1999, 24.

87 Colenutt, 1990.

88 S.Fainstein, 2000; Healey, 1997.

第十章 房地产开发的特殊性及其影响

第二次世界大战后，重建城市的大型政府项目全面启动，城市再开发吸引了众多学者和社区活动家的关注。大家最初的兴趣集中在政府的决策过程、国家的作用以及社区冲突方面。虽然许多的研究表明，商务领袖对决策和结果有着重要影响，但几乎没有研究对影响投机开发商行动的因素给予关注。本书的核心主题审视了这一群体从20世纪80年代房地产繁荣时期的显赫到90年代初经济衰退中的角色，以及其后作用的弱化。第一章列出了六个问题构成本书的调查框架。前面四个问题——经济结构调整与房地产开发之间的关系、开发过程中生产过剩的矛盾、政府活动与房地产开发的关系，以及伦敦与纽约之间的异同——已经在前面的章节讨论过。本章讨论第五和第六个问题：房地产作为经济部门的独有特性及其对再开发的影响。

房地产行业的性质

房地产开发在其影响和运营方面具有许多其他生产部门的共同特点；它的独特性在于结合了通常属于完全不同行业的属性。房地产开发商像制造业一样生产实体的产品。然而，开发产业与重工业相比，更像是娱乐业，它有深远的文化影响力，每个项目的开发过程因为结合了不同因素，最终都具有独特性。像娱乐业一样，房地产生产远离公司总部，每个项目量身定制；大型开发公司不像其他类型的跨国公司会在世界各地设立永久分支，而是更像电影制作公司，围绕特定项目设立临时的现场办事处。不过，这个产业不仅与电影或电视生产类似，它在周期性结构、对市场供过于求的敏感性以及与政府的密切关系方面，与农业更加接近。虽然政府不像对农业一样直接控制房地产业的生产水平，但开发行业很大程度上依赖于公共部门在基础设施投资、税收政策以及建设管理规范方面的决策。

生产组织

通常来说,在生产规模上,大型的开发公司与大型工业集团不同。房地产市场的波动性和大部分购买行为来自二手存量市场,这意味着除了大型住宅基地建筑商外,这个行业永远不能指望通过市场需求来满足大规模生产的合理性。无论是在美国还是英国,开发公司都没有采用其他大型产业生产者的惯用组织结构——他们不会在企业内部包含生产过程的多数环节,[1]而且他们通常不会在全球或全国范围内运营。[2]

开发商通常会把大部分服务分包给第三方,而不依靠内部供应。该项策略节省日常运营成本,让他们在经济衰退期间更容易抽身而退。[3]如果开发公司形成竖向产业服务链,如中介、管理和建筑设计费用,可以在高峰时期降低成本,并且,当开发周期下行时通过这些额外收入以保护现金流失。然而很少有公司采用这种模式。[4]奥林匹亚和约克公司 (O&Y) 在 20 世纪 80 年代房地产市场繁荣时期,通过发行债券和持有物业自行经营管理来实现纵向联合,并将产业扩张到许多国家。事实证明,自我融资和在不熟悉的地方开展工作,对公司造成了毁灭性的打击。

颇觉讽刺的是,在过去,对比走向一体化、大规模生产的生产资料和耐用消费品制造业,建筑行业显得落伍。而如今,依赖分承包商的"皮包公司"(hollow corporation)、"零库存"(Just-in-time, JIT)的方法及雇用临时员工又被吹捧为全球经济重组的前沿。在强调企业组织灵活性和缩短生产运行周期的时代,开发行业好像开始看上去变成了先锋而不是拖后腿的。

房地产市场

房地产开发行业在市场定位上存在着自相矛盾的局面[5]:垄断与激烈竞争并存。所有的建筑物在特定基地上都处于垄断地位,房地产业主可以在一定区域内实现垄断定价,但是没有任何开发商或者哪怕是一小群开发商可以控制大都市区域的总体供应。[6]之前未开发的地区可以进入市场与已开发区域进行竞争,动摇市场的稳定性。农民可以因为政府要求限制生产而获得补偿,但开发商不开发的时候没有任何收益;因此,他们强烈反对政府限制供应。但另一方面,如果没有这类限制,他们也不可能维持高价。这种一部分业主可以垄断一个细分市场而非整个市场的现象成就了房地产市场的周期性。一个竞争节点要威胁到已开发地区，必须达到特定的临界规模；而这个规模一旦达到，它将会影响整个价格体系。因此，位于郊区的办公综合体只有在达到临界规模并呈现出边缘城市（edge cities）特征时，才会威胁到城市的中央商务区优势。跨越那条界线之后，它们开始变得具有竞争性，并迫使中央商务区的房地产业主降低价格或提供更好的产品。

20 世纪 80 年代见证了伦敦和纽约内城的新建市场被少数大公司支配的过程。然而，随后的萧条期使它们或者违约，或者退出活跃的空间生产，直到 90 年代后期市场复兴。在纽约，中城东区的商业地产主仰仗这一独特区位空间供应的限制，收取着高额租金。但是，邻近地区的小规模老建筑改造和曼哈顿其他地区及新泽西州的大量新开发创造了"新地标"，办公租户在其他地方可以拿到更低的租金，东区因此出现大量的闲置空间。业主承受着闲置的压力，即使开发商停止在这个区域增加新的空间，它们也无法维持以前的租金水平。因此，它们最初的垄断地位迅速下降。以金丝雀码头为例，低成本高质量空间的供应，迫使伦敦金融城启动新的开发、并且降低了城里办公楼的租金价格。只有在 90 年代末，闲置空间最终被全部吸纳后，租金才回到甚至超过此前的最高值。此时，新旧中心之间的价格差明显缩小。

房地产定价最特殊的地方在于既决定于一幢建筑的用途，也受消费市场影响。在其他行业里，产品的所有权有别于公司所有权，亦有别于享受产品未来价值增长的权利。但是一幢建筑既是资本，也是商品。这就好像消费者的汽车成本随通用汽车的股价上下波动，或像购买面包可以影响谷物未来的价格。（当然，这些商品的价格一定程度上反映对未来产品短缺的预期以及再销售的可能性，但它们之间的联系远弱于房地产市场，因为这类产品的供应数量更容易被控制。）房地产作为商品和资本累积工具的双重特征，解释了为什么尽管当基于现值估算生产成本已经超出资本化收入的时候，投资者仍愿意冒险将资金投到房地产上。

不断生产直至边际成本等于边际收益的一般企业规律很难适用于房地产行业，因为这里对边际收益的期望值判断非常主观。虽然所有行业在计算边际收益时都需要预测未来的价格，但没有其他任何行业像房地产业这样不确定——不仅受制于他人行为的外部性，而且需要在较长的时间跨度内进行。一处商业地产在十年内的价格取决于其他人建造的空间数量、所在地区的吸引力（其本身就非常主观并且会被意外事件干扰）、居住者变化着的技术需求（例如"智能建筑"、大型交易大厅，或有窗户的私人办公室），以及政府在基础设施、税收、利率和监管等方面的决策；还取决于入驻该建筑的行业的扩张与收缩。

在 80 年代，金融机构愿意借钱给开发商，依据的是对建筑未来价值的乐观估计，而非当下市场租金与资本投入的简单比率。从短期回报看，结果是空间过度供给。如第三章所示，资本的流入（而非需求）刺激了这一时期大量的新建筑生产。到 90 年代初市场崩溃后，银行几乎不再支持投机性开发。因此，在这十年的末期，尽管市场需求已经将空置率减少到极低的水平，但几乎没有新的办公空间供应进入市场。

房地产价值的贡献

大卫·哈维经常讨论两个与房地产投资后果相关的观点[7]，两者都表明从房地产获取的收益存在问题。首先，在他的投资转移理论中，哈维认为，当资本在初级循环中出现过度积累时，投资就会进入二级资本循环，即建成环境之中。[8]哈维的理论暗示，这种转移抑制了生产性投资；他使用"循环"（circuit，或称"回路"）一词表明，资本一旦进入这个领域就会一直留在那里。然而，当资产证券化和集团捆绑销售使得房地产债务越来越容易转让，资本循环之间的分异会逐渐消失。并且，很少有证据证明，其他经济部门的运转规律与房地产行为周期相反，因此上述的转移观点无法成立。[9]在经济普遍困难的时期，房地产也同样会承受打击。与普通产品的生产周期相比，房地产周期的滞后主要是由于房地产开发需要较长周期造成的。[10]

20 世纪 70 年代美国开始有大量资金转移到房地产行业。这种现象更像是证明房地产业被用来作为反通胀的措施，并且资金受到了分配给该行业的税收优势吸引，而不是由于初级循环过度积累产生的结果。此外，那个时期银行——特别是日本和石油生产国的银行——过度投资房地产的趋势有所增长，一定程度上是被工业企业去中介化的转变所推动；有大量资本需求的公司不再求助于银行使得银行缺乏资金借贷的出口。银行在基础产业里缺乏投资机会并不一定反映这个部门的过度积累。

哈维的第二个观点是有关房地产投资的影响，所谓"虚拟资本"（fictitious capital，或者说债务工具）。[11]他用"疯狂"一词来形容"一个将钱生钱的投资（租金、政府债务等）看得与生产投资同样重要的社会"。[12]从这两个论点看来，房地产行业只是吸收价值而非创造价值——价值只有通过"真正的"生产才能创造（包括建筑的实际建设而不是一些与之相关的其他费用，如销售税收和利息）。[13]

李嘉图（Ricardian）对土地租金的经典定义假设存在完全非弹性的土地供应，也暗示了房地产行业在本质上是寄生的。根据这一推论，房地产价值来自其占有者的使用方式，而非所有者的任何活动。[14] 投机性交易似乎支持这一论点。例如，一块未开发土地会因为对未来使用的不同期望在不断转手的过程中价格呈螺旋式上升，一块没什么变化的店面在租赁期满后会大幅提价，都说明了房地产收益不劳而获的特性。

尽管存在如上房地产投资完全非生产性的例子，房地产开发的确可以在生产成本之外创造价值。如果说集聚和可达性可以赋予一块土地以区位；如果重构空间能够提高商务效率；如果通过土地细分或闲置仓库再利用能创造一个新的居住社区；如果在特定区域限制建设的法规能够创造更有吸引力的环境——那么由开发带来的土地价值增加是真实存在的。网球拍的价值可以取决于球场，一张床的价值取决于卧室，原材料的价值取决于炼钢厂（反之亦然）——几乎所有存在于组合中的价值，其增加或降低都取决于它们的使用环境。物质性不会使一个过程更真实，而像集聚这样的无形因素也不代表就是虚幻。开发过程中外部性的相互连接创造了场所，所有这些汇集在一起，创造了比简单的生产成本总和更大的价值。[15] 这种收益是由社会所创造的观点并没有推翻这种说法——谁应该获得利润的问题，与利润是否存在的问题，应该分别对待。预期从开发中获得的价值并不是"虚拟的"。

引发政府参与的因素

场所生产内在的社会本质使得政府在历史上就保持了对房地产行业的高度参与。首先，因为产权涉及一整套权利而非仅仅是物质拥有，政府一直对这种"私有"财产进行管理。产权如何定义、购买以及销售由法律规定并服从法庭裁决。其次，房地产开发具有即时的邻里效应，开发项目的集聚对整个住区的经济前景和生活质量都有重要影响。不动产的使用和支配几乎必定会涉及比简单名义上的买方和卖方更多的角色。再次，政府提供公共产品的义务意味着即使在极度市场化的社会，政府仍拥有大量土地并会进行土地储备。无论是确保供水、修建公园还是基础设施建设，政府在实施公共职能的同时也充当了房地产开发商的角色。如何执行这些职能显著影响了其辖区内的经济增长和利益分配。

公共和私营的房地产开发共同创造了场所。场所本身包含了领域、区位和社区等元素。[16] 场所是人类福利的重要组成部分，原因如下：①它为人际关系提供基础；②它是经济发展和消费的背景；③它是政治代表的基准；④它是公共政策实施于人的舞台。考虑到场所的关键职能，围绕它的构建成为最有争议的政策问题也就不足为奇。

如何评价造城者制造的场所？

城市规划和城市社会学的从业人员一直相信，城市形态塑造了社会生活。整个20世纪，根植于设计行业的规划师们相信有秩序的城市会让人们过上更好的生活。这个时期的城市社会学家，试图论证他们的假说存在科学依据，即环境因素可以解释人类行为——路易斯·沃斯（Lewis Wirth）在他关于城市主义（urbanism，或可译为城市性）的著名文章里把这一理论登峰造极，认为社区的尺度、密度以及异质性决定了其中的社会关系。[17]

然而这之后的左派学者对场所具有独立影响的观点进行了驳斥，认为规划师和社会学家错误地将城市形态和空间聚集的结果与一个阶级分立的工业社会造成的后果相混淆。[18] 这些理论家认为，城市主义是一种基于现代工业资本主义的社会经济关系的调和因素。在马克思主义者看来，空间由统治阶级所塑造，他们利用空间分隔为自我服务，从属阶层偶尔能够基于特定地域而动员起来反抗他们的境遇。[19] 更为保守的理论家不认同马克思主义者对经济结构的基本论断，但是他们也越来越多地将物质形态看作是人类活动的结果而非诱因，但与马克思主义学派不同的是，他们将大众选择和技术推动看作影响场所品质的因素，而不是资本主义的逻辑。[20]

最近，城市学者们——常常是从左翼视角出发——再次重视城市设计和空间形态的作用，尽管他们不再像之前的规划和社会学前辈那样明确偏好环境决定论。[21] 与当代后结构主义思想一致，他们在很大程度上避免了将城市形态当作社会行为的直接诱因；相反，他们从城市的物理形态中读取城市生活的含义。他们的分析强调设计在象征意义上的重要性，通过图像分析其表达的控制与从属、压迫与反抗的关系，并研究环境因素与人类意识之间的相互作用。[22] 特别是最近关于城市的著作探索了城市空间形态的包容性和排他性问题，表示这些作者对更宏大的多元政治和接受差异存在的范式认可。[23] 他们的马克思主义前辈们评估城市空间的创造和使用中的物质成本和收益，如今的文化批评家用"良心之眼"（'the conscience of the eye'）审视晚期资本主义城市。[24]

这些探讨空间形态含义的文献为我们评价 1978—2000 年伦敦和纽约的开发历史提供了一系列的思考视角。它让我们可以描述城市发展的文化变迁，理解不同的社会群体是如何塑造和回应新的城市形态。然而我发现，这批当代城市研究学者的讨论中存在严重的问题，尤其是他们同时接受那些相互联系但又内在矛盾的多样化的、原真性的和民主的价值观。在本章的后半部分，我试图评价伦敦和纽约的再开发工作，从这些近期对当代再开发实践的批判作品中提取主要因素，包括就当代城市建造的泛泛而论，或者具体特指伦敦和纽约两地。为简单起见，我把这些分析标记为"后结构主义"。我关于后结构主义的阐述试图对主要观点进行合理的总结，但是读者们要理解，我并不完全同意他们。之后我会指出这种方法的缺陷，并且提出帮助克服这些缺陷的方法。最后，基于更加唯物主义的分析，我探讨了理解和评估城市再开发的其他方法。

后结构主义的批判

贯穿于英美两国城市再开发规划与实施的"公私合作伙伴关系"（public-private partnerships），充分体现在其建造的城市轮廓线之中。在这种伙伴关系里，私营部门通过控制投资的选择，通常占据主导地位；尽管是混合状态，但该合作关系常以一种市场导向的、与公共部门保持密切关系的私营企业风格出现。近期英国的伙伴关系要求政府官员和受影响的社区发挥更为突出的作用，是否会大幅减弱私营部门的主导性还有待观察项目的实施情况。为了追求经济扩张的目标，过去的这种公私伙伴关系印刻在建成环境，留下了利己、竞争和商品化的关系属性。[25] 根据后结构主义分析，由此产生的环境不利于人类的真实表达并且压制了处于从属位置的社会团体。

为了确保在重建城市时可以安全地追求利润，设计师故意将项目与周边隔离，从而创造防卫型的空间："面对现实世界里客观存在的城市社会的敌意，规划师试图把冲突或不和谐的方面封闭起来，在内部建造墙而不是可渗透的边界。"[26] 一系列的措施用于保证只有特定人群才能进入新的建筑，这些措施定义着城市景观：将项目通过高速公路、升高的广场或实体墙隔离；直接进入车库或轨交站，从而避免使用城市街道；（土地）用途的隔离；广泛部署安保设施；户外公园和室内庭院的私有化，可以禁止不喜欢的个人和政治言论入内；高价出租有吸引力的区域，在新的商店出售昂贵的商品；时髦的、使下层社会感到尴尬的各种标记。项目之间联系的缺失进一步减少了公共领域。用建筑师摩西·萨夫迪（Moshe Safdie）的话说：

> 城市的可读性在于公共领域作为个体建筑之间的连接框架。在过去，这体现在集会和市场上，如今已不复存在。我们不能把建筑连接起来作为城市体验的一部分。休斯敦的购物中心、明尼阿波利斯市菲利普·约翰逊设计的IDS中心的宏伟空间、波特曼创造的那些伟大的空间，都是为了试着回应我们对与城市生活相匹配的公共场所的渴望。但是，它们是内向的空间，各个部分单独建造，因而它们从定义上是私有的、不可连接的。[27]

由此产生的城市形态自相矛盾，既不一致也不多元。物质上的不一致，不会促进多元主义，相反，产生的是隔离[28]——相互隔离而非并置。通常用来形容当代城市的形容词是"分隔""碎片化"和"裂痕"。虽然在整个工业城市历史上，富人和穷人的住区很少会相互紧邻，但是从前的商业中心留存着社会的异质性，服务于所有阶层的人。然而，城市里防卫空间的建设允许通勤的商人和中产阶级居民无须面对"他者"就能享受都市文化。用理查德·塞尼特（Richard Sennett）的话说："炮台公园城……是根据当前关于混合用途和多样性优点的先进理念进行规划的。然而在这个模范社区里，人们感觉到的是……'生活的模范'，而非生活本身。"[29]

即使考文特花园和南街海港模仿了早期繁忙的市场，但也只是创造了一个"类似城市"的都市生活幻影。[30] 简·雅各布斯写的《美国大城市的死与生》（*The Great Death and Life of American Cities*）认为多样性是城市的主要价值，而特雷弗·博迪（Trevor Boddy）评论到：

> 可悲的是，雅各布斯式都市主义的基石——漂亮的特色商店里堆满了进口商品，大胡子热狗供应商在街角的简易喷泉前叫卖，城市生活仿如盛大的国庆节日市场——这种生活在每个劳斯（Rouse）市场[31]和这个大陆上的历史街区上都被刻意模仿着。当代开发商发现很容易装配出这些明显的都市主义符号，但与此同时，种族、民族和阶级多样性随之消除，而它们是使雅各布斯最初感兴趣的地方。[32]

第十章 房地产开发的特殊性及其影响

对后结构主义批评家来说，城市的光环在于能将素不相识的人汇集到一起，让人们能够超越家庭的"熟人领地"和社会网络，"到政治、商业和节庆这些更开放的公共领域，在那里陌生人可以见面和互动"。[33] 这种能力的减弱强化了白人男性的统治，他们设计了现代城市并且在其中拥有经济和政治力量。[34] 反过来说，城市象征着性别化的权力；对其传达信息的大众反馈再次强化了对等级制度的默许和压制性的合理行为规范。根据伊丽莎白·威尔逊（Elizabeth Wilson）所说，现代城市及其后现代继承者代表了"干预和掌控"的"男性化道路"超越了女性式的"欣赏和沉浸"。[35] 在对伦敦金融城的讨论中，迈克尔·普瑞克（Michael Pryke）评论说，英国公立学校的价值体系与英国男子气概相结合，在那里创建了一片"上流社会父权制"的性别化领土。[36] 他认为，从性别角度看待信息技术的引入，产生了"以男性公司权力结构为主的空间展示"，男性夯实了自己在金融企业交易大厅的位置，而女性承担计算机化之后不需要技能的工作。[37]

还有指控表示多样性在其幻象被创造出来的同时被抹去了，与过去的街道和市场不同，新的开发缺乏原真性：

> 像炮台公园、时代广场和南街海港这样的场所的出现是缘于……随着历史旅游业的扩展，人们那种"想看看"复制的和被重新估价的不同时期的艺术品及建筑的愿望。然而将其历史化就是疏离、是制造差异的过程，所以过去和现在、真实和模仿之间的差距不断扩大。[38]

连威尔士亲王也加入了对现代城市景观未能遵循真正的历史传统的批评，他的介入有助于阻止几个本将入侵伦敦中心城肌理的大型项目。[39] 迪士尼世界的主街（Main Street，美国传统小镇的主要商业街道）代表了模拟历史主义的极致，在后现代办公建筑和节庆市场中参照过去的建筑符号，目的是为了诱导消费。[40] 花岗岩外立面、古典山形墙饰以及复原的仓库让公司高管愿意为威望的象征支付高额租金，或者引导游客购买实际上并不需要，但陈列十分诱人的商品。与其让游客在真正的过去体验历史的连续性，不如通过复制的项目将他带入梦幻世界，在那里的货架上可以买到所有看似有意义的存在。

在纽约的炮台公园城，居住社区的设计旨在唤起传统邻里的记忆，其基地原本位于水面以下。在伦敦的金丝雀码头，看似历史悠久的庄严建筑突然出现在街道两侧，而以前这块土地上覆盖着的是仓库和运输起重机。在考文特花园和富尔顿街鱼市，卖T恤衫的小贩和时尚的咖啡馆入驻了往日服务于批发供应商和喧闹的酒馆的建筑。不论仿旧的新建筑还是注入新功能的老建筑，千篇一律、造作，加上无处不在的安保，看上去都证实了后结构主义的观点。（后结构主义的）批判冲动源于对民主、平等价值观的认可，认为对城市的未来，所有人应拥有平等的权利，并且每个人有其表达的自由。这一视角根植于对空间的政治和社会分析，然而又存在政治和社会认知的弱点。下面的讨论现在转向弱点部分。

后结构主义分析的不足

后结构主义城市分析的某些缺陷对其批判并不是很重要。它的核心理论是批判排他主义，认为城市中心表达的是统治集团或权力联盟的统治地位。问题是这一学派许多支持者的论点是基于两个他们自己也无法证明的假设：①城市曾经孕育了比现在更丰富的多样性；②理想的城市比当代建设中的城市更加真实。当然，这两个假设都不是必不可少的，即使不相信存在一个过去的黄金时代以及原真性的价值，对排他主义和权力（空间）的主要论点仍具有价值。本节的讨论首先解释这两个假设存在的问题，然后审视排他主义和控制论的缺陷，并试图弥补这种缺陷。

多样性的黄金时代？

上文引用的许多后结构主义学者假设存在这么一个黄金时代——或者至少是更好的时代，那时的城市容纳了不同人群的日常互动，城市形态表达了生产与再生产力量的真实关系。然而，两个明显的事实打破了这种认为过去的城市空间能包容更大差异性的怀旧。[41] 首先，无论是伦敦还是纽约，那些不被社会大多数接受的群体一直被限定在上层社会聚集的城市片区之外。流浪法的实施和缺乏对警察自由裁判权的限制，意味着社会最不受欢迎的元素被控制在城镇的特定区位。纽约的鲍威利（Bowery）和伦敦的莱姆豪斯（Limehouse）并不一定是穷困潦倒的居民的首选。但是，这些人不敢闯入上层阶级的领域，害怕遭受人身攻击或以法律为名的监禁。精神障碍人士被监控，一旦出现在城市街道就会被带走。正是因为发现无家可归者、毒品成瘾人士以及精神病患者在曼哈顿和伦敦中心城无处不在，才引发了建设安全空间的响应。[42] 总之，在中心地区，人群的种类比以前多还是少尚难断定。像纽约万豪侯爵酒店这种中庭酒店的内聚性特征，考文特花园和南街海港炫目的氛围，以及像炮台公园城和伦敦桥城这样封闭的大项目，的确把这些设施的使用者从其他人口中分离出来。尽管如此，至少从表面上看来，在节庆市场上可见人群类型的范围似乎超过了我年轻时那些经常光顾市中心百货商店的人群。[43] 即使存在妇女和少数族裔职位的"玻璃天花板"，现在驻扎在崭新的办公大楼内的公司要比20世纪的早期更加多元化。

其次，直到20世纪中叶，纽约的有色人种被排斥在商业空间和住房供给之外是不争的事实，且不违反法律。尽管曼哈顿一直存在非裔美国人的居住斑块，直到二战后才在城市更新过程中被清除，但那些斑块的存在并不意味着他们与其他社会群体曾经混合居住。并且，直到第二次世界大战，大多数非裔美国人不是定居在北方城市，而是住在南方，在极端的种族隔离之下。因此，虽然目前存在这种将大多数有色人种排除于纽约市中心的令人愤怒的机制，但仍旧不能说比早先的模式更排外。[44]

更加真实的形式？

鄙视当代再开发项目的虚伪性意味着真实曾经存在。我们暂且不讨论"原真性"的更广泛的含义，接受设计对真实的狭义定义，即历史的准确性或不矫揉造作（形式追随功能）。正如讨论城市是否曾经有过黄金时代一样，我们需要思考与前几代的建设相比，当前的设计是否在反映时代上更粗放，与人群的日常生活和经济上的联系更加不自然。

从这个角度来说，对炮台公园城、金丝雀码头、南街海港以及考文特花园过于人工和历史不准确性的谴责似乎流于表面。文艺复兴以来，西方的城市传统一直在维持虚伪的立面以及对过去的选择性（随意）模仿。那些17世纪最都市化和广受赞誉的城市广场——例如马德里的市长广场（Plaza Mayor）和巴黎的孚日广场（Place de Vosges）——之所以感受和谐是在于将混乱的建筑装饰了统一的外立面。深受伦敦人民喜爱的纳什排屋（Nash terraces）建于19世纪初，想象性地模仿了雅典建筑的柱式和门廊。纽约的大都会艺术博物馆本质上是陈腐的罗马复兴风格。如果对文艺复兴以来西方城市的主要建筑风格特征进行识别，就会发现这些都是对历史的再造。

原真性的定义和评估

后结构主义阐述中第二个未经证实的假设是强调原真性的价值及其隐含的定

义，构成了对新项目不真实的抨击。虽然批判文献充斥着对伪造的谴责，但它们很少明确 20 世纪后期设计的真实本质是什么。例如迈克尔·索金——纽约前沿的另类报刊《乡村之声》（*Village Voice*）的前任建筑评论家——苛责迪士尼乐园的不真实性：" 模仿的对象永远在他处；替代品的'真实性'取决于对缺席的某种真实存在渐行渐远的认知。"[45] 但是在（我们）这样一个国家，主导行业创造的是无形资产，其经济稳定性取决于刺激更高水平的消费，这样的状况下什么是"缺席的真实"？索金接着声称"迪士尼区"是华而不实的假象：

> 迪士尼唤起城市氛围而无须建造一座城市。相反，它生产的是一种被抹去灵韵（aura）的超现实城市，这座城市里有数十亿公民（所有的消费者），就是没有居民。有建成的实体，但却是概念上的、临时的乌托邦，人人都只是过客的地方。这就是它对城市的启示，可以是任何地方，也就不属于任何地方，通过不断地动态组装而成。[46]

索金的散议与曼纽尔·卡斯特就信息技术对社会影响的描述产生了有趣的共鸣：我们看到"流动的空间取代了历史上建造的空间场所，因为主导的组织逻辑通过强大的信息技术媒介，把自己从文化认同和地方社会的约束中分离了出来"。[47] 如果卡斯特是正确的，那么迪士尼世界正是背后的经济和社会进程的真实反映，尽管我们可能不喜欢。事实是，仿造的传统商业街和好莱坞工作室里缺失的那些真实性，随着它们经济功能的萎缩，已经消失了，或者通过其他方式表现出来。

许多后结构主义文献依赖一个未经论证的前提，即真实性或来自货物的生产和运输（例如工艺车间、轧钢厂和港口），或来自生产工人的住房（如简屋和群租公寓）。壮观和庆典如果由参与者创造而不是被操纵和装配出来的，即是原真。背后的潜台词来自马克思主义对异化和商品崇拜的批判理论，即价值存在于物质生产，按自己的消费所需而生产，要优越于购买批量生产的商品和服务——能动性高于被动性（根据该伦理法则，购买和使用成品不是一种积极的消费）。[48] 这样的道德立场与现实越来越背离，当代经济是围绕着公司力量、信息流、金融产品制造、大众旅游和服务的消费进行的。如果我们要批评新的城市景观的含义，那么真实性不是一个恰当的标准，因为城市环境的瓦解是对它背后的社会力量合理而准确的写照。事实上，形式追随了功能。

因此，更深层次的批判必须表明，这样的景观未能满足重要的人类需求。但是用活动的真实性还是虚假满足来评判，不足以提供足够的标准。[49] 即使证明了主题公园和购物中心并不提供真正的乐趣，也不过是马克思主义关于虚假意识（false consciousness）的旧话重提，搁浅在循环论证之中——只有接受了同样的关于价值和证据的前提才可以进行对现象真假的评价。[50] 事实上，有些新的商业区、混合用途项目和文化中心广受欢迎，让文化评论家们大为恼火，因为他们试图证明人们应该继续接触底层的真实生活。[51] 因此，一名评论家在评论O&Y在伦敦和纽约的项目时宣称："金丝雀码头（码头区）和环球金融中心（炮台公园城）都是壮观的障眼法，给伦敦和纽约逐步加深的社会极化、贫民窟化、信息化和越来越多无家可归者的残酷现实罩上一层面纱。"[52]

这样的分析求全责备中产阶级逃避主义的社会罪恶，简单地说，这只表达了人们寻求愉悦环境的偏好。[53] 否定金丝雀码头和炮台公园城取决于是否有更好的选择。[54] 20世纪70年代英国工党提出了另一种码头区开发方案，因为它寄希望于一个过时的、以制造业为基础的经济体系，从而难以实现。金丝雀码头取得现在的成功是因为它提供了扩张中的公司所需要的空间类型。炮台公园城建在一片空地之上，临近极其昂贵且高度密集的房地产，使用相同的模式扩张看似顺理成章。不同于上一轮对这个地区的规划，开发成功地吸引了投资者的兴趣，而且体现了比原规划更高的开发品质。虽然本书记录的有些工程——尤其是国王十字车站和时代广场的初始方案——其所在地可能有更好的替代方案，考文特花园和炮台公园城可以说是充分利用了基地，尽管有所争议，不应当仅仅是因为它们建得漂亮或者迎合了中产阶级就被谴责。文化评论家经常像他们的现代主义前辈一样处于尴尬的境地。他们以民主的名义支持自己的想法，却只为知识精英说话，他们对新项目的厌恶和大众媒体的一致赞扬某种程度上是一样的。

原真性的评价很大程度上取决于观察者的品位以及对以往存在黄金时代的认识，然而那时的城市生活更加包容多样性的评价并不让人信服。后结构主义批判当代不真实的假说和对更美好过去的怀旧，不具有说服力。但是后结构主义论点的核心仍然是评价伦敦和纽约房地产开发影响的重要起点。后结构主义最关心的是在特定环境中空间构成、社会多样性和权力之间的关系，这里通过阶级和文化形成了不同的社会群体。不过，他们在这方面的观点也引发了一些问题，源于多数民主与尊重差异之间的紧张关系，特别是当身份认同需要通过所在群体的资格来确定之时。

民主、多样性和文化认同

后结构主义对多样化的价值认同基于一个多元文化的、分阶层的社会对民主的美好愿景。他们批判建筑复制和空间隔离,认为这些空间发展模式既没有回应民主的选择,也没有为社会从属群体提供自我表达并相互和平交流的场所。他们论点的缺陷是,如果民主被定义为少数服从多数[55],那么大多数人并不渴望多样性。因此,尽管在民主的支持下差异性得到认同,认可人们存在差异但是相互平等,并且有权享有同等的权利和尊重,但是制度化的民主趋向于抑制差异性。大量的理论和实践尝试创造一种认同差异的民主方法,得以应对大多数人要求一致的状况,但是遵守少数服从多数原则和认可他人的权利及利益之间的潜在矛盾始终存在。[56]

亚历山大•雷克尔(Alexander Reichl)评论本书第一版中我的观点时,认为:"我们不应该放弃对城市生活中民主和真实性的关注。这些想法作为衡量城市发展的原则仍然有效(而且相关)……我们也不会在这个问题上犹豫是否应挑战大多数人的意见,那不是神圣而不可改变的……公众对种族隔离的态度源于带偏见的公共政策产生的结果。"[57] 他接着描述"理想的真实的公共空间……(应当)在物质环境上支持用途的多样性和使用者的多样性,从而创建一个真实的、或相对不受限制的社会互动区域……专制的规划权力花费了几乎无限量的金钱来重塑一个区域,健康的多样性却被排除在外。真实场所的必要条件——如果不是充分条件——是没有自上而下、强加的对物质形态及其内容的凌驾型控制。"[58]

虽然我不否认"一个真实的或相对不受限制的社会互动区域"确实代表了理想的公共空间,但我不那么相信它是"真实的"。我更不相信没有"凌驾型控制"能确保这种理想实现。与简•雅各布斯(他用钦佩的态度谈及)一样,雷克尔暗示自发形成的场所可以产生规划的区域所缺乏的活力。然而,在缺乏自上而下规划的情况下,其他的可能性不是市场参与就是基层参与。前者如果完全不受区划管控,确实有产生混合用途的倾向,但它不太可能产生多元的社会群体。后者除非基层原本已经是一个多元化的群体,否则它的参与通常也不会造成这样的结果。即便如此,在社区组织中,业主常常在单一利益群体中得以控制整体进程。雷克尔陈述的理想值得追求,却难以触及,只有在受影响的群体是多样的但又未极度分裂时最容易实现。现代西方国家最可行的例子是阿姆斯特丹,包容多样性是那里的标杆,在世界

第十章 房地产开发的特殊性及其影响

主义文化和相当程度的经济平等的背景下，存在调和差异性的传统。[59] 换句话说，要实现空间的异质性，需要一个极为平等的社会结构。在等级更加分明的社会之中，一个场所中空间的使用只能反映社会结构，而不能改变社会。

大卫·哈维的一篇文章把有关进入纽约汤普金斯广场公园（Tompkins Square Park）的冲突作为争夺空间管控权的范例。[60] 参与冲突的各方包括寄宿在公园的无家可归者、在那里吵吵嚷嚷集会的摩托车帮派、住在临近建筑里的中产阶级、土地投机商，如果中产阶级能成功地将无家可归者和摩托车党逐出，他们的房地产会升值；支持无家可归者的无政府主义人士，他们强烈并愤怒地抗击着士绅化的发生；工人阶级社区住户，其中许多是移民，他们不喜欢噪音、毒品、敌意，并担心公园威胁了人身安全，但反对士绅化；市政府最终动用警察将那些公园占领者强制驱离。

该事件提出了涉及少数族裔权力的政治理论上的经典问题。城市驱逐行动的反对者认为政府行为代表了房地产业的利益，而非社区利益（根据这种解释，中产阶级被排除到社区之外）。即便如此，这个地区的大多数居民，包括工人阶级和长期借住者，更喜欢安静宜人的公园而不是社会弃儿的避难所。值得称赞的是，哈维没有浪漫化那些自称为革命者的闹剧或是称赞公园作为文化混合的场所。[61] 相反，他认为："创造一个清晰的框架以容纳各种不同的政治需求和愿望，可能是一个值得称赞的目标，但是在实践中太多的利益是相互排斥的，他们不可能实现相互容忍。"[62] 哈维在这一点上展开讨论，最后达成了与他写作《后现代的状况》（*The Condition of Post-Modernity*）[63] 一书相似的结论，即基于文化和性别的社会利益冲突构成了后现代状况。正如在书中一样，他将资本主义视为生产个体差异的原因，逃避了所提出的利益相互冲突的理论暗示。他没有将社会对抗与阶级冲突相混淆，但他将棘手的分歧——群体与群体之间不可调和的差异——归结为源自"生产这种差异的物质基础"，即资本主义的生产方式。[64]

哈维的逻辑最终走向老旧的马克思主义梦想，即社会如果消灭了生产资料的私有制，社会群体间的压迫也会随之消失。[65] 在经受了种族和性别压迫的理论家们的攻击之后，哈维还这么坚持这一愿景，着实令人惊讶。不过，他显然并不期待马上发生社会主义革命，所以这个问题是没有意义的。他赞同在当前经济体制下规划和公共政策赋予"受压迫者"权利并给他们"自我表达的能力"，而不是讨论体制性改革。[66] 言下之意，我们一直知道谁是压迫者谁是受压迫者，受压迫者的要求,即使会伤害其他群体,也应该占上风,并且,民主程序可以达到如上目标。

哈维试图恢复唯物主义对城市形态的分析值得称道。然而,唯物主义分析不应该简单地认为所有社会现象都根植于生产组织。物质利益也体现在房地产权利上,而不只是生产资料。与不动产和消费相关的特权地位(即身份地位,借用韦伯的术语)相比生产资料所有权而言,更为广泛地分布于全体人口。[67] 此外,正如莎伦·佐金(Sharon Zukin)正确指出的那样,在决定空间关系上,消费的组织与生产同样重要。[68] 因此,唯物主义分析者必须认识到,很大比例的人口选择排斥他人,是出于理性计算和真实偏好。无法回避的结论是,许多公共政策会选择基于自身利益的大多数,因此不可避免地放弃了那些哈维定义为受压迫的群体。住房的普遍拥有催生了中产阶级的排他主义,并且资本主义将产权合法化,由此产生的利益是真实存在的。

没有可以简单解决排他问题的方法。[69] 人们愿意同具有相似条件和行为模式的人一起生活是可以理解的。事实上,如果被压迫群体选择隔离聚居,后结构主义者会认为他们有这样的权利,但换成统治集团就不行。[70] 不能说该立场不合逻辑,因为如果被压迫群体这样选择的话,通常不会否认其他族群的物质利益(比如更好的学校、靠近工作岗位)。无论如何,非精英族群践行排他主义将使社会融合的问题变得更加复杂。此外,哈维也承认,希望生活在能保证个人安全的环境的想法显然是合法的,[71] 而且最容易实现的方法是创建边界。放弃排他性可能需要大众真正牺牲重要的公共和物质价值。

在一篇有见解的文章中,政治科学家艾伦·沃尔夫(Alan Wolfe)认为树立边界可能是维护社区所做出的必要防御行为,尽管这对被排除在外的人是一种歧视和损害。[72] 他认为在这个问题上没有普适性的道德原则,必须根据实际情况做出判断。谨记沃尔夫的审慎,并认识到我们既要尊重民主的进程,也要重视民主的结果,并以此审视伦敦和纽约的整体再开发策略,评价特定的建设项目产生的影响。

造城者建造了怎样的场所?

在20世纪的最后四分之一时间里,伦敦和纽约仍然是金融交易和相关服务的领导中心,这一事实在它们的城市景观上也得到了象征性和物质性的体现。在20世

第十章 房地产开发的特殊性及其影响

80 年代,投机性开发导致不可避免的崩溃,太多的投资进入奢侈地产,而市场是有限的。不过,并不是所有的策略都是错误的,也不能说都是计划不周,90 年代末的经济复苏充分利用了之前扩张遗留下来的闲置空间。办公就业的增长、新技术对信息产业的要求,以及萎缩的制造业决定了土地用途需要改变。场所间为争夺增长型行业展开竞争,伦敦和纽约一直在金融和商务服务领域享有专长,那么迎合这些行业的开发策略是有道理的。尽管如此,商业空间的扩张和高端服务策略不一定代表就要忽视制造业、无视低收入人群的住房需求,或者政府任由金融机构和开发商决定开发的优先顺序。

再开发以炫目的孤岛形式出现,被衰败的公共设施和恶化的穷人居住条件所围绕。这些新建成项目的象征性宣言充满挑衅——不是因为它们的内部环境问题,而是它们和城市其他部分之间的对比,尤其在纽约。实施这些 80 年代开发项目的领头公共机构——伦敦码头区开发公司、英国环境部伦敦办事处、炮台公园城管理局、纽约市公共开发公司——运作时都避开了民主程序,重视一流办公空间、豪华住宅和旅游景点的建设,然而以保障性住房、小企业和社区产业部门为代价,它们鼓励开发商塑造了截然不同的两种城市景观——一种富人的,一种穷人的。私营金融机构的作用跟房地产开发企业一样重要,它们与公共机构毫无二致,鼓励相同类型的开发。而开发商因为这些项目的盈利潜力最大,显然愿意建设这些项目并将其卖给政府和金融家们。到 90 年代时,伦敦对增长联盟的政策倾斜减弱,纽约仍旧没有停止。

在 20 世纪 80 年代经济繁荣期间运营的有两种开发商:保守的建设者,以租金来预测回报,如果没有租户承诺他就不会建设;投机者,不仅在没有预租的情况下乐观地认为建筑将会被全租出去,而且他们的财务预测是建立在对建筑价值大幅升值的预期上。投机开发商不仅积极游说政府将房地产作为经济增长的基础,而且他们引发的过度建设造成那十年最后的崩溃。80 年代和 90 年代末之间的主要区别是商业开发商变得更加保守,部分原因在于他们早期的经历,但主要是因为金融机构不再给投机的办公项目提供贷款。森林城市拉特纳公司——布鲁克林大都会科技园的开发商——代表了 80 年代的异类。它像第一类开发商,只有在租户已经签署协议后才开始工作,而且通过大量政府补贴来强化投资安全;但是,他们仍会冒险进入其他开发商不会去的未经尝试的领域。讽刺的是,相比那些喜欢在城市最显赫和最昂贵的区位开发的高度投机的商人,他们获取融资更加困难。它近期的大项目所在区位已经不再被视为有风险(时代广场和炮台公园城),但它仍然积极寻求被纳入政府资助计划的地段。

在 80 年代经济繁荣之后，投资者和政府机构都很明显地看到，因为未能遏制投机者，他们的长期营利能力和增长受到了损害。尽管现有的投资模式是为了促进经济增长，但没有人负责计算总体增长目标。政府官员经常声称这些预测在他们的责任范围之外，应该由私营企业负责预测需求并决定供应数量。然而，公共资金和管制放松支持了再开发活动，政府拒绝扮演这样的角色，代表了对公共资源不负责任的滥用。缺乏总体规划意愿导致许多相似用途的空间建设规模太大，却没有提供足够的住房、公共服务以及在 80 年代时期还包括的基础设施（例如，纽约到机场的轨交和伦敦码头区的可达性）。让金融和商务服务成为这两个城市发展策略的核心本身并没有错；错误在于几乎排除其他一切来强调这些行业，以及过度依赖房地产来鼓励这些行业的做法。这样的经济发展策略注定了高度不平等的结果，不强调就业培训和安置，也不涉及努力识别有创造就业潜力的行业。

把码头区发展成商务中心并没有错。伦敦大都市区域的中心部分有如此大面积的闲置土地代表了巨额资产，理应服务于全体伦敦人的福利，而不是少数附近居民。正是政府最初拒绝支持企业的大型社会和教育培训项目，不限制其他地区有竞争性的商业开发，并且在开发之前没有建设好基础设施，造成了 O&Y 的破产。随着必要的基础设施就位、伦敦经济复苏，该地区取得了迟来的成功，这证明建造的空间类型对应了需求。根据剑桥研究协会的评估，大部分码头区居民赞成码头区的开发，并对最终结果持积极态度，但可能不包括达成这一目标的过程。

其他本书记载的项目酝酿得更好些。斯皮塔菲尔兹的规划，在城市挑战和后来的专项更新预算帮助下进行开发，结合经济和社会计划，代表一种比最初在码头区实施的更明智的地区再开发路径。不过政府承诺的资金数量较少，很可能不足以支持规划目标。布鲁克林中心代表了创造新的商务区的一种成功策略，虽然公共补贴的水平——通过提供基础设施、税收优惠、租用空间——比获得的公共利润份额要大。炮台公园城虽然外观奢华，但为城市提供了巨大的好处。政府持续拥有的土地所有权创造了可观的公共收入，包括用于一般用途、低收入住房，以及在这个迫切需要绿色空间的场地建造公园，像中央公园一样向公众开放。

除了纽约 42 街改造项目，大部分计划都可以用类似新城建设的相同原理来证明其合理性。如果开发节点建立在偏僻的区位，那么大量前期投资是创造临界规模的必要条件。伦敦金融城的外围（宽门开发的基地）、码头区、国王十字铁路站场、

第十章 房地产开发的特殊性及其影响

炮台公园城填埋区，以及布鲁克林中心区，都为大规模开发提供了最好的、闲置的或未充分利用的土地。在这之上建筑的规模与类型在公共政策上有所争议，但对大量投资促进全面发展方面并无异议。城市更新项目最初的理由是成立的——只有在大片用地上统一协同开发，中心城市才能够维持其商务部门的主导地位。而对其结果的评估则需要审视是谁从中收益，以及这些项目的环境影响是什么。如果这些项目因为过于崭新干净而显得违反城市的文化特性，我们可以期待随着时间推移，这些项目会变得更加有趣。

满足城市多样性的目标不需要每一个地块的开发混合用途、混合收入和以多元文化为目的。用哈维的话说，为团体之间提供"相互排斥的利益"的缓冲区具有一定意义。大卫·丁金斯担任市长时，他喜欢称纽约的城市肌理为"华丽的马赛克"；马赛克里的人们既相互接近，又彼此分离。如果能创造很多人愿意享用的空间，那么即使没有忠实地重现过去，甚至会使某些人感觉被排斥，这本身并不那么可怕。如果我们希望阻止上层社会侵占工人阶级的社区，或者不希望将他们完全封闭在郊区，那么如果中央区位的住房和办公建设不会造成低收入者被迁移，为何要反对这些项目？

伦敦和纽约没有像明尼阿波利斯和多伦多那样，将行人导向高架和隧道。[73] 这两个城市的街道依然充满着看似无穷多样的人群，而且那里的社区大体上相互毗邻而不是被高速公路或大片荒地分开。大众成功地反对高速公路建设和一些导致环境过度同质化的努力，在维护整体多样性上十分重要。但是社区参与没有足够的制度化，以至公众无法影响全市范围内的投资分配或者制定改善社区的计划。

缺乏"强有力的民主"并且严重依赖市场决定，意味着政治精英和房地产开发利益已经映射到现存的城市。[74] 克里斯汀·波伊尔（Christine Boyer）很好地描述了这种情景：

> 公共支出以经济活力的名义用于激励市场，帮助私营企业在城市里再投资。这种公共话语的私有化与公共空间的私有化相并行。两者都通过否认和抑制联系忽视了社会不平等和冲突的来源。空间重构的政治学在某种意义上说是反政治的，因为没有整体的公共议程或城市规划，没有让受影响的社群参与讨论的论坛。尽管建造重构是一个公共问题，全球资本主义的壮观景象和跨国公司的力量取代了我们的想象，它们甚至决定了我们的日常生活并绕过了政治责任。[75]

在决策领域，排斥确实存在。但是如果发展决策包含了更多的公众，可能也不会创造出后结构主义者所寻求的那种城市环境。虽然更多的资源会在中央商务区以外找到出路，但能从地区升级得到利益的居民——包括公租房住户和租金管制建筑的居民及缺席的不动产业主——仍会尝试限制不符合规定的用途并且排除威胁他们安全或生活方式的需求者。此外，更加民主的决策几乎肯定会在分配住房资金上偏向于支持中等和中产收入人群的利益，而不是优先考虑无家可归的人。[76]

伦敦和纽约再开发过程的综合评价以及开发商的角色可以提炼出来适用于其他城市[77]：公私合作伙伴关系是不平等的；过程往往造就的是改变城市外观和功能的宏伟建设项目，而其他地区被忽视甚至日益恶化；过度依赖房地产开发作为经济增长战略，而不去追寻其他可以拓展工人技能并且直接产生就业和安置的策略。最后一章提出了更加有效地将房地产再开发纳入经济改善的普遍政策的一种模式。

注释

1 Bacow, 1990. 书中指出综合性公司在欧洲大陆更常见。

2 罗根（Logan）（1992）对20世纪80年代全球公司的趋势及其在随后经济衰退期间崩溃的讨论。

3 Bacow, 1990, 5.

4 同上。

5 Balchin et al., 1988, 15. 书中列出了许多致使房地产市场效率低下并且始终不平衡的因素。这些因素包括每个基地和建筑的独特性、非流动性、房地产利益的合法权益、环保主义者的影响，以及对需求变化的缓慢回应。

6 Harvey, 1985c. 有时由于政府限制建设而造成短缺，公司会设法实现垄断定价；然而这些限制建设表面的目的在于环境保护，而不是价格补贴。

7 Harvey, 1981; Haila, 1991.

8 Harvey, 1981.

9 Beauregard, 1991.

10 Leitner, 1994.

11 Harvey, 1982, 266-270.

12 同上，p.269。

13 哈维（1982, 261）评论道："事实上，因为货币资本家吸收而非创造剩余价值，我们可能很想知道为什么资本主义会容忍这种像寄生虫的存在。"

14 鲍尔（Ball）（1983, 146）区分了租金和开发利润，后者是开发活动的结果而不是土地价格。但是当城市土地尚在讨论时，这种区分就无法适用，因为如果不考虑由集聚产生的价值，土地价格就不会存在。

15 显而易见，我的观点不认同也不依赖劳动价值理论。相反，我认为价值来自更广泛的社会关系，并且接受古典经济学家供需曲线的交合决定特定时间商品价值的观点。但是接受它并不表示我把供需曲线的形状看作是收入公平分配或自由选择的合理结果，也不代表价值总额等于生产商品个体价值的总和。举个普通的例子，一双鞋的价值并不等于两只左脚鞋子的价值总和。

马克思主义理论对价值有两个不同的观点，但没有一个是令人满意的。第一个观点认为，劳动价值理论旨在解释交换价值。然而，一个产品平均劳动时间的合计成本与产品价格之间的明显差异，迫使相信劳动价值理论的人不断地调整周转维度（epicyclic dimension）以保持理论的适用性（生产性和非生产性劳动的区别进一步混淆了这个问题）。第二个观点认为，尽管交换价值与使用价值形成对比，但在使用价值与劳动价值之间理论上是没有关系的，除非在共产主义社会它们才是完全相同的。

16 Agnew, 1987, 28.

17 Wirth, 1938.

18 Gans, 1968. 对规划师的阶级偏见和他们关于物质形态影响假设的分析；Castells, 1977, 第5章，对 Wirth 和城市社会学生态方法的批判。

19 Saunders, 1986. 对马克思主义争论的总结和批判。

20 Bish, 1971.

21 这项工作的大部分要追溯到亨利·列伏斐尔（Henri Lefebvre）（1991；最初的法语版，1974）的讨论，在将空间植入生产方式的同时也注入了超常的力量："如果没有适合的生产空间，'改变生活！''改变社会！'这些口号就没有任何意义……新的社会关系需要新的空间，反之亦然"（第59页）。列伏斐尔将他对空间的分析分为三部分：①空间实践，关于空间使用的方式；②空间表现，暗指空间形式的设计；③表现性空间，体现空间的象征意义（p.33）。

22 R. J. King 的文章主张"城市设计是……关于城市含义（'城市符号'）的目的性成果，被看作是更广泛的城市含义的成果及复制品（有目的或其他）的一个子集"（445页）。

23 Sennett, 1990; Gottdiener, 1992b; I. M. Young, 1992; Harvey, 1992; Soja, 1989, 1995, 2000; M. Davis, 1990; Zukin, 1991, 1995; Judd, 1995; Boyer, 1995; Lash et al., 1994.

24 Sennett, 1990.

25 许多观察者通过美国的历史评论其城市的个性（见这类分析中最著名的著作 Warner, 1968）。因此，最近责骂声的增强只是程度的问题。

26 Sennett, 1990, 201.

27 Safdie, 1987, 153.

28 有趣的是这种分析概括了达尔（Dahl）在《谁在管治？》（Who Governs?）一书中对多元主义的描写，书里他对许多精英的刻画依赖于他们每个人在自己领域的工作。达尔将产生隔离视为值得庆贺的原因，是它提供了多种权力领域。后结构主义者很少有人愿意谈论这些经济支配权力之外的问题。

29 Sennett, 1990, 193.

30 Boddy, 1992.

31 Rouse market, 劳斯公司以开发城市商业区中的节庆市场为主。——译者注

32 Boddy, 1992, 126.

33 I. M. Young, 1990, 237.

34 马库塞和万·肯彭（van Kempen）认为，尽管"城市经常显示出功能的、文化的和地位上的划分……地区之间的分化已经扩大，而且地区之间的界线也已经僵化，有时简直就是以墙的形式将富人从穷人中分离出来进行保护……墙，字面上的或象征性的，阻止人们相互之间见面或聆听；极端情况下他们会进行隔离和驱逐"（Marcuse, 2000, 250）。

35 Wilson, 1991, 25.

36 Pryke, 1991, 202.

37 同上， 212.

38 Boyer, 1992, 199.

39 当然，视具体情况，少数后结构主义者也会接受被神化的传统英格兰王子（亲王）形象。

40 R. Robertson, 1990, 54. 对当代的怀旧（他认为与消费主义关系密切）和对19世纪末20世纪初"刻意人造"的怀旧（目的是激发民族主义的忠诚）做出区分。

41 后结构主义者拒绝体现在建筑参考上的怀旧，但这没有妨碍评论家自己对一个时代（建筑不用于控制目的）的怀旧。

42 奥斯卡·纽曼（Oscar Newman）（1972）对防卫空间的前卫工作，最初被视为一种相较于通过强制移除或是合法化暴力而言更人道的提供保护的方法。目前的解释则将防卫空间看作暴力的另一种更微妙的形式。

43 我知道没有任何调查研究表明混合的人群在使用新的零售中心，而且即使有这样的存在，我们也没有数据可以将其与早期相应的人群相比。

44 郊区的排斥比中心地区更为极端。某种程度上，郊区化意味着不同群体之间绝对物理距离的剧增，并且会减少他们路径交叉的可能性，多样性存在的说法值得相信。至少，对那些城市中心工作的人来说，接触到与自己非常不同的人的可能性没有明显下降。

45 Sorkin, 1992c, 216.

46 同上，231.

47 Castells, 1989, 6.

48 马克思对非生产性劳动的观点以及大卫·哈维对术语"虚拟资本"的使用是相似的，同样否定了不产生汗水的活动。

49 丹尼斯·贾德（Dennis Judd）批判购物中心和大型综合体的排他性，但也不至于对其所有方面进行谴责（见 Judd, 1995），他对我说过，关于节日市场和迪士尼乐园的文章显示了一种嘲笑人们玩乐的不幸趋势。

50 传统经济学家声称人与人之间实际的比较是不可能的，从而完全避开这样的讨论。

51 Gans（1988, x）没有完全支持美国中产阶级的喜好和偏见，强烈地反对文化精英把中产阶级看作是"右翼种族主义者、贪婪的唯物主义者，或者是没教养的'蓝领工人'（Joe Sixpacks）"。许多文化评论家似乎会拒绝将他们的批评对象看作是会任人摆布或狭隘的人。

52 Crilley, 1993, 143.

53 但是在美国，某种程度上包括英国，中产阶级逃避支持服务业依存型人群的税收责任而逃离到郊区的能力，对提及的问题做出了很大贡献。

54 保罗·诺斯克（Paul Knox, 1993, 258 和注释1）在编辑这本书时，对 Crilley 关于"壮观的障眼法"评论，虽然他平时同情后结构主义者的见解，但对关于大卫·哈维对巴尔的摩内港开发的负面言论很愤怒："哈维没有说他可以提出荒废工业景观的其他用途。"诺克斯指出，一名巴尔的摩黑人出租车司机的热情促使他开始观察巴尔的摩内港，正是开发活动给了这位司机就业的机会。

55 根据托克维尔（Tocqueville, 1957, 264），"民主政治的本质在于多数人的绝对主权"。

56 经典的理论对策是卢梭（Rousseau）对公意（the general will）和众意（the will of all）的区分，其中公意代表了社会福利。公意代表大家都想要的东西，前提是如果每个人能理解自己的长期利益；而众意体现了个人自我狭隘的利益总和。美国宪法以及其他类似的纲领文件对其现实的解决方案是保障少数者权利不会为多数者所否定。

第十章 房地产开发的特殊性及其影响

57 Reichl, 1999, 176.

58 同上, 177.

59 S. Fainstein, 1997, 1999.

60 Harvey, 1992.

61 哈维（Harvey）的描述基于尼尔·史密斯（Neil Smith, 1992）的工作（多于他自己的分析），将无家可归占领公园的人（squatters）看作好人，而渴望和平与安静的社区居民是坏人。

62 Harvey, 1992, 591. 我熟识的一名住在公园附近的社会主义学者向我承认，尽管他强烈反对警方的行动，但他发现自（驱逐）事件发生以后生活变得很愉快。

63 Harvey, 1989.

64 Harvey, 1992, 596.

65 政治理论家比社会哲学家们更倾向于认为利益冲突是社会生活固有的，并且寻求管理冲突的方法。马克思主义和其他社会建构主义者认为利益冲突是因为精英保护其特权才产生的，他们的主要目标是消除等级制度并将利益冲突连根拔起。

66 Harvey, 1992, 599-600.

67 J. E. Davis, 1991, 第 5 章，他认为社区分为四个房地产利益方：房地产投资家、业主居住者、租户、无家可归的人。

68 Zukin, 1991.

69 为思考这个问题，我列出了自己的可包容项和排除项，并认识到它们之间的矛盾。我支持女校但不支持男子俱乐部。我认为公共基金应该资助学术性的公共电台，即使听众是很小的精英群体。我支持在学校里的种族混合，但并不一定要混合阶层，至少我在行动上如此——我把家从一个孩子经常挨揍的中下层白人学区搬到种族多元但较为同质化的中上阶层人口组成的学区。我在一所私立的精英大学工作（正如许多炮台公园城的评论家一样），虽然我对我的从教机构抱有矛盾的情绪，但并不后悔去那儿工作。我住在异常拥挤、功能混合的曼哈顿城区，但我喜欢的度假胜地远不如迪士尼乐园的旅游人口那么多元化，尽管这主要是由个人口味和可达性差所导致，而不是产权人刻意控制的结果。尽管我可以算是犹太人，但我非常不喜欢美国犹太群体的特殊性，并且极力避免那种"上帝的选民"形象。我赞成多元的文化课程，但觉得应该同时批判性看待（弱势）从属群体和（强势）主导群体。

70 Marcuse et al., 2000. 他们区分了飞地和贫民窟。然而，他们的分析无法检验是否属于某个群体的人必然会想要群体认同自己。因此，例如爱丽丝·马里昂·扬（Iris Marion Young）陷入将个人归入群体的陷阱，假定该群体领导的政治立场代表了成员的真正期望。

71 Harvey, 1992, 600.

72 A. Wolfe, 1992.

73 Boddy, 1992.

74 Barber, 1984.

75 Boyer, 1995, 107.

76 Bennett, 1998.

77 见第一章，注释 11.

第十一章 内城的开发政策

第十一章　内城的开发政策

内城房地产开发的政策争论主要由以下四个相互联系的方面构成：①政府利用土地开发作为推动经济增长的手段；②房地产决策中公众的缺位；③公共和私营开发活动对环境的影响；④公共和私人开发活动对社会公平的影响。其中第四个议题具有两面性：开发活动对不同社会族群的直接影响，以及公众在多大程度上获得了房地产开发的社会福利。

经济增长

本书的主题之一是研究政府为何过度依赖房地产业作为增长工具。短期而言，当房地产周期处于高峰时，地产引领下的发展带来的经济效益是混合的。对开发商放松管制和提供资助并不能保证收益可以转化为更多的就业。尽管其开发成本因为政府行为被降低，但除非需求疲软，否则开发商不会因此而降低售价。在20世纪80年代房价到达高点时，政府补贴和监管的放松存在通货膨胀效应，导致土地价格的上涨，而没有降低商务成本。到90年代末，租金水平已经超过了前期的峰值，伦敦取消了税收减免，除了少数仍能够享受位于狗岛企业特区政策的基地；然而在纽约，当房租不断升高、房屋空置率几乎为零时，政府却以此为名采取了更大规模的税收减免政策。如果没有新的空间供应，这些补贴的主要作用就是拉升地价。

我们很想知道，开发公司是否是因为各种公共补贴的存在而进入伦敦或纽约内城。遗憾的是，我们没有确切的答案。纽约，和不那么明显的伦敦，的确面对其他城市或郊区激励项目的竞争，迫使它们提供更有竞争力的激励措施。然而，纽约和伦敦本身无形的魅力是场所的吸引力所在。可能政府项目有助于这一印象的塑造，不过这更多是文化而不是公共政策的结果。并且，许多金融和相关产业必须不计代价地在这些全球中心设立办公室，这意味着即使开发商没有公共激励，也会回应这些需求。

之所以上述问题难以回答，还因为城市发展本身具有集聚的特质。当一个场所拥有极大规模的熟练工人、市场机会、周边产业支持以及卓越的声望，就可以在区位选择时战胜高昂的成本。[1] 如果没有政府的支持，伦敦和纽约能够获得这些关键优势吗？20世纪80年代初，这两座城市都经历了严重的衰退。如今它们克服了这一问题，但是辨别其中由政策因素所起的作用几乎是不可能的。当然，政府应当起了一定作用。本书的目的在于研究政策如何产生更好的效果。

经济规划

公共再开发项目和对私营部门的援助有可能成为长期经济增长的明智选择。不过，这些需要与经济规划相协调。一个城市良好的经济规划应在这些统一目标导向下，为每个市场部门和每个城市地区寻找合适的空间，并制定相应的补助和管制救济政策。政策的目标不仅仅是创造更多的空间，而是在不过多释放供应的前提下保证产业有足够的空间发展。这样的政策不仅能保持经济稳定增长，还可以稳定部门物价，通过增大房产税基获得更多税收。如果政府还可以从参与开发活动中获益的话，它就会拥有更多的收入来源。

经济规划在美国往往不得人心。英国保守党对此也怀有敌意，但现今工党政府对经济规划更温和，至少有限地开展了经济预测和规划构想[2]。政府可以在不过度干预市场的前提下，甄别它需要支持的产业，只资助那些符合政府战略的企业。这样的政府支出体现了有区别的监管，私营部门如果不需要政府帮助，即可自我承担风险[3]。即使对经济的预测出现错误，也总比不加分别地提供补贴和放松规划监管好。伦敦码头区开发公司、码头区的企业特区，以及纽约的一系列激励计划已经构成了市场干预，而缺失的是保证公众能够从中受益。

策略

伦敦和纽约在项目酝酿阶段，不仅几乎没有鼓励与大型房地产开发无关的经济部门，而且任由重要产业受到高昂租金的伤害。它们不努力维持中心区的产业多样性，而且任由投机的写字楼驱逐了其他类型的土地使用。例如，研究显示，

第十一章 内城的开发政策

艺术在纽约和伦敦经济中扮演了极其重要的作用,[4]但政府的这种行为导致艺术团体由于无力承担租金而搬离了中心区,大量小公司和非营利组织也遭此厄运。纽约市政府千方百计降低大通银行和摩根士坦利的运营成本,却置那些剧团、书店、艺术家工作室、画廊、表演社、咖啡馆、排练厅的生存于不顾。在伦敦西区和金融城,"边缘"产业只在周边较次要的地区受到鼓励。不知何故,这些艺术产业被认为没有经济前途,故而不被认为是城市复杂肌理当中不可或缺的组成部分,或者未来扩张的先行者。

在20世纪80年代的投机狂潮中,开发商预期将来的租金回报将持续直线增长,从而不惜代价取得土地。他们因此而背负了巨大的债务压力,只能靠庞大的建筑规模和不切实际的价格出租,以致租户成本过高难以维持经营,最终不可避免地摧毁市场。对整个城市而言,从轻工业到戏剧制作等多个产业遭到破坏,而且即使等到租金再次下降,这些产业也不会轻易恢复。20世纪末投机严重的上行没有再度出现时,这种产业更替仍然迅速发生。甲级写字楼供应不足,新兴公司挤占了那些利润较低的企业使用的办公空间。纽约的印刷和服装产业受到严重伤害;伦敦的仓库和制造业空间被转换为写字楼,高端居住替代了工业和办公空间。

按照土地市场的传统理论,空间的竞争价高者得,不会带来任何损害。然而,高租金追逐高额利润的现象产生高度的经济不稳定,尤其是对零售业、娱乐业和餐饮产生很大影响,它们为了能负担租金,不得不将价格提高到消费者不能接受的程度。"最高价即最佳用途"的教条促使规划将市中心保留给高回报产业,而低回报的生意被推向边缘。理论上讲,实验剧场可以在像兰贝斯(Lambeth)或布鲁克林这样的外围地区形成新核心,手工艺作坊可以迁移到豪恩斯洛(Hounslow)或皇后区等城市周边。不幸的是,专业社区的移动性通常没么强,可能很难达到临界规模,或者至少不会再出现在同一个大都市区内。更重要的是,对那些需要接近高收入消费人群的产业而言,从梅菲尔(Mayfair)到豪恩斯洛,或是从上东区到皇后区,距离都太远了。[5]

良好经济政策的目标应是稳定那些为城市保留创造力或提供特殊竞争优势的产业部门。伦敦和纽约一直有吸引人才的传统,并且它们可以为只有在这里才能生存下来的高度专业化的产业提供市场。这些产业的产出也许无法让它们竞争地价昂贵的区域,但它们能够为城市带来特别的吸引力。鼓励经济多样性的政策将增强创意和专业化活动。通过低廉的旧楼翻新可以作为各类营利和非营利企业的孵化器，帮助培养原创能力、保持复杂性。对商业租金适当管制，控制租金严重上涨——例如说，租约到期后最高增长 40% 或更少一些——可以避免贪图短期利益的业主上涨数倍租金赶走具有潜在长期效益的租户。

更重要的是帮助非营利组织以助力确保稳定的增长。伦敦和纽约有大量非营利组织，例如慈善信托基金、医院、贸易协会等，它们提供了大量工作，但经济竞争力远远不如跨国企业。公共部门在合适地点为这些企业提供资助，比为那些相互兼并的企业因办公而产生的高额公共支出更能稳定整体经济增长。城市中心以外，金融和技术上帮助当地企业可减少寻找外界投资者的需求。在纽约，社区发展公司（CDCs）提供了这类帮助的框架，如果有可靠的资金来源，这些帮助会更有效。可靠的资金来源使社区发展组织将寻找资助的时间用于项目的运营。伦敦虽然没有 CDC，但一些合作社提供了类似的功能。

在空置或使用强度较低的土地上进行大规模的商务中心规划与开发上，我与那些较为激进的同行所持的意见不尽相同。伦敦和纽约旧有的中心商务区过于拥挤，且远离居住在外围地区的人口。在这些区域进一步强化土地使用强度对环境和社会都具有破坏性。金丝雀码头和大都市科技园（Metro Tech）位于工人阶级居住地区的大面积空地之上，与旧中心接近，足以吸引商务活动，为政府的推广提供了充足理由。大都市科技园虽然代价昂贵，却成功刺激了布鲁克林的经济发展；其不足之处在于政府没有保证开发与职业培训和安置计划相联系，以及未能获得与其庞大开支相匹配的收益。金丝雀码头尽管启动并不顺利，后来却获得巨大成功，它为无法在伦敦城落地的企业提供创业家园。根据伦敦的一份经济分析："这是在伦敦唯一可以建造高端办公场所的大面积地点，金融城内无法在三年内建造完成超过十万平方米的办公楼。"[6] 该项目运作初期如果有更多的政府支持，也许能使其免遭破产以及长达十年的不景气。作为回报，政府可持有该地区产权并获取像纽约的炮台公园城管理局那样的租金。

更好的公私合作

经济复兴中可以想象到的风险资本来源有：私营企业、国家、员工储蓄和福利基金、非营利部门。每一来源均有其优势与劣势。为了吸引私营资本进入原本

第十一章 内城的开发政策

资金经理人认为无法获得盈利的区域，政府官员感觉需要提供激励措施，同时也带来了本书所述的所有可能的负面后果。国家直接参与准政府机构可以挽救衰退的产业，相较补贴私营企业，还可以扩大对结果的公共管控。美铁（Amtrak），即美国铁路客运公司就是使用这一工具的极佳案例，其线路将很多老的中心城市连接起来，促进这些城市的复兴，并带来了就业和零售增长的倍增效应。当然，当这些公司获得利润、规模不断扩大后，行为模式与私营企业无异，也会趋向于寻找成本最低的区位。[7]相反的是，直接由国家运营的公司应当较少以利润为取向，至少理论上接受民主监管。不过这类企业因其趋于减少风险，往往投资不足，疏于采用节省成本的措施。

商务主导的批评者们如果认同引入私营资本的必要性，那就需要设计新型的公私合作伙伴关系。而这需要认同管理的重要性和企业家精神，认同跨国公司的逻辑。现实是跨国巨头和生产性服务业主导了经济活动，这意味着进步的政策制定者必须找到利用前者之经济能力的方法，而非从道德层面指责它们。上述情况下的公私合作关系是不可避免的，需要保证的是公共部门应更具控制力，并在收益中获利更多。[8]

小型企业也可参与公私合作伙伴关系。公共资助可以帮助咨询、计算机、高科技、特色餐馆、疗养院、家庭医疗护理等类似小企业，还可包括小型制造业，从而在内城产生一个稳定的小型商务部门。当然这些措施会带来公平问题。如果要想使这些小型企业获得繁荣，它们必须能够吸引有能力的管理层，产生内部等级结构。经理人需要根据工人业绩给予回报的裁断权。在这一过程中，可能产生的社会公平问题只能依靠税收的再分配或福利系统解决，公司内部无法承担。换句话说，即使针对内城再开发的进步政策的目的在于促进增长，也会在劳动回报上产生严重的不公平问题。

艾辛格（Eisinger）特别强调公共部门在识别本地产业中产品定位、促进产品开发、扩张地区的企业员工培训和本地产品出口的市场行销等环节上不断扩大的作用。[9]在公私合作伙伴关系和风险投资基金中，通常是公共部门承担风险、私营企业享受利润。更好的模式可能类似于许多城市的旅游局与宾馆的关系：政府部门对宾馆的税收用于城市的营销。艾辛格提到政府参与发明的专利权，因而有助于帮助产品创新。一般来说，公共部门从公共投资中获取的利益越多，社区也越容易避免遭受因税收减免所致公共收入锐减带来的伤害。

英国政府期望通过专项更新预算（SRB）培育比美国更具包容性的公私合作关系。申请 SRB 需要商务、政府和受影响社区的合作。一个国家资助机构，即英国伙伴关系（English Partnership）对环境、交通与区域部（DETR）负责；它代表政府利用 SRB 支出对需要更新的区域投资，包括购置并监管土地开发、协调利益相关人、鼓励地方公司合作关系的形成。正如其一位高管所说："80 年代有很多就事论事的开发，如今更具战略性……成功的开发者需要提出合作方案，早期开发的失败是由于没有足够的合作……如今规划过程考虑地方当局和居民的意见。"他认为合作关系产生了与 20 世纪 80 年代流行的不同项目，"过去房地产主导的开发对底层人民影响甚少，现在我们鼓励雇佣本地劳动力。这是每一个计划申请时的条件，建造者必须提出相应政策。SRB 的资金在每一个新开发中都与职业培训计划相关联"。与大伦敦企业（GLE）与政府没有联系并需自负盈亏不同，该机构不必在其计划中考虑赚钱的问题。尽管如此，当由它提供资金时，需要在项目中持有股份，并保证能从最终盈利中分享回报。

在这些政府激励政策下，大量地方机构涌现出来，并持续存在。例如，国王十字合作伙伴成立于 1995 年，由商务、社区、政府和住房协会的代表组成。受 SRB 资助，它不断向商务和潜在的居民宣传该地区。与其他组织一起，它还运营住房、环境、职业培训、社区发展和医疗项目。其他类似的联盟在伦敦普遍存在。这些合作伙伴关系宣扬包容性，资助物质项目与社会项目相结合。至于社会投资是否充足仍然是个疑问。

在纽约，大规模再开发计划中的公共参与要少得多。社区层面这类行动由社区发展公司（CDCs）支持，CDC 委员会也代表地方小型商务组织和居民的意见。然而，城市的再开发计划不要求广泛的社区参与，联邦层面的介入则几乎没有。目前为止，推进再开发的主要城市政府支出是各种税收减免政策，并没有寻求社区意见，只是市政府和商务部门的交易。

近来纽约制定了一项"植入启动"（plug and go）计划，为有意选址在外围行政区或哈莱姆的信息技术企业提供营销资金。这一项目表明了鼓励在曼哈顿以外增加就业的目标有所推进。但是同税收减免计划一样，没有社区参与决策。即使没有这一计划，曼哈顿的土地压力也会使这些公司寻求外围的空间。同时，也存在很多顾虑，如果这些高科技公司嵌入周边的工业或商业用地，会引发租金上涨，使得其当前的企业无力承担并无法雇佣当地劳动力。这些问题目前还没有制度性的平台去解决。

私营决策和公共监察

中央商务区的开发商通常认为他们受到危险的过度监管，然而伦敦的房地产企业家因为经历过放松监管的影响，所以对此有不同看法，他们更愿意接受规划。监管在某种程度上确实存在，主要针对环境而非经济效应。政府在评估特定基地的竞标时，会根据计划审核开发企业的财务能力。然而，开发决策的高度外部性意味着开发商的决策会存在广泛的影响。因此，如上所述，使得经济规划成为必要。

但是，更强的政府直接干预会加剧原本就存在于规划决策中的代表性问题。伦敦和纽约城市开发公司的兴起都源于希望绕开选举机构在决策和实施经济发展战略上的低效。一方面，这些公司在决策中排除了直接的社区介入；并且，像码头区开发公司和纽约州帝国开发公司一样，它们可以不经其所在地民选机构许可直接作出土地使用的决定。这些机构的工作人员和董事会相信他们会尽最大努力代表公众利益。他们认为社区团体只会狭隘地考虑自身利益，无法构想或者为了整体城市利益而牺牲小我。另一方面，社区团体则有充足理由认为，是他们在承担发展的成本，而其他人获得好处；富裕的居民很少会为了共同利益而放弃自己的特权；他们对社区的感情被无情地忽视了。

我参加过一个纽约42街开发公司的雇员和"中城市民委员会"（Midtown Citizens Committee）之间的会议，该组织是由当地主要商务经理人和社会名流组成的社区团体。[10] 活动在纽约电话公司的顶楼会议室举行。克林顿社区强烈反对开发公司的规划，然而他们的想法与这些与会者的距离就仿佛顶层与42层下的地面一样遥远。对这些人而言，克林顿社区的工人阶级就是在刻意阻挠，而他们希望将时代广场改造为高层办公区的想法具有前瞻性，代表了公共意愿。参会的许多人并没有指望在其中捞取个人利益，然而没有人能够心怀同情地从激动的居民角度换位思考，跟这些衣着优雅考究的"市民"不一样，工人们粗鲁、鄙陋，不信任这个地区的入侵者。

在大都市地区完成一个适当的土地使用和经济发展规划极其困难，无论是效率与效力，还是引入市民参与审核再开发计划而不陷入"邻避主义"（NIMBYism）症状，或者响应城市社区提出的创议。因为规划必须面对真实利益的冲突、长期和短期利益的权衡、开发项目必然的不可预测性，任何过程都难以产生让所有人满意的结果。尽管如此，正如伦敦目前正在做的，创立一个战略规划框架可以允许各方不同层面的意见参与。

规划师在过去的失败，例如高速公路计划、城市更新、现代主义社会住宅等，警醒我们对规划保持更多的怀疑。我认为，乐观地讲，规划师可以从以往的过失中吸取经验，正如通过美国终止城市更新运动和英国停止建设社会住宅时所学到的那样。规划师认识到了摧毁社区关系和过大规模开发的代价；在上述项目被终止之前，他们已经逐渐开始把公众参与、住房改造、住房和社会服务统筹考虑等纳入工作。因此，我们有理由相信规划的再生有助于产生更加合理的结果。最重要的是，如果没有这样的努力，市民的公众意见将不得不被民主外衣裹挟下的"私人"决定所忽视。

环境决策

保护和改善环境已成为公共规划中的传统考量。20世纪80年代时，建筑高度、体量和交通影响的限制在鼓励开发的名义下被废止。纽约的规划师发现，城市仅通过区划奖励，便可不花成本地从开发商那里获得让步。受到码头区竞争的威胁，伦敦城法团抛弃了环境管制，以便开发商继续建造。伦敦的政府权力放弃了整体土地使用策略，甚至在中央商务区已系统性地向衰败的滨河地带延伸的同时，并不限制其他地区的开发，在已然过度建设的区域进一步提高强度。因为如果这样就等于否定了伦敦城的地方自主权——与其把大都市区层面的规划权下放的目标有所冲突，也不符合政府所宣称的希望克服发展障碍的意图。而实际上，英国中央政府将码头区的决策权上收，而允许金融城保留地方管辖权，这种不对等待遇造成了最坏的结果，两地同时开展大规模开发。尽管过剩的空间在20世纪末已经被消化，但是从繁荣到衰退之间出现了大量受害者。除了金融机构和房地产开发商破产，那些充满希望迁移到新开发地区的小商小贩也随着贸易的衰退深陷其中。不用说，这还波及了所有与房地产相关产业的职工，许多人因为收入下降而失业。

社会公平

社会公平要求平衡的再开发政策，合理分配经济发展的效应，同时关注消费和投资需求。正如大多数再开发的研究显示，致力于增长的政策对社会的影响往往渺渺。更好的政策需要协调经济和社会规划，包括融合就业和再开发计划、联系住房和办公空间建设、对经济适用房提供更高更持续的补贴、通过公共支持的商业开发

第十一章 内城的开发政策

保障给予小企业机会、确保受到公共资助的企业不会将这些资助套现后出走，以及要求公共投资的代价是在企业可获盈利时收到回报。

那些激进的对再开发批评的缺陷在于——尽管我认同这些问题的存在——它们关注消费设施的提供（如住房、公园、托儿所等），但没有提供促进增长的方案。目前为止，左派在激励衰败地区投资方面的措施并没有与（他们所批评的）右派有着实质性的差别，只不过更关注制造业。再开发的任务是制定比典型的城市增长联盟的运作方式一样积极但破坏性较小的策略。社会民主党需要找到必要的培养、激励和奖励企业家精神的方法。如果没有促进增长的项目，进步主义者便无法取得或保留政治权力。光是批评不受监管的资本所造成的掠夺或合作发展产业是不够的。多数人宁愿选择不公平的增长，也不愿意面对生活标准的停滞甚至绝对下降。英国伙伴关系和大伦敦企业正朝着正确的方向努力。然而，如果这类组织的资金来源是以私营部门为主且市场的成功是其生存的决定性准则的话，以商务为主导则难以避免。

穷人利益的代言者不能忽视对极端的再分配政策的政治反对。纽约无家可归者的支持方认为这些人在获取政府补贴住房时应有绝对优先的位置。结果是他们失去了中产阶级和努力工作的穷人的政治支持。更严重的是，彻底抛弃任何判断标准而无条件支持，这不符合大多数人根深蒂固的观点。区分穷人谁值得或者不值得同情的确令人反感，但是拒绝承认低收入的工薪阶层比失业的药物滥用者更有资格享受住房补助，在道德上恐怕也不能成立。如果将平等视为唯一的无限追求目标，如果认为所有的不良行为都是社会造成的，那么才能够为纯粹的再分配政策正名。然而，对民主规则的认同意味着接受大多数人的观点，并需要给予个人努力合理的回报，这样产生的政策是更为均衡的政策：帮助那些需要帮助的人，但不是以绝对贫困为标准。如果说每一个需要的人都应当获得帮助，那么这与资源的有限相违背，优先级设置无法避免。

仅仅讨论进步的[11]地方力量的任务而不考虑国情是在回避核心议题。城市的自治权利不仅受制于经济力量，还隶属于国家政治体系的一部分。意识形态、制度和财政因素限制它们不可能脱离国家独立运营。美国里根—布什时代和英国撒切尔—梅杰时代，进步的地方当局必须与潮流抗争。他们很难获取广泛的支持，国家宣传攻击他们是"疯狂的"或者说是不切实际的。近期，美国和英国自由倾向的体制对穷人的地方代言人给予了更多支持。布莱尔的"第三条道路"号称要找到一条依赖市场和依赖政府的中间道路：伙伴关系就是它的体现。类似地，克林顿政府项目致力于发展社区能力，为中央商务区以外的地区提供联邦资助。不过，这两个国家政权都希望在不需要大幅增长政府支出的前提下改善内城。

与此相对比，北欧国家依旧信奉规划和社会福利支出，国家政权不那么向自由市场屈从。这些国家的地方政府在管制开发上能力更强。例如荷兰国家政府提供了90%的地方政府支出，制定了国家层面的结构规划以指导地方规划，荷兰政府提供了相当优厚的收入和住房支持，极端贫穷现象十分少见，富人也不像其他地方那么富裕。因此阿姆斯特丹市政府可以持续并成功地促进邻里阶层融合，避免居住地域被办公楼侵占，保证活力且多样的文化景观。[12]

伦敦和纽约从20世纪90年代的萧条中逐步恢复过来，仍然维持着世界经济中心的主导地位。良好的再开发政策意味着（能利于）培育这些多元化地区的特质，避免其创造力被过度专业化的金融和商务服务以及文化商品化所压制。这需要发掘其他产业对增长的潜在贡献。它还意味着其应当首先考虑市民大众的福祉，政策应当以其改善大多数人的生活及就业前景的效应来衡量，尤其是那些受到直接影响的人。如何在促进增长的时候保证公平高效且允许市民参与规划，没有简单的公式。然而，这应当是政策制定者想要达成的首要目标，以及他们影响城市再开发举措的行动指南。

注释

[1] Amin et al., 1995.
[2] 很难想象任何私营企业将能够在没有规定产量目标和提前考虑提高产量影响的情况下支出资本。
[3] 劳工资助的前大伦敦企业理事会（GLEB）确实做了经济规划并提供了一个模型。目前作为GLEB重组的大伦敦企业（GLE）关注于在伦敦创业的小型企业发展。
[4] O'Neill et al., 1991; Coopers et al., 1991b.
[5] 关于地点重要性和离散影响的讨论，见S. Fainstein et al., 1993。
[6] Bloomberg.com.uk, 12月20日，2000年（www.bloomberg.com/uk/bus_news3）。
[7] Rueschemeyer et al., 1985, 57-59.
[8] 罗伯特·包瑞德（Robert Beauregard, 1989）讨论了州在参与发展时要求优惠的雇佣协议的重要性。他的分析仅限于建设招聘，但原则上可以扩展到运营公司。
[9] Eisinger, 1988.
[10] 成员包括舒伯特组织（Shubert Organization）的主席，纽约最大剧院的所有者；演员西莱斯特霍姆（Celeste Holm）；文森特·萨迪（Vincent Sardi），以他名字命名的著名餐厅的所有者。
[11] 进步的（progressive）在这里指的是相对于自由主义者、保守派而言的左翼人士。——译者注
[12] S. Fainstein, 1988.

附录

伦敦和纽约的人口与经济

附表 A-1　　1931—1998年大伦敦的人口（单位：万人）

年份	人口	出生在英联邦新成员国*及巴基斯坦的百分比	有色人种的百分比
1931	811.0		
1951	819.7		
1961	799.2		
1971	745.2	13%	
1981	669.6	18%	
1991	668.0		20%
1998	698.9		25%

* 包括加勒比海地区、印度、巴基斯坦、孟加拉共和国、塞浦路斯、直布罗陀、马其他和远东地区。

来　源：Great Britain, *Annual Abstract of Statistics* (London: HMSO, 1987), table 2.8; UK, 1991 Census of Population, Great Britain, *Labour Force Survey* (London: ONS, 1998)。

附表 A-2　　　　1940—2000 年纽约市的人口（单位：万人）

年份	1940	1950	1960	1970	1980	1990	2000
纽约市	745.5	789.2	778.2	789.5	707.2	732.3	800.8
白人所占百分比[a]	94%	90%	85%	—	61%	52%	45%
曼哈顿	189.0	196.0	169.8	153.9	142.8	145.6	153.7
白人所占百分比	83%	79%	74%	—	59%	59%	54%
布鲁克林区	269.8	273.8	262.7	260.2	223.1	230.1	246.5
白人所占百分比	95%	92%	85%	—	56%	47%	41%
布朗克斯	139.5	145.1	142.5	147.2	116.9	117.3	133.3
白人所占百分比	98%	93%	88%	—	47%	36%	30%
皇后区	129.8	155.1	181.0	198.6	189.1	191.1	222.9
白人所占百分比	97%	96%	91%	—	71%	58%	44%
斯塔顿岛	17.4	19.2	22.2	29.5	35.2	37.1	44.4
白人所占百分比	98%	96%	95%	—	89%	85%	78%

a 西班牙裔根据自身认同分别归类到白人或有色人种，纽约市 1980 年西班牙裔人口比例为 21%，1990 年为 24%，2000 年为 27%。因 1970 年对西班牙裔人口统计口径与其他年份不一致，故没有提供当年白人占总人口比例。白人以外的种族是指黑人、印第安人、亚裔／太平洋岛民以及其他族裔。

来　源：L. C. Rosenwaike, *Population History of New York City* (Syracuse: Syracuse University Press, 1972); pp. 121, 133, 136, 141, 197; U.S. Bureau of the Census, State and Metropolitan Area Data Book 1986, p. 202, table A; Port Authority of New York and New jersey, *Demographic Trends in the NY-Nj Metropolitan Region*; U.S. Bureau of the Census, Census 2000, www.census.gov.

附表 A-3　　1961—1997年伦敦各产业就业人口（单位：万人）

年份	1961	1981	1991	占1991总就业人口百分比	1997	占1997总就业人口百分比
制造、采矿、能源、农业	146.8	69.0	39.9	12%	29.2	8%
建造	28.1	16.5	11.8	4%	11.0	3%
交通、公用事业、批发	74.0	66.3	95.4	29%	28.0	8%
零售业	50.6	30.0	—		54.7	16%
金融和商务服务	46.2	59.3			106.6	31%
其中：金融、保险、房地产业			28.3	9%		
商务服务			45.1	14%		
其他服务业	38.4	26.5	104.9[a]	32%	43.3	13%
政府（健康、教育、福利、公共管理）	60.6	89.0	—		73.0	17%
总就业人口	444.7	356.6	335.4[b]		345.8	

a 包括1991年零售业和政府的就业人口之和。

b 据估计，在1988年12月—1991年6月，伦敦就业减少了251 000人。（LPAC，1991年度回顾 LPAC 勘误表）

根据如下来源计算：Nick Buck, Ian Gordon, and Ken Young, *The London Employment Problem* (Oxford: Clarendon Press, 1986), tables 4.1, 4.2；LPAC, *Strategic Trends & Policy, 1991 Annual Review* (London: lPAC, 1991)；Amer K. Hirmis, "Labour market and industry structure: Greater london," (london: LPAC, 1991)；Great Britain, Annual Employment Survey (london: 1997)。

附表 A-4　　　纽约市各产业就业人口（单位：万人）

	1960	1970	1980	1990	占1990总就业人口百分比	1998	占1998总就业人口百分比
制造业	94.9	76.8	49.7	34.6	9.6%	26.2	7.4%
建造业	12.5	11.0	7.7	11.0	3.1%	10.1	2.9%
交通和公共事业	31.8	32.3	25.7	22.2	6.2%	20.7	5.9%
批发和零售业	74.5	73.6	61.3	61.4	17.1%	58.8	16.7%
金融、保险和房地产业	38.6	46.0	44.8	51.2	14.1%	48.4	13.7%
服务业[a]	60.7	78.5	89.4	118.4	32.9%	132.6	37.6%
政府	40.8	56.3	51.6	60.7	16.9%	55.6	15.8%
总就业	353.8	374.5	330.2	359.5		352.4	

a 1998年数据称之为"服务业及其他"。

来源：Temporary Commission on City Finances, *The Effect of Taxation on Manufacturing in New York City*, December 1976, table 1; Real Estate Board of New York, Fact book 1983, October 1982, table 56; U.S. Bureau of Labor Statistics, *Employment and Earnings*, 37 (December 1990); The Port Authority of New York and New Jersey, *Regional Economy: Review and Outlook for the New York-New Jersey Metropolitan Region*, August 1999。

参考文献

Advisory Commission on Intergovernmental Relations. 1987. *Significant Features of Fiscal Federalism*. Washington, DC: ACIR.

Agnew, John. 1987. *Place and Politics*. Winchester, MA: Allen & Unwin.

Alcaly, R. E., and David Mermelstein, eds. 1976. *The Fiscal Crisis of American Cities*. New York: Vintage.

Alterman, Rachelle, and Jerold S. Kayden. 1988. Developer provisions of public benefits: Toward a consensus vocabulary. In *Private Supply of Public Services*, edited by Rachelle Alterman. New York: New York University Press.

Altshuler, Alan A. 1965. *The City Planning Process*. Ithaca, NY: Cornell University Press.

Ambrose, Peter. 1986. *Whatever Happened to planning?* London: Methuen.

Ambrose, Peter, and Bob Colenutt. 1975. *The Property Machine*. Harmondsworth, Middlesex, UK: Penguin.

Amin, Ash, and Nigel Thrift. 1995. Globalisation, institutional "thickness," and the local economy. In *Managing Cities: The New Urban Context*, edited by Patsy Healey et al. Chichester, UK: John Wiley.

——.1992. Neo-Marshallian nodes in global networks. *International Journal of Urban and Regional Research* 16 (December): 571-87.

Aron, Laurie Joan. 2000. The untold story: Yes, Virginia, there is new top-flight office space: Vast square footage added in bets that have paid off-so far. *Crain's New York Business*, April 17, pp. 31, 50.

Association of London Authorities (ALA) and Docklands Consultative Committee (DCC).1991.*10 Years of Docklands: How the Cake Was Cut*. London: ALA and DCC, June.

Bachrach, Peter, and MortonS. Baratz. 1962. Two faces of power. *American Political Science Review* 56 (December): 947-52.

Bacow, Lawrence S. 1990. Foreign investment, vertical integration, and the structure of the U.S. real estate industry. *Real Estate Issues* 15 (Fall/Winter): 1-8.

Badcock, Blair. 1984. *Unfairly Structured Cities*. Oxford: Blackwell.

Bagli, Charles V. 2000a. At least one Yankee team gets its wish. *New York Times*, February 9.

——.2000b. Office shortage imperils growth in New York City. *New York Times*, September 19.

——.2000c. Doubts rise on new site for big board. *New York Times*, June 6.

——.1999a. CBS granted more tax cuts to stay put. *New York Times*, January 29.

——.1999b. Office tower said to get tax breaks. *New York Times*, June 6.

——.1999c. Times is said to consider a new tower. *New York Times*, October 14.

——. 1998. Fierce bidding expected as Prudential sells 2 development sites in Times Sq. *New York Times*, March 8.

——.1997a. Pledge to stay in city wins Bear Stearns a tax break. *New York Times*, August 28.

——.1997b. Companies get second helping of tax breaks. *New York Times*, October 17.

——.1992. City continues to blink in real estate dealings. *New York Observer*, March 9.

——.1991. Old foes make strange bedfellows on Trump's long-fought project. *New York Observer*, Apri122.

Balbus, Isaac. 1971. The concept of interest in pluralist and marxian analysis. *Politics and Society* 1 (February): 151-78.

Balchin, Paul N., Jeffrey L. Kieve, and Gregory H. Bull. 1988. *Urban Land Economics and Public Policy*. 4th ed. London: Macmillan.

Ball, Michael. 1983. *Housing policy and Economic Power*. London: Methuen.

Ball, Michael, V. Bentivegna, M. Edwards, and M. Folin. 1985. *Land Rent, Housing, and Urban Planning*. London: Croom Helm.

Barber, Benjamin R. 1984. *Strong Democracy*. Berkeley: University of California Press.

Barnekov, Timothy, Robin Boyle, and Daniel Rich. 1989. *Privatism and Urban Policy in Britain and the United States*. Oxford: Oxford University Press.

Barrett, Wayne. 1992. *Trump*. New York: HarperCollins.

Barron's. 1992. May 18.

——.1991. July 22.

Battery Park City Authority (BPCA). 2000. *Time Line*. New York: BPCA.

——.1992. *Battery Park City Fact Sheet*. New York: BPCA.

Bautista, Eddie. 2000. Lecture at ICAS Citizenship Seminar. Urban Planning: Critiques and New Approaches. New York University, April 7.

Beauregard, Robert A. 1991. Capital restructuring and the new built environment of global cities: New York and Los Angeles. *International Journal of Urban and Regional Research* 15, no. 1: 90-105.

——. 1990. Bringing the city back in. *Journal of the American Planning Association* 56 (Spring): 210-15.

——. ed. 1989. *Atop the Urban Hierarchy*. Totowa, NJ: Rowman & Littlefield.

Beauregard, Robert A., and Anne Haila. 2000. The unavoidable continuities of the city. In *Globalizing Cities*, edited by Peter Marcuse and Ronald van Kempen. Oxford: Blackwell.

Bennett, Larry. 1998. Do we really wish to live in a communitarian city? Communitarian thinking and the redevelopment of Chicago's Cabrini-Green public housing complex. *Journal of Urban Affairs* 20, no. 2: 99-116.

Berman, Marshall. 1997. Signs of the times. *Dissent* 44, no. 4 (Fall): 76-83.

Berry, Mike. 1990. Economic restructuring and the transformation of urban space: The view from Australia. Paper presented to the World Congress of the International Sociological Association. Madrid, Spain, July.

Berry, M., and M. Huxley. 1992. Big build: Property capital, the state, and urban change in Australia. *International Journal of Urban and Regional Research* 16, no. 1: 35-59.

Bish, Robert L. 1971. *The Public Economy of Metropolitan Areas*. Chicago: Markham.

Boddy, Trevor. 1992. Underground and overhead: Building the analogous city. In *Variations on a Theme Park*, edited by Michael Sorkin. New York: Hill and Wang.

Boyer, M. Christine. 1995. The great frame-up: Fantastic appearances in contemporary spatial politics. In *Spatial Practices*, edited by Helen Liggett and David C. Perry. Thousand Oaks, CA: Sage.

——.1992. Cities for sale: Merchandising history at South Street Seaport. In *Variations on a Theme Park*, edited by Michael Sorkin. New York: Hill and Wang.

——.1983. *Dreaming the Rational City*. Cambridge, MA: MIT Press.

Bram, Jason, and James Orr. 1999. Can New York City bank on Wall Street? Federal Reserve Bank of New York. *Current Issues in Economics and Finance* 3, no. 11 (July): 1-5.

Bramidge, Andrew. 1998. Developing a sustainable middle ground between property-led regeneration and small-scale community initiatives. Master's thesis, University of Westminster, UK.

Branson, Noreen. 1979. *Poplarism, 1919-1925*. London: Lawrence and Wishart.

Breznick, Alan. 1991. Forest City will join big Brooklyn project. *New York Times*, February 18.

Brilliant, Eleanor. 1975. *The Urban Development Corporation*. Lexington, MA: D. C. Heath.

Brindley, Tim, Yvonne Rydin, and Gerry Stoker. 1996. *Remaking Planning*. 2d ed. London: Routledge.

———.1989. *Remaking Planning*. London: Unwin Hyman.

Browne, Anthony. 1999. The market left out in the cold. *Observer* (London), March 21.

Brownill, Sue. 1991. London Docklands: Social or physical regeneration? The need for a reassessment of regeneration dichotomies. Paper presented at the joint meeting of the Association Collegiate Schools of Planning and the Association of European Schools of Planning, Oxford, UK, July.

Brownill, Sue, Konnie Razzaque, and Ben Kochan. 1998. From exclusion to partnership? The LDDC and community consultation and participation. *Rising East: The Journal of East London Studies* 2, no. 2: 42-72.

Bruck, Connie. 1989. *The Predators' Ball*. New York: Penguin.

Buchan, James. 1990. A high-risk business. *Sunday Review-The Independent on Sunday*. December 16, pp. 2-5.

Buck, Nick, Matthew Drennan, and Kenneth Newton. 1992. Dynamics of the metropolitan economy. In *Divided Cities*, edited by Susan S. Fainstein, Ian Gordon, and Michael Harloe. Oxford: Blackwell.

Buck, Nick, and Norman Fainstein. 1992. A comparative history, 1880-1973. In *Divided Cities*, edited by Susan S. Fainstein, Ian Gordon, and Michael Harloe. Oxford: Blackwell.

Buck, Nick, Ian R. Gordon, and Ken Young. 1986. *The London Employment Problem*. Oxford: Oxford University Press.

Burrough, Bryan, and John Helyar. 1990. *Barbarians at the Gate: The Fall of RJR Nabisco*. New York: Harper & Row.

Business Week. 1992. Can O & Y escape? Maybe it's not too big to fail. June 1.

———.1990. Inside the Reichmann empire: Why their gambles usually pay off. January 29.

Butterworth, R. 1966. Islington Borough Council: Some characteristics of single-party rule. *Politics* (Australasia) 1.

Byrne, Therese E., and David J. Kostin. 1990. *London Office Market II: Breaking the Code*. Salomon Brothers Bond Market Research-Real Estate, August.

Byrne, Therese E., and David Shulman. 1991. *Manhattan Office Market II: Beyond the Bear Market*. Salomon Brothers Bond Market Research-Real Estate, June.

Cambridge Research Associates. 1998. *Regenerating London Docklands*. Report to the UK Department of Environment, Transport and the Regions. London: DETR.

Camden, London Borough of. 1989a. *King's Cross Development Proposals: Progress Report on the Planning Application: Main Report*, September 19.

———.1989b. King's Cross development proposals. The new scheme: Have they got it right? Photocopied flyer.

———.1989c. King's Cross development proposals. A development benefitting the community or an "office city"? Report back cover. September.

———.1988. *The King's Cross Railway Lands: A Community Planning Brief*. June.

Camden Citizen. 1990. King's Cross development: The new proposals. Supplement 1.

Canary Wharf, London. n.d. (1999). *Fact File*. London: Canary Wharf Group.

Caro, Robert. 1974. *The Power Broker: Robert Moses and the Fall of New York*. New York: Knopf.

Castells, Manuel. 1989. The Informational City. Oxford: Blackwell.

———.1985. High technology, economic restructuring, and the urban-regional process in the United States. In *High

Technology, Space, and Society, edited by Manuel Castells. Beverly Hills, CA: Sage.

———.1977. *The Urban Question*. Cambridge, MA: MIT Press.

Chira, Susan. 1989. New designs for Times Square try to reflect neon atmosphere. *New York Times*, August 31.

Church, Andrew. 1988a. Demand-led planning, the inner-city crisis, and the labour market: London Docklands evaluated. In *Revitalising the Waterfront*, edited by B. S. Hoyle, D. A. Pinder, and M. S. Husain. London: Belhaven Press.

———.1988b. Urban regeneration in London Docklands: A five-year policy review. *Environment and Planning C: Government and Policy* 6: 187-208.

Church, Andrew, and Martin Frost. 1998. Trickle down or trickle out: Job creation and work-travel impacts of Docklands regeneration. *Rising East: The Journal of East London Studies* 2, no. 2: 73-103.

Citizens Budget Commission. Various years. *Five-Year Pocket Summary of New York City and New York State Finances*. New York: Citizens Budget Commission.

Clavel, Pierre. 1986. *The Progressive City*. New Brunswick, NJ: Rutgers University Press.

Clawson, Marion, and Peter Hall. 1973. *Planning and Urban Growth: An Anglo-American Comparison*. Baltimore: Johns Hopkins University Press.

Colenutt, Bob. 1990. Urban development corporations-The Docklands experiment. Summary. Paper presented at Conference on Economic Regeneration. Chicago, September.

Colliers International Property Consultants. 1991. *Colliers International Worldwide 1991 Office Survey*. July 29.

Commission on the Year 2000. 1987. *New York Ascendant*. New York: Commission on the Year 2000.

Community Development Group (Spitalfields). 1989. *Planning Our Future*. London: Community Development Group.

Conroy, W. J. 1990. *Challenging the Boundaries of Reform: Socialism in Burlington*. Philadelphia: Temple University Press.

Cooke, Philip, ed. 1989. *Localities*. London: Unwin Hyman.

Coopers & Lybrand Deloitte. 1991a. Wealth creation in world cities. Annex to London Planning Advisory Committee (LPAC), *London: A World City Moving into the 21st Century*. London: LPAC.

———.1991b. *London, World City*. Consultants Stage II Report. London: LPAC.

Corbridge, Stuart, Ron Martin, and Nigel Thrift. 1994. *Money, Power, and Space*. Oxford: Blackwell.

Corporation of London. 1999. Development info. Department of Planning, Corporation of London.

Cox, Kevin.1997. Governance, urban regime analysis, and the politics of local economic development. In *Reconstructing Urban Regime Theory*, edited by Mickey Lauria. Thousand Oaks, CA: Sage.

———.1991. Questions of abstraction in studies in the new urban politics. *Journal of Urban Affairs* 13, no. 3: 267-80.

Crain, Rance. 1992. By keeping city's lid on, Dinkins revives '93 hopes. *Crain's New York Business*, May 11.

Crain's New York Business. 1992. March 23.

———.1991a. July 22.

———.1991b. October 21.

Crilley, Darrel. 1993. Megastructures and urban change: Aesthetics, ideology, and design. In *The Restless Urban Londscape*, edited by Paul L. Knox. Englewood Cliffs, NJ: Prentice-Hall.

Croghan, Lore. 2000a. Related secures Coliseum loan. *Crain's New York Business*, May29, p. 3.

———.2000b. Douglas Durst productions give Times Square a new beginning. *Crain's New York Business*, May 15, p. 26.

———.2000c. Topping off MetroTech complex. *Crain's New York Business*, January 10, p. 13.

Cross, Malcolm, and Roger Waldinger. 1992. Migrants, minorities, and the ethnic division of labor. In *Divided Cities*, edited by Susan S. Fainstein, Ian Gordon, and Michael Harloe. Oxford: Blackwell.

Cummings, Scott, ed. 1988. *Business Elites and Urban Development*. Albany, NY: SUNY Press.

Cushman, John H. 1992. House approves tax bill with $14.4 billion in breaks. *New York Times*, July 3.

Dahl, Robert. 1961. *Who Governs?* New Haven: Yale University Press.

Daniels, P. W., and J. M. Bobe. 1991. High rise and high risks: Office development on Canary Wharf. SIRC Working Paper no. 7. Portsmouth Polytechnic. May.

———.1990. Information technology and the renaissance of the City of London office building. SIRC Working Paper no. 3. Portsmouth Polytechnic. December.

Danielson, M., and J. Doig. 1982. *New York: The Politics of Urban Regional Development*. Berkeley: University of California Press.

Davis, John Emmeus. 1991. *Contested Ground*. Ithaca, NY: Cornell University Press.

Davis, Mike. 1990. *City of Quartz*. London: Verso.

Dear, Michael, and Allen J. Scott, eds. 1981. *Urbanization and Urban Planning in Capitalist Society*. London: Methuen.

Dehesb, Alireza, and Cedric Pugh. 1999. The internationalization of post-1980 property cycles and the Japanese "bubble" economy, 1986-96. *International Journal of Urban and Regional Research* 23, no. I (March): 147-64.

Dewar, Elaine. 1987. The mysterious Reichmanns: The untold story. *Toronto Life*, November, pp. 61-186.

Dijkstra, Fer. 1991. Address given at the annual meeting of the Institute of British Geographers. January.

Dizard, John. 1992. Boom to tomb at 55 Water St. as prestigious leases expire. *New York Observer*, April 13.

Docklands Consultative Committee (DCC). 1988. *Urban Development Corporations: Six Years in London's Docklands*. London: DCC, February.

Domhoff, William. 1978. *Who Really Rules?* Santa Monica, CA: Goodyear.

Downs, Anthony. 1985. *The Revolution in Real Estate Finance*. Washington, DC: Brookings Institution.

Drennan, Matthew. 1988. Local economy and local revenues. In *Setting Municipal Priorities, 1988*, edited by Charles Brecher and Raymond D. Horton. New York: New York University Press.

Dror, Yehezkel. 1968. *Public Policy Reexamined*. San Francisco: Chandler.

Dunlap, David W. 2000. Battle lines drawn on new zoning plan. *New York Times*, Section 11, June 4.

———.1999. Filling in the blanks at Battery Park City. *New York Times*, Section 11, February 7.

———.1998. At Columbus Circle, a circuitous path to Columbus Centre. *New York Times*, Section 11, September 6.

———.1993. Council's land-use procedures emerging. *New York Times*, Section 10, January 3.

———. 1992a.Charting the future of the waterfront. *New York Times*, Section 10, November 15.

———. 1992b. New Times Sq. Plan: Light! Signs! Dancing! Hold the offices. *New York Times*, August 20.

———.1991. How developers and city hall retain big tenants. *New York Times*, June 16.

———.1988.From dust of demolition, a new Times Square rises. *New York Times*, July 6.

Economist. 2000. February 12.

———.1997. May 24.

———.1992. March 28.

———.1991a. June 22.

———.1991b. October 20.

——.1990. May 12.

Edwards, Michael. 1992. A microcosm: Redevelopment proposals at King's Cross. In *The Crisis of London*, edited by Andy Thornley. London: Routledge.

Eisinger, Peter K. 1988. *The Rise of the Entrepreneurial State*. Madison: University of Wisconsin Press.

Elkin, Stephen L. 1987. *City and Regime in the American Republic*. Chicago: University of Chicago Press.

English Partnerships. 1999. King's Cross Railway Lands (Position statement, July 1999). Typed copy.

Epstein, Jason. 1992. The tragical history of New York. *New York Review of Books*, April 9, pp. 45-52.

Fainstein, Norman I., and Susan S. Fainstein. 1988. Governing regimes and the political economy of development in New York City, 1946-1984. In *Power, Culture, and Place*, edited by John Hull Mollenkopf. New York: Russell Sage Foundation.

——.1978. National policy and urban development. *Social Problems* 26 (December):125-46.

Fainstein, Susan S. 2000. New directions in planning theory. *Urban Affairs Review* 35, no. 4 (March): 451-78.

——.1999. Can we make the cities we want? In *The Urban Moment*, edited by Sophie Body-Gendrot and Robert Beauregard. Thousand Oaks, CA: Sage.

——.1997. The egalitarian city: The restructuring of Amsterdam. *International Planning Studies* 2, no. 3: 295-314.

——.1992. The second New York fiscal crisis. *International Journal of Urban and Regional Research* (March): 129-37.

——.1991a. Rejoinder to: Questions of abstraction in studies in the new urban politics. *Journal of Urban Affairs* 13, no. 3: 281-87.

——.1991b. Promoting economic development: Urban planning in the United States and the United Kingdom. *Journal of the American Planning Association* 57(Winter): 22-33.

——.1990a. The changing world economy and urban restructuring. In *Leadership and Urban Regeneration*, edited by D. Judd and M. Parkinson. Newbury Park, CA: Sage.

——.1990b. Economics, politics, and development policy: The convergence of New York and London. *International Journal of Urban and Regional Research* 14, no. 4:553-75.

Fainstein, Susan S., and Norman I. Fainstein. 1994. *Urban Political Movements*. Englewood Cliffs, NJ: Prentice-Hall.

——.1987. Economic restructuring and the politics of land use planning in New York City. *Journal of the American Planning Association* 53 (Spring): 237-48.

——.1986a. New Haven: The limits of the local state. In Susan S. Fainstein et al., *Restructuring the City*. Rev. ed. New York: Longman.

——.1986b. Regime strategies, communal resistance, and economic forces. In Susan S. Fainstein et al., *Restructuring the City*. Rev. ed. New York: Longman.

——.1985. Is state planning necessary for capital? *International Journal of Urban and Regional Research* 9, no. 4 (December): 485-507.

Fainstein, Susan S., Norman I. Fainstein, Richard Child Hill, Dennis Judd, and Michael Peter Smith. 1986. *Restructuring the City*. Rev. ed. New York: Longman.

Fainstein, Susan S., Norman I. Fainstein, and Alex Schwartz. 1989. Economic shifts and land-use in the global city: New York, 1940-87. In *Atop the Urban Hierarchy*, edited by Robert Beauregard. Totowa, NJ: Rowman and Littlefield.

Fainstein, Susan S., Ian Gordon, and Michael Harloe, eds. 1992. *Divided Cities*. Oxford: Blackwell.

Fainstein, Susan S., and Michael Harloe. 1992. Introduction to *Divided Cities*, edited by Susan S. Fainstein, Jan Gordon, and Michael Harloe. Oxford: Blackwell.

Fainstein, Susan S., and Ann R. Markusen. 1993. Urban policy: Bridging the social and economic development gap. *University of North Carolina Law Review* 71 (June): 1463-86.

Fainstein, Susan S., and Ken Young. 1992. Politics and state policy in economic restructuring. In *Divided Cities*, edited by Susan S. Fainstein, Ian Gordon, and Michael Harloe. Oxford: Blackwell.

Faludi, Andreas. 1987. *A Decision-Centered View of Environmental Planning*. New York: Pergamon.

——. 1986. *Critical Rationalism and Planning Methodology*. London: Pion.

Fathers, Michael. 1992. What went wrong with what went up. *Independent on Sunday*, May 17.

Fazey, Ian Hamilton. 1991. Urban development bodies plan their own extinction. *Financial Times*, February 21.

Feagin, Joe R., and Robert Parker. 1990. *Rebuilding American Cities: The Urban Real Estate Game*. 2d ed. Englewood Cliffs, NJ: Prentice-Hall.

Feiden, Douglas. 1999. Theater Row mounts a major revival. *Daily News*, May 6.

Financial Times. 1992. August 1-2.

——. 1991. December 7-8.

Fiscal Policy Institute. 1999. *The State of Working New York: The Illusion of Prosperity: New York in the New Economy*. New York: Fiscal Policy Institute.

Fisher, Peter S., and Alan H. Peters. 1998. *Industrial Incentives*. Kalamazoo, MI: Upjohn.

Foglesong, Richard E. 1986. *Planning the Capitalist City*. Princeton, NJ: Princeton University Press.

Foley, Donald L. 1972. *Governing the London Region*. Berkeley: University of California Press.

Forest City Enterprises. 2000. The New York Times Company selects Forest City Ratner Companies as real estate developer. Press release, February 18.

Forest City Ratner Companies. 1992. MetroTech Center Fact Sheet. February.

Forman, Charlie. 1989. *Spitalfields: A Battle for Land*. London: Hilary Shipman.

Foster, Janet. 1999. *Docklands: Cultures in Conflict, Worlds in Collision*. London: UCL Press.

Frantz, Douglas. 1991. *From the Ground Up*. New York: Henry Holt.

Frieden, Bernard J., and Lynne B. Sagalyn. 1990. *Downtown, Inc*. Cambridge, MA: MIT Press.

Friedland, Roger. 1983. *Power and Crisis in the City*. New York: Schocken.

Friedmann, John. 1986. The world city hypothesis. *Development and Change* 17: 69-83.

Friedmann, John, and G. Wolff. 1982. World city formation: An agenda for research and action. *International Journal of Urban and Regional Research* 6, no. 3: 69-83.

Fujita, Kuniko. 1991. A world city and flexible specialization: Restructuring of the Tokyo metropolis. *International Journal of Urban and Regional Research* 15, no. 2:269-84.

Gans, Herbert J. 1988. *Middle American Individualism*. New York: Oxford University Press.

——. 1968. *People and Plans*. New York: Basic Books.

Gill, Brendan. 1990. The sky line: Battery Park City. *New Yorker*, August 20, pp. 99-106.

Glassberg, A. 1981. Representation and urban community. London: Macmillan.

Glueck, Grace, and Paul Gardner. 1991. *Brooklyn: People and Places, Past and Present*. New York: Harry N. Abrams.

Goldberger, Paul. 1990. A huge architecture show in Times Square. *New York Times*, September 9.

——. 1989a. Times Square: Lurching toward a terrible mistake? *New York Times*, February 19.

———.1989b. New Times Square design: Merely token changes. *New York Times*, September 1.

———.1988. Public space gets a new cachet in New York. *New York Times*, May 22.

———.1986. Battery Park City is a triumph of urban design. *New York Times*, August 31.

Galway, Terry. 1991. Battery Park City's Emil is assailed as a meddler. *New York Observer*, August 5-12.

Gordon, David L. A. 1997. *Battery Park City: Politics and Planning on the New York Waterfront*. Amsterdam: Gordon and Breach.

Gordon, Ian. 1996. The London economy: Performance & prospects. In *Four World Cities: A Comparative Study of London, Paris, New York, and Tokyo*, edited by Llewelyn Davies. London: University College London, Comedia.

Goss, S. 1988. *Local Labour and Local Government*. Edinburgh: Edinburgh University Press.

Gottdiener, M. 1985. *The Social Production of Urban Space*. Austin: University of Texas Press.

Gourevitch, Peter. 1986. *The Politics of Hard Times*. Ithaca, NY: Cornell University Press.

Grant, James. 1992. The Olympia ordeal: It won't end soon. *New York Times*, Section 3, May24.

Grant, Peter. 1990. Tenants see tricks, no treats, with shift. *Crain's New York Business*, October 22.

———.1989. Why Prudential needs Times Square. *Crain's New York Business*, September4.

Greater London Council. 1985. *London Industrial Strategy: The Docks*. London: GLC.

Greater London Enterprise. 2000a. The financial services sector. Draft document. London: GLE.

———.2000b. Alliance of big business and London boroughs to help capital's disadvantaged. Press release, June 14.

Green, Roy E., ed. 1991. *Enterprise Zones*. Newbury Park, CA; Sage.

Guardian. 1988. August 24.

GVA Grimley. 2000. Economic and property market review: Research. First quarter. London: GVA Grimley, International Property Advisers.

———.1999. Central London office commentary. Second quarter. London: GVA Grimley, International Property Advisers.

———.1998. Central London office commentary. Autumn. London: GVA Grimley, International Property Advisers.

GVA Williams. 1999. *The Williams Report*. London: GVA Williams.

Haila, Anne. 1999. Why is Shanghai building a giant speculative property bubble? *International Journal of Urban and Regional Research* 23, no. 3 (September): 583-88.

———.1991. Four types of investment in land and property. *International Journal of Urban and Regional Research* 15, no. 3 (September): 343-65.

———.1988. Land as a financial asset: The theory of urban rent as a mirror of economic transformation. *Antipode* 20, no. 2: 79-100.

Hall, Peter. 1998. *Cities and Civilization*. New York: Pantheon.

———.1996. *Cities of Tomorrow*. Updated edition. Oxford: Blackwell.

———.1989. *London 2001*. London: Unwin Hyman.

———.1980. *Great Planning Disasters*. Berkeley: University of California Press.

———.1963. *London 2000*. London: Faber and Faber.

Hall, Peter, Harry Gracey, Roy Drewett, and Ray Thomas. 1973. *The Containment of Urban England*. London: Allen & Unwin.

Hambleton, Robin. 1989. Urban government under Thatcher and Reagan. *Urban Affairs Quarterly* 24: 359-88.

Hamnett, Chris. 1994. Social polarisation in global cities: Theory and evidence. *Urban Studies* 31, no. 3: 401-24.

Hamnett, Chris, and Bill Randolph. 1988. *Cities, Housing & Profits*. London: Hutchinson.

Harding, Alan. 1995. Elite theory and growth machines. In *Theories of Urban Politics*, edited by David Judge, Gerry Stoker, and Harold Wolman. London: Sage.

——.1994. Urban regimes and growth machines: Toward a cross-national research agenda. *Urban Affairs Quarterly* 29, no. 3 (March): 356-82.

——.1990. Property interests and urban growth coalitions in the U.K.: A brief encounter? Working Paper no. 12, Centre for Urban Studies, University of Liverpool, March.

Harloe, Michael. 1995. *The People's Home*. Oxford: Blackwell.

Harloe, Michael, and Susan S. Fainstein. 1992. Conclusion: The divided cities. In *Divided Cities*, edited by Susan S. Fainstein, Ian Gordon, and Michael Harloe. Oxford: Blackwell.

Harloe, Michael, Peter Marcuse, and Neil Smith. 1992. Housing for people, housing for profits. In *Divided Cities*, edited by Susan S. Fainstein, Ian Gordon, and Michael Harloe. Oxford: Blackwell.

Harloe, Michael, Chris Pickvance, and John Urry, eds. 1990. *Place, Policy, and Politics: Do Localities Matter?* London: Unwin Hyman.

Harvey, David. 1992. Social justice, postmodernism, and the city. *International Journal of Urban and Regional Research* 16 (December): 588-601.

——.1989. *The Condition of Post-Modernity*. Oxford: Blackwell.

——.1985a. *The Urbanization of Capital*. Baltimore: Johns Hopkins University Press.

——.1985b. *Consciousness and the Urban Experience*. Baltimore: Johns Hopkins University Press.

——.1985c. Class-monopoly rent, finance capital, and the urban revolution. In *The Urbanization of Capital*, edited by David Harvey. Baltimore: Johns Hopkins University Press.

——.1982. *The Limits to Capital*. Chicago: University of Chicago Press.

——.1981. The urban process under capitalism: A framework for analysis. In *Urbanization and Urban Planning in Capitalist Society*, edited by Michael Dear and Allen J. Scott. London: Methuen.

——.1978. Planning the ideology of planning. In *Planning Theory in the 1980s*, edited by Robert Burchell and George Sternlieb. New Brunswick, NJ: Rutgers University Center for Urban Policy Research.

——.1973. *Social Justice and the City*. Baltimore: Johns Hopkins University Press. Healey, Patsy. 1997. *Collaborative Planning*. Houndmills, Basingstoke, Hampshire, UK: Macmillan.

——.1990. Understanding land and property development processes: Some key issues. In *Land and Property Development in a Changing Context*, edited by Patsy Healey and Rupert Nabarro. Aldershot, Hants, UK: Gower.

Healey, Patsy, and Susan M. Barrett. 1990. Structure and agency in land and property development processes: Some ideas for research, *Urban Studies* 27, no. 1: 89-104.

Healey, Patsy, Simin Davoudi, Solmaz Tavsanoglu, Mo O'Toole, and David Usher.1992. *Rebuilding the City: Property-Led Urban Regeneration*. London: E & FN Span.

Healey, Patsy, and Rupert Nabarro, eds. 1990. *Land and Property Development in a Changing Context*. Aldershot, Rants, UK: Gower.

Hoff, Jeffrey. 1989. Who should pay to transform Times Square? *Barron's, September* 25.

Holusha, John, 1999. Bites and bytes at an old cookie factory. *New York Times*, Section 11, December 5.

——.1998. A corporate headquarters next to Bugs and Mickey. *New York Times*, Section I 1, September 6.

Houlder, Vanessa. 1992. Two projects in the City come nearer to fruition. *Financial Times*, Weekend, March 28/29.

——.1991a. Docklands body to cut 40% of staff. *Financial Times*, April 30.

———.1991b. Rosehaugh losses grow to £226.6m after provisions. *Financial Times*, Weekend, December 7/8.

Houlder, Vanessa, Michael Smith, Roland Rudd, and Ivo Dawnay. 1992. Hanson believes Canary Wharf project is worth £600m at most. *Financial Times*, June 2.

Hu, Dapeng, and Anthony Pennington-Cross. 2000. *The Evolution of Real Estate in the Economy*. Institute Report no. 00-02. Washington, DC: Research Institute for Housing America, June.

Hudson, James R. 1987. *The Unanticipated City*. Amherst: University of Massachusetts Press.

Hylton, Richard D. 1992a. Olympia to disclose lost value. *New York Times*, July 1.

———.1992b. $240 million demand on developer. *New York Times*, January 16.

———.1992c. Slumping real estate leaves giant reeling. *New York Times*, March 24.

———.1992d. Banks fear losses as builder reels. *New York Times*, March 30.

———.1990a. Olympia & York selling stake in U.S. holdings. *New York Times*, September 20.

———.1990b. Reshaping a real estate dynasty. *New York Times*, November 28.

Imbroscio, David L. 1997. *Reconstructing City Politics*. Thousand Oaks, CA: Sage.

Imrie, Rob, and Huw Thomas. 1999. Assessing urban policy and the Urban Development Corporations. In *British Urban Policy*, edited by Rob Imrie and Huw Thomas. London: Sage.

Insignia Richard Ellis. 2000. *London Office Market Bulletin*. London: Insignia Richard Ellis.

Isaac, Paul J. 1992. Just the beginning. *Barron's*, May 18.

Jacobs, Jane. 1961. *The Death and Life of Great American Cities*. New York: Vintage.

Jenkins, Peter. 1988. *Mrs. Thatcher's Revolution*. Cambridge, MA: Harvard University Press.

Jonas, Andrew E. G., and David Wilson.1999. *The Urban Growth Machine: Critical Perspectives Two Decades Later*. Albany: SUNY Press.

Jones Lang Wootton *Consulting and Research*. 1987. *The Central London Office Market*, June.

Judd, Dennis R. 1995. The rise of the new walled cities. In *Spatial Practices*, edited by Helen Liggett and David C. Perry. Thousand Oaks, CA: Sage.

Judd, Dennis R., and Michael Parkinson, eds. 1990. *Leadership and Urban Regeneration*. Newbury Park, CA: Sage.

Judge, David, Gerry Stoker, and Harold Wolman, eds. 1995. *Theories of Urban Politics*. London: Sage.

Kahan, Richard. 2000. Lecture at ICAS Citizenship Seminar. Urban Planning: Critiques and New Approaches. New York University, April 7.

Key, Tony, Marc Espinet, and Carol Wright. 1990. Prospects for the property industry: An overview. In *Land and Property Development in a Changing Context*, edited by Patsy Healey and Rupert Nabarro. Aldershot, Hants, UK: Gower.

King, Anthony D. 1990. *Global Cities*. London: Routledge.

King, Desmond S. 1989. Political centralization and state interests in Britain: The 1986 abolition of the GLC and MCCs. *Comparative Political Studies* 21 (January):467-94.

King, R. J. 1988. Urban design in capitalist society. *Environment and Planning D: Society and Space* 6: 445-74.

King's Cross Railway Lands Community Development Group (RLCDG). 1989. *The King's Cross Development-People or Profit?* London: King's Cross RLCDG, July.

Kleinman, Mark. 1999: A more normal housing market? The housing role of the London Docklands Development Corporation, 1981-1998. LSE London Discussion Paper, May.

Klosterman, Richard. 1985. Arguments for and against Planning. *Town Planning Review* 56, no. 1: 5-20.

Knox, Paul L. 1993. The postmodern urban matrix. In *The Restless Urban Landscape*. Englewood Cliffs, NJ:

Prentice-Hall.

Knox, Paul L., and Peter J. Taylor, eds. 1995. *World Cities in a World System*. Cambridge, UK: Cambridge University Press.

Koch, Edward I. 1984. *Mayor*. New York: Simon and Schuster.

Kolbert, Elizabeth. 2000. The last floor show. *New Yorker*, March 20, pp. 84-93.

Krieger, Joel. 1986. *Reagan, Thatcher, and the Politics of Decline*. New York: Oxford University Press.

Krumholz, Norman, and John Forester. 1990. *Making Equity Planning Work*. Philadelphia: Temple University Press.

Labaton, Stephen. 2000. Oligopoly. *New York Times*, Section 4, June II.

Lamarche, Francois. 1976. Property development and the economic foundations of the urban question. In *Urban Sociology*, edited by Chris Pickvance. New York: St. Martin's.

Lambert, Bruce. 2000. Housing crisis confounds a prosperous city. *New York Times*, Metro Section, July 9.

———.1991. The way cleared for long-delayed housing. *New York Times*, Section 10, April 14.

Lash, Scott, and John Urry. 1994. *Economies of Signs & Space*. Thousand Oaks, CA: Sage.

Lassar, Terry Jill, ed. 1990. *City Deal Making*. Washington, DC: Urban Land Institute.

Lauria, Mickey. 1997. Introduction to *Reconstructing Urban Regime Theory*. Thousand Oaks, CA: Sage.

Lawless, Paul. 1990. Regeneration in Sheffield: From radical intervention to partnership. In *Leadership and Urban Regeneration*, edited by Dennis Judd and Michael Parkinson. Newbury Park, CA: Sage.

———.1989. *Britain's Inner Cities*. 2d ed. London: Paul Chapman.

———.1987. Urban development. In *Reshaping Local Government*, edited by Michael Parkinson. New Brunswick, NJ: Transaction Books.

Lee, Moon Wha. 1999. *Housing New York City, 1996*. New York: New York City Department of Housing Preservation and Development.

Lefebvre, Henri. 1991. *The Production of Space*. Translated by Donald Nicholson-Smith. Cambridge, MA: Blackwell.

Leitner, H. 1994. Capital markets, the development industry, and urban office market dynamics: Rethinking building cycles. *Environment and Planning A* 26: 779-802.

Lemann, Nicholas. 2000. No man's town. *New Yorker*, June 5, pp. 42-48.

Lentz, Philip. 2000a. Boroughs get Din Class A space. *Crain's New York Business*, June 12, pp. 3, 62.

———. 2000b. Rezoning divides city hall. *Crain's New York Business*, May 15, p. 4.

———. 2000c. Ignored Brooklyn gets down to business. *Crain's New York Business*, February 14, p. 3.

Leonard, Devin. 1998. Zuckerman ends up with surprise space in Times Square deal. *New York Observer*, April 20.

Lever, Lawrence. 1988a. Canary Wharf saviour sings Britain's praise: Born again Anglophile of Docklands. *Financial Times*, May 9.

———.1988b. Reichmanns aim for Stanhope. *Financial Times*, May 11.

Levy, John M. 1990. What local economic developers actually do: Location quotients versus press releases. *Journal of the American Planning Association* 56 (Spring): 153-60.

Lewis, Michael. 1989. *Liar's Poker*. New York: Penguin.

Leyshon, Andrew, Nigel Thrift, and Peter Daniels. 1990. The operational development and spatial expansion of large commercial property firms. In *Land and Property Development in a Changing Context*, edited by Patsy Healey and Rupert Nabarro. Aldershot, Rants, UK: Gower.

———.1987. The urban and regional consequences of the restructuring of world financial markets: The case of the City of London. Working Papers on Producer Services no. 4, University of Bristol and Service Industries Research Centre, Portsmouth Polytechnic. July.

Lichfield, John. 1992. Downfall of a towering ambition. *Independent on Sunday*. May 17.

Lichtenberger, Elisabeth. 1991. Product cycle theory and city development. *Act a Geographica Lovaniensia* 31: 88-94.

Lin, Paul. 1991. The super-agency. *City Limits* 16 (November): 8-10.

Logan, John R. 2000. Still a global city: The racial and ethnic segmentation of New York. In *Globalizing Cities*, edited by Peter Marcuse and Ronald van Kempen. Oxford: Blackwell.

———.1992. Cycles and trends in the globalization of real estate. In *The Restless Urban Landscape*, edited by Paul L. Knox. Englewood Cliffs, NJ: Prentice-Hall.

Logan, John R., and Harvey Molotch. 1987. *Urban Fortunes*. Berkeley: University of California Press.

Logan, John R., and Todd Swanstrom. 1990a. Urban restructuring: A critical view. In *Beyond the City Limits*, edited by John R. Logan and Todd Swanstrom. Philadelphia: Temple University Press.

———,eds. 1990b. *Beyond the City Limits*. Philadelphia: Temple University Press.

London Docklands Development Corporation (LDDC). 1995. *LDDC: Key Facts and Figures*. London: LDDC.

———.1992. *LDDC Key Facts and Figures to the 31st March 1992*. London: LDDC, April.

———.1991. *Annual Report & Financial Statements for the Year Ended 31 March 1991*. London: LDDC.

———.1988a. *London Docklands Development Corporation*. London: LDDC. Ref: 134A.l, March.

———.1988b. *London Docklands* (promotional brochure). London: LDDC.

London Planning Advisory Committee (LPAC). 1996. *Strategic Planning Advice*. London: LPAC.

———.1994. *Strategic Planning Advice*. London: LPAC.

———.1991. *London: A World City Moving into the 21st Century*. London: LPAC.

———.1988. *Strategic Planning Advice for London: Policies for the 1990s*. London: LPAC.

London Property Research. 1999. *London Office Policy Review*. London: London Property Research.

Lopate, Phillip. 1989. The planner's dilemma. *7 Days*, February 15.

Loughlin, M., M.D. Gelfand, and K. Young, eds. 1985. *Half a Century of Municipal Decline, 1935-1985*. London: Allen and Unwin.

Low, N. P., and S. T. Moser. 1990. Markets as political structures: The case of Melbourne's central city property boom. Paper presented at the World Congress of Sociology, Madrid, July.

Lueck, Thomas J. 1988. New York gives a bank a break; the return is uncertain. *New York Times*, November 13.

Mackintosh, Maureen, and Hilary Wainwright. 1987. *A Taste of Power: The Politics of Local Economics*. London: Verso.

Maclean's. 1988a. June 27, pp. 46-48.

———.1988b. October 24, pp. 41-50.

Marcuse, Peter. 1987. Neighborhood policy and the distribution of power: New York City's community boards. *Policy Studies Journal* 16: 277-89.

———.1981. The targeted crisis: On the ideology of the urban fiscal crisis and its uses. *International Journal of Urban and Regional Research* 5: 330-55.

Marcuse, Peter, and Ronald van Kempen. 2000. Conclusion: A changed spatial order. In *Globalizing Cities*. Oxford: Blackwell.

Markusen, Ann, and Vicky Gwiasda. 1994. Multipolarity and the layering of functions in world cities: New York City's struggle to stay on top. *International Journal of Urban and Regional Research* 18 (June): 167-93.

Markusen, J. R., and D. T. Scheffman. 1978. The timing of residential land development: A general equilibrium approach. *Journal of Urban Economics* 5 (October): 411-24.

Marriott, Oliver. 1967. *The Property Boom*. London: Hamish Hamilton.

Marris, Peter. 1987. *Meaning and Action*. London: Routledge & Kegan Paul.

Martin, Douglas. 1993. 42d Street project remains on track. *New York Times*, January 25.

Martinotti, Guido. 1999. A city for whom? Transients and public life in the second-generation metropolis. In *The Urban Moment*, edited by Sophie Body-Gendrot and Robert Beauregard. Thousand Oaks, CA: Sage.

Massey, Doreen. 1995. *Spatial Divisions of Labor*. 2d ed. New York: Routledge.

Massey, Doreen, and A. Catalano. 1978. *Capital and Land*. London: Edward Arnold.

McCall, Carl. 1998. New York City's economic and fiscal dependence on Wall Street. Report 5-99, New York State Office of the State Deputy Comptroller for the City of New York. August 13.

McCormick, M., C. O' Cleireacain, and E. Dickson. 1980. Compensation of municipal workers in large cities: A New York City perspective. *City Almanac* 15: 1-9, 16-20.

McKinley, James C., Jr. 1994. For artists, there's no art in a wrecking ball. *New York Times*, December 20.

McNamara, Paul. 1990. The changing role of research in investment decision making. In *Land and Property Development in a Changing Context*, edited by Patsy Healey and Rupert Nabarro. Aldershot, Hants, UK: Gower.

Meuwissen, J., P. W. Daniels, and J. M. Bobe. 1991. The demand for office space in the City of London and the Isle of Dogs: Complement or competition? SIRC Working Paper no. 9. Service Industries Research Centre, Portsmouth Polytechnic. October.

Mills, David E. 1980. Market power and land development timing. *Land Economics* 56 (February): 10-20.

Mitchell, Alison. 1992. Brooklyn office project gets long-term tenant. *New York Times*, February 26.

Mittlebach, Margaret. 1991. Suburbs in the city. *City Limits* 16 (May): 12-16.

Mollenkopf, John Hull. 1992. *A Phoenix in the Ashes: The Rise and Fall of the Koch Coalition in New York City Politics*. Princeton, NJ: Princeton University Press.

———.1988. The place of politics and the politics of place. In *Power, Culture, and Place*. New York: Russell Sage Foundation.

———.1985. The 42nd Street Development Project and the public interest. *City Almanac* 18 (Summer): 12-15.

———.1983. *The Contested City*. Princeton, NJ: Princeton University Press.

———.1978. The postwar politics of urban development. In *Marxism and the Metropolis*, edited by William K. Tabb and Larry Sawers. New York: Oxford University Press.

Mollenkopf, John Hull, and Manuel Castells, eds. 1991. *Dual City*. New York: Russell Sage.

Molotch, Harvey. 1980. The city as a growth machine: Toward a political economy of place. *American Journal of Sociology* 82 (September): 309-32.

Moore, Rowan. 1999. Stars in the east. *ES Magazine*, March 30, pp. 12-16.

Morgan Stanley Dean Witter. 1999. *Canary Wharf Group: Towering above the Property Sector*. London: Canary Wharf Group.

Moricz, Zoltan, and Laurence Murphy. 1997. Space traders: Reregulation, property companies, and Auckland's office market, 1975-94. *International Journal of Urban and Regional Research* 21, no. 2 (June): 165-79.

Morley, Stuart, Chris Marsh, Angus McIntosh, and Haris Martinos. 1989. *Industrial and Business Space Devel-*

opment. London: E & FN Spon.

Morris, Charles R. 1980. *The Cost of Good Intentions*. New York: Norton.

Mortished, Carl. 1999. Airborne Canary leaves ruins of the tower in its wake. *Times* (London), February 3.

Moss, Mitchell L. 1986. Telecommunications and the future of cities. *Land Development Studies* 3: 33-44.

Municipal Art Society of New York. 1994. 42nd Street Development Project, description and status. Press release. November.

Muschamp, Herbert. 1998. Lending architectural order and grace to chaotic Times Square. *New York Times*, March 8.

Myers, Steven Lee. 1992. The prime of "Wall Street East." *New York Times*, May 15.

National Audit Office. 1988. *Department of the Environment: Urban Development Corporations*. Report by the Comptroller and Auditor General. London: HMSO.

Netzer, Dick. 1988. Exactions in the public finance context. In *Private Supply of Public Services*, edited by Rachelle Alterman. New York: New York University Press.

Neuwirth, Robert. 1990. New Amsterdam Theater falling down? *Village Voice*, October 2.

New England Economic Review (Federal Reserve Bank of Boston). 1999. March/April.

Newman, Peter, and Ian Smith. 2000. Cultural production, place, and politics on the South Bank of the Thames. *International Journal of Urban and Regional Research* 24, no. 1 (March): 9-24.

New York. 1987. November 16.

New York City Department of Housing Preservation and Development (DHPD). 1989. *Ten-Year Housing Plan, Fiscal Years 1989-1998*. New York: DHPD.

New York City Planning Commission (NYCPC). 1981. *Midtown Development*. New York: Department of City Planning. June.

New York City Public Development Corporation (PDC). N.d. (1984?). *Forty-second Street Development Project Fact Sheet*. New York: PDC.

New York Observer. 1988. February 15.

New York State Office of the State Deputy Comptroller (OSDC) for the City of New York. 1991. *Review of the Financial Plan of the City of New York, Fiscal Years 1992 through 1995*. Report 4-92. June 17.

———.1988. *New York City Planning Commission Granting Special Permits for Bonus Floor Area*. Report A-23-88. September 15.

New York Times. 2000. June 12.

———.1992a. April 5.

———.1992b. May 29.

———.1992c. June 4.

———.1992d. March 30.

———.1992e. November 18.

———.1992f. March 24.

———.1991. August 21.

———.1990. Section 4, March 18.

———.1988. November 10.

———.1986. March 23.

Newfield, Jack, and Wayne Barrett. 1988. *City for Sale*. New York: Harper & Row.

Newfield, Jack, and Paul DuBrul. 1981. *The Permanent Government*. New York: Pilgrim Press.

Newman, Oscar. 1972. *Defensible Space*. New York: Macmillan.

Newsweek. 1987. September 28.

Nisse, Jason. 1992. Docklands tube link derailed. *Independent*, May 29.

Observer (London). 1992. May 17.

O'Leary, Brendan. 1987. Why was the GLC abolished? *International Journal of Urban and Regional Research* 11, no. 2: 193-217.

O'Neill, Hugh, and Mitchell L. Moss. 1991. *Reinventing New York*. New York: Urban Research Center, Robert F. Wagner Graduate School of Public Service, New York University.

Oser, Alan S. 1988. Lease gives impetus to Brooklyn project. *New York Times*, April 13.

———.1987. "Public housing" in abandoned buildings. *New York Times*, October 4.

Pahl, R. E. 1975. *Whose City?* 2d ed. Harmondsworth, Middlesex, UK: Penguin.

Painter, Joe. 1997. Regulation, regime, and practice in urban politics. In *Reconstructing Urban Regime Theory*, edited by Mickey Lauria. Thousand Oaks, CA: Sage.

Parker-Jervis, George. 1992. Olympia & York drop dead days. *Observer* (London), April 19.

Parkes, Michael, Daniel C. Mouawad, and Michael J. Scott. 1991. King's Cross Railwaylands: Towards a people's plan. Draft. June.

Parkinson, Michael, ed. 1987. *Reshaping Local Government*. New Brunswick, NJ: Transaction.

Parkinson, Michael, and Richard Evans. 1990. Urban development corporations. In *Local Responses to Economic Development*, edited by Michael Campbell. Paris: Cassell.

Parkinson, Michael, Bernard Foley, and Dennis Judd, eds. 1988. *Regenerating the Cities: The UK Crisis and the US Experience*. Manchester, UK: Manchester University Press.

Parkinson, Michael, and Dennis Judd. 1988. Urban revitalisation in America and the UK—The politics of uneven development. In *Regenerating the Cities: The UK Crisis and the US Experience*, edited by Michael Parkinson et al. Manchester, UK: Manchester University Press.

Peston, Robert. 1992. O&Y's Canary Wharf in administration. *Financial Times*, May 28.

Peston, Robert, and Bernard Simon. 1992a. Banks cautious on O&Y debt plan. *Financial Times*, April 14.

———.1992b. A victim of hubris falls at Canary Wharf. *Financial Times*, April 13.

Peterson, Iver. 1988. Battery Park City: A new phase begins. *New York Times*, June 19.

Peterson, Paul. 1981. *City Limits*. Chicago: University of Chicago Press.

Pickvance, Chris. 1988. The failure of control and the success of structural reform: An interpretation of recent attempts to restructure local government in Britain. Paper presented at the International Sociological Association RC 21 Conference on Trends and Challenges of Urban Restructuring. Rio de Janeiro, Brazil, September.

———.1981. Policies as chameleons: An interpretation of regional policy and office policy in Britain. In *Urbanization and Urban Planning in Capitalist Society*, edited by Michael Dear and Allen J. Scott. London: Methuen.

Polsby, Nelson. 1963. *Community Power and Political Theory*. New Haven: Yale University Press.

Ponte, Robert. 1982. Building Battery Park City. *Urban Design International* 3 (March/April): 10-15.

Port Authority of New York and New Jersey (PANYNJ). 1999. *Regional Economy: Review and Outlook for the New York-New Jersey Metropolitan Region*. New York: PANYNJ. August.

Port Authority of New York and New Jersey (PANYNJ). 1994. *Regional Economy: Review 1993, Outlook 1994 for the New York-New Jersey Metropolitan Region*. New York: PANYNJ. March.

——.1992. *Regional Economy: Review 1991, Outlook 1992 for the New York-New Jersey Metropolitan Region*. New York: PANYNJ. March.

——.1991. *Regional Economy: Review 1990, Outlook 1991 for the New York-New Jersey Metropolitan Region*. New York: PANYNJ. March.

——.1988. *Regional Economy: Review 1987, Outlook 1988 for the New York-New Jersey Metropolitan Region*. New York: PANYNJ. March.

Porter, Michael E. 1995. The competitive advantage of the inner city. *Harvard Business Review* (May-June): 55-71.

Potter, Stephen. 1988. Inheritors of the new town legacy? *Town & Country Planning* (November): 296-301.

Preteceille, Edmond. 1981. Collective consumption, the state, and the crisis of capitalist society. In *City, Class and Capital*, edited by Michael Harloe and Elizabeth Lebas. London: Edward Arnold.

Prokesch. Steven. 1992a. New Jersey and New York collide in new competition to lure jobs. *New York Times*, December 1.

——.1992b. 3 named to administer Olympia London Project. *New York Times*, May 29.

——.1990. London betting on itself and on Canary Wharf. *New York Times*, November 13.

Pryke, Michael. 1991. An international city going "global": Spatial change in the City of London. *Environment and Planning D: Society and Space* 9: 197-222.

Pulley, Brett. 1995. A mix of glamour and hardball won Disney a piece of 42nd Street. *New York Times*, July 29.

Ratner, Bruce. 2000. Talk given at *Crain's* Mid-Year Economic Forecast Forum. June 20.

Real Estate Board of New York (REBNY). 1990. *Real Estate Reporter*. Fall.

——.1987. *Manhattan Market Profile*. March.

——.1985. *Fact Book, 1985*. March.

Rees, Gareth, and John Lambert. 1985. *Cities in Crisis*. London: Edward Arnold.

Reichl, Alexander J. 1999. *Reconstructing Times Square*. Lawrence: University Press of Kansas.

Retkwa, Rosalyn. 1992. MetroTech a boon for Brooklyn environs. *Crain's New York Business*, April 20.

Rhodes, John, and Peter Tyler. 1998. Evaluating the LDDC: Regenerating London's Docklands. *Rising East: The Journal of East London Studies* 2, no. 2: 32-41.

Richard Ellis. 1991. The impact of the existing built form on the potential for change and growth in world cities. Annex to London Planning Advisory Committee (LPAC), *London: A World City Moving into the 21st Century*. London: LPAC.

Robertson, David B., and Dennis R. Judd. 1989. *The Development of American Public Policy*. Glenview, IL: Scott, Foresman.

Robertson, Roland. 1990. After nostalgia? Wilful nostalgia and the phases of globalization. In *Theories of Modernity and Postmodernity*, edited by Bryan S. Turner. London: Sage.

Rodgers, Peter, and Jason Nisse. 1992. Canary Wharf may spurn tenants. *Independent*. May 29.

Rodriguez, Nestor P., and Joe R. Feagin. 1986. Urban specialization in the world-system: An investigation of historical cases. *Urban Affairs Quarterly* 22 (December): 187-220.

Rosenthal, Donald B., ed. 1980. *Urban Revitalization*. Beverly Hills, CA: Sage.

Rosslyn Research Limited. 1990. *Planning Gain*. Summary presentation for KPMG Peat Marwick Management Consultants, August.

Rothstein, Mervyn. 1998. Refurbished behemoth is filling up in Chelsea. *New York Times*, Section B, July 15.

Rudnitsky, Howard. 1992. Survivor. *Forbes*, June 8, p. 48.

Rueschemeyer, Dietrich, and Peter B. Evans. 1985. The state and economic transformation: Toward an analysis of the conditions underlying effective intervention. In *Bringing the State Back In*, edited by Peter B. Evans, Dietrich Rueschemeyer, and Theda Skocpol. Cambridge, UK: Cambridge University Press.

Rule, Sheila. 1988. At new Docklands, a tale of 2 cities. *New York Times*, October 15.

Rydin, Yvonne.1998. *Urban and Enviranmental Planning in the UK*. London: Macmillan.

Safdie, Moshe. 1987. Collective significance. In *The Public Face of Architecture*, edited by Nathan Glazer and Mark Lilla. New York: Free Press.

Sampson, Alice. 1998. The lessons of Winsor Park: Creating a new community: The role of the LDDC. *Rising East: The Journal of East London Studies* 2, no. 2. 142-59.

Sanders, Heywood T., and Clarence N. Stone. 1987. Developmental politics reconsidered. *Urban Affairs Quarterly* 22 (June): 521-39.

Sandler, Linda, and Greg Ip. 2000. Taking stock of big board's pricey "big box." *Wall Street Journal*, March 15.

Sassen, Saskia. 1994. *Cities in a World Economy*. Thousand Oaks, CA: Pine Forge.

———.1991. *The Global City*. Princeton, NJ: Princeton University Press.

Sassen, Saskia, and Frank Roost. 1999. The city: Strategic site for the global entertainment industry. In *The Tourist City*, edited by Dennis R. Judd and Susan S. Fainstein. New Haven: Yale University Press.

Saunders, Peter. 1986. *Social Theory and the Urban Question*. 2d ed. New York: Holmes & Meier.

———.1979. *Urban Politics*. Harmondsworth, Middlesex, UK: Penguin.

Savitch, H. V. 1988. *Post-Industrial Cities*. Princeton, NJ: Princeton University Press.

Sbragia, Alberta. 1990. Pittsburgh's "third way": The nonprofit sector as a key to urban regeneration. In *Leadership and Urban Regeneration*, edited by Dennis Judd and Michael Parkinson. Newbury Park, CA: Sage.

Schmalz, Jeffrey. 1987. New York City reaches agreement on housing. *New York Times*, December 27.

Schwartz, Alex. 1999. New York City and subsidized housing: Impacts and lessons of the city's $5 billion capital budget housing plan. *Housing Policy Debate* 10, no. 4: 839-78.

———.1994. Cities and suburbs as corporate service providers. Final Report to the Economic Development Administration Technical Assistance and Research Division. CUPR Policy Report no. 13. New Brunswick, NJ: Rutgers University.

———.1992. The geography of corporate services: A case study of the New York urban region. *Urban Geography* 13, no. 1: 1-24.

Sclar, Elliott, and Tony Schuman. 1991. The impact of ideology on American town planning: From the Garden City to Battery Park City. Unpublished paper.

Searle, Glen, and Michael Bounds. 1999. State powers, state land, and competition for global entertainment: The case of Sydney. *International Journal of Urban and Regional Research* 23, no. 1 (March): 165-72.

Segal Quince Wicksteed Ltd. 1996. Employment benefits of Spitalfields market: A report to Bethnal Green City Challenge. October.

Sennett, Richard. 1990. *The Conscience of the Eye*. New York: Knopf.

SERPLAN. 1992. The South East Region of England in Europe Post-1992. Draft Policy Statement from the Economic Strategy Group. November.

Shachtman, Tom. 1991. *Skyscraper Dreams*. Boston: Little, Brown.

Shefter, M. 1985. *Political Crisis, Fiscal Crisis*. New York: Basic Books.

Simmie, James. 1994. *Planning London*. London: UCL Press.

———.1981. *Power, Property, and Corporatism*. London: Macmillan.

———.1974. *Citizens in Conflict*. London: Hutchinson.

Simon, Bernard. 1992a. Reprieve for Canary Wharf after Toronto court ruling. *Financial Times*, July 1.

———.1992b. Olympia & York ratings lowered. *Financial Times*, February 25.

Sleeper, Jim. 1987. Boom & bust with Ed Koch. *Dissent*, Special issue, In Search of New York. Fall.

Smallwood, Frank. 1984. The demise of metropolitan government? London and the metropolitan county councils. Paper presented at the annual meeting of the American Political Science Association, Washington, DC, September.

Smith, Adrian. 1989. Gentrification and the spatial constitution of the state: The restructuring of London's Docklands. *Antipode* 21, no. 3: 232-60.

Smith, Michael Peter. 1988. *City, State, and Market*. Oxford: Blackwell.

Smith, Michael Peter, and Joe R. Feagin. 1987. *The Capitalist City*. Oxford: Blackwell.

Smith, Neil. 1992. New city, new frontier: The Lower East Side as wild, wild west. In *Variations on a Theme Park*, edited by Michael Sorkin. New York: Hill and Wang.

———.1987. Dangers of the empirical turn: Some comments on the CURS initiative. *Antipode* 19: 59-68.

———.1984. *Uneven Development*. Oxford: Blackwell.

———.1979. Toward a theory of gentrification: A back to the city movement by capital not people. *Journal of the American Planning Association* 45 (October): 538-48.

Smith, Neil, and James DeFilippis. 1999. The reassertion of economics: 1990s gentrification in the Lower East Side. International Journal of Urban and Regional Research 23, no. 4 (December): 638-53.

Smothers, Ronald. 2000. Governors end Port Authority rift that blocked billions in projects. *New York Times*, June 2.

Smyth, Hedley. 1985. *Property Companies and the Construction Industry in Britain*. Cambridge, UK: Cambridge University Press.

Soja, Edward W. 2000. *Postmetropolis*. Oxford: Blackwell.

———.1996. *Thirdspace*. Oxford: Blackwell.

———.1989. *Postmodern Geographies*. London: Verso.

———.1980. The socio-spatial dialectic. *Annals of the Association of American Geographers* 70: 207-25.

Sorkin, Michael. 1992a. Introduction to *Variations on a Theme Park*. New York: Hill and Wang.

———.ed. 1992b. Variations on a Theme Park. New York: Hill and Wang.

———.1992c. See you in Disneyland. In *Variations on a Theme Park*. New York: Hill and Wang.

Southwark Council. N.d. *Southwark Riverside London: A Guide to Attractions from Bankside to Butler's Wharf*. London: Southwark Council Tourism Unit.

Squires, Gregory, ed. 1989. *Unequal Partnerships*. New Brunswick, NJ: Rutgers University Press.

Squires, Gregory, Larry Bennett, Kathleen McCourt, and Philip Nyden. 1987. *Chicago: Race, Class, and the Response to Urban Decline*. Philadelphia: Temple University Press.

Stasio, Marilyn. 1989. Now playing on Broadway, the big squeeze. *New York Times*, July 9.

Stegman, Michael. 1988. *Housing and Vacancy Report, New York City, 1987*. New York: New York City Department of Housing Preservation and Development.

Sternlieb, George, and James W. Hughes. 1975. *Post-Industrial America: Metropolitan Decline & Inter-Regional Job Shifts*. New Brunswick, NJ: Center for Urban Policy Research, Rutgers University.

Sternlieb, George, Elizabeth Roistacher, and James Hughes. 1976. *Tax Subsidies and Housing Investment.* New Brunswick, NJ: Center for Urban Policy Research, Rutgers University.

Stevenson, Drew. 1998. Setting the scene: Assessing the impact of the LDDC. *Rising East: The Journal of East London Studies* 2, no. 2: 19-31.

Stevenson, Richard W. 1995. From debacle to desirable: Canary Wharf is no longer the outcast of London. *New York Times*, July 18.

Stewart, Barbara. 2000. Bronx loudly opposes waste station plan. *New York Times*, March 9.

Stoker, Gerry. 1995. Regime theory and urban politics. In *Theories of Urban Politics*, edited by David Judge, Gerry Stoker, and Harold Wolman. Thousand Oaks, CA: Sage.

Stollman, Rita. 1989. Borough's residences in revival. *Crain's New York Business*, July 10.

Stone, Clarence N. 1993. Urban regimes and the capacity to govern: A political economy approach. *Journal of Urban Affairs* 15, no. 1: 1-28.

——.1989. *Regime Politics*. Lawrence: University Press of Kansas.

——.1976. *Economic Growth and Neighborhood Discontent*. Chapel Hill, NC: University of North Carolina Press.

Stone, Clarence N., and Heywood Sanders, eds. 1987. *The Politics of Urban Development*. Lawrence: University Press of Kansas.

Stuckey, James P. 1988. Letter to the editor. *New York Newsday*, December 7.

Sudjic, Deyan. 1992a. Towering ambition. *Guardian*, April 17.

——.1992b. *100 Mile City*. London: Andre Deutsch.

Sullivan, Lorana. 1992. O&Y's leaning tower of debt. *Observer* (London), May 17.

Sullivan, Lorana, George Parker-Jervis, and Stella Shamoon. 1992. Nightmare in Docklands. *Independent*, May 31.

Swanstrom, Todd. 1993. Beyond economism: Urban political economy and the postmodern challenge. *Journal of Urban Affairs* 15, no. 1: 55-78.

——.1988. The effect of state and local taxes on investment: A bibliography. *Public Administration Series: Bibliography*. Monticello, IL: Vance Bibliographies.

——.1987. The limits of strategic planning for cities. *Journal of Urban Affairs* 9, no. 2: 139-57.

——.1985. The Crisis of Growth Politics. Philadelphia: Temple University Press.

Sweeney, James L. 1977. Economics of depletable resources: Market forces and intertemporal bias. *Review of Economic Studies* 44 (February): 125-41.

Tabb, William K. 1982. *The Long Default*. New York: Monthly Review Press.

Taylor, Alex. 1986. Smart moves for hard times. *Fortune*, December 8, pp. 28-30.

Teitz, Michael B. 1989. Neighborhood economics: Local communities and regional markets. *Economic Development Quarterly* 3: 111-22.

Thornley, Andy. 2000. Dome alone: London's millennium project and the strategic planning deficit. *International Journal of Urban and Regional Research* 24: 689-99.

——.1999. Is Thatcherism dead? The impact of political ideology on British planning. *Journal of Planning Education and Research* 19, no. 2: 183-92.

——.1991. *Urban Planning under Thatcherism*. London: Routledge.

Thrift, Nigel, and Andrew Leyshon. 1990. In the wake of money: The City of London and the accumulation of value. Working Papers on Producer Services no. 4. University of Bristol and Service Industries Research Centre,

Portsmouth Polytechnic, July.

Thrift, Nigel, Andrew Leyshon, and Peter Daniels. 1987. "Sexy greedy": The new international financial system, the City of London, and the South East of England. Working Papers on Producer Services no. 8. University of Bristol and Service Industries Research Centre, Portsmouth Polytechnic, October.

Tierney, John. 1991. Era ends as Times Square drops slashers for Shakespeare. *New York Times*, January 14.

Time. 1992. April 6.

Times Square Business Improvement District (BID). 1999., Annual Report. www.times squarebid.org

Tobier, Emanuel. 1979. Gentrification: The Manhattan story. *New York Affairs* 5: 13-25.

Tocqueville, Alexis de. 1957 (orig. pub. c. 1848). *Democracy in America*. New York: Vintage.

Townsend, Peter. 1987. *Poverty and Labour in London*. London: Low Pay Unit.

Trager, CaraS. 2000. Vying to build "next MetroTech Center," but in Queens. *Crain's New York Business*, January 17, pp. 47, 67.

Traster, Tina. 2000. Converted NJ warehouse spurs tide of transplants. *Crain's New York Business*, April, pp. 61-62.

Travers, Tony. 1986. *The Politics of Local Government Finance*. London: Allen & Unwin.

Turok, I. 1992. Property-led urban regeneration: Panacea or placebo? *Environment and Planning A* 24: 361-79.

U.S. News & World Report. 1988. March 14, pp. 37-39.

U.K. Department of the Environment (DoE). 1991. *Housing and Construction Statistics, 1980-1990: Great Britain*. London: HMSO.

——.1989. *Planning Guidance for London*. July.

U.K. Department of the Environment, Transport and the Regions (DETR). 1998a. *Regeneration Research Summary: Regenerating London Docklands*, no. 16. London: DETR. www.regeneration.detr.gov.uk/rs/01698/index.htm

——.1998b. *Regeneration Research Summary: Evaluation of the Single Regeneration Budget Challenge Fund*, no. 19. London: DETR. www.regeneration.detr.gov.uk/rs/01998/index.htm

U.K. HM Treasury. 2000. *Budget: March 2000*. www.hm-treasury.gov.uklbudget2000/1eaflet.html

University College London (UCL), Bartlett School. 1990. *King's Cross Second Report*. London: UCL, Bartlett School.

U.S. Bureau of the Census. 1991. *Statistical Abstract of the United States*. Washington, DC: U.S. Government Printing Office.

Van Ryzin, Gregg G., and Andrew Genn. 1999. Neighborhood change and the City of New York's ten-year housing plan. *Housing Policy Debate* 10, no. 4: 799-838.

Venturi, Robert, Denise Scott Brown, and Steven Izenour. 1977. *Learning from Las Vegas*. Rev. ed. Cambridge, MA: MIT Press.

Vizard, Mary McAleer. 1992. Planning strategies for a new retail environment. *New York Times*, June 14.

Walls, Christopher. 1991. *The Central London Office Market, Interest Rates and Property Shares*. London: Salomon Brothers UK Equity Research-Property, April 22.

Warner, Sam Bass, Jr. 1968. *The Private City*. Philadelphia: University of Pennsylvania Press.

Weiss, Marc A. 1991. The politics of real estate cycles. *Business and Economic History*, Second Series, vol. 20: 127-35.

——.1989. Real estate history: An overview and research agenda. *Business History Review* 63 (Summer): 241-82.

Westminster, City of. 1988. *District Plan*. London: City of Westminster.

Wheaton, William. 1987. Cyclic behavior of the national office market. *Journal of the Real Estate and Urban*

Economics Association 14, no. 4: 281-99.

Willensky, Elliot. 1986. *When Brooklyn Was the World*. New York: Harmony Books.

Williams, Alex. 1996. Wall Street wonderland. *New York*, November 4, pp. 33-39.

Wilson, Elizabeth. 1991. *The Sphinx in the City*. London: Virago Press.

Wilson, James Q., ed. 1966. *Urban Renewal*. Cambridge, MA: MIT Press.

Wirth, Lewis. 1938. Urbanism as a way of life. *American Journal of Sociology* 44 (July): 1-24.

Wolfe, Alan. 1992. Democracy versus sociology: Boundaries and their political consequences. In *Cultivating Differences*, edited by Michele Lamont and Marcel Fournier. Chicago: University of Chicago Press.

Wolfe, Tom. 1987. *Bonfire of the Vanities*. New York: Farrar, Straus, Giroux.

Wolfinger, Raymond. 1974. *The Politics of Progress*. Englewood Cliffs, NJ: Prentice-Hall.

Yates, Douglas. 1977. *The Ungovernable City*. Cambridge, MA: MIT Press.

———.1973. *Neighborhood Democracy*. Lexington, MA: Lexington Books.

Young, Iris Marion. 1990. *Justice and the Politics of Difference*. Princeton, NJ: Princeton University Press.

Young, Michael Dunlop, and Peter Willmott. 1957. *Family and Kinship in East London*. London: Routledge.

Zukin, Sharon. 1995. *The Cultures of Cities*. Oxford: Blackwell.

———.1992. The city as a landscape of power: London and New York as global financial capitals. In *Global Finance & Urban Living*, edited by Leslie Budd and Sam Whimster. London: Routledge.

———.1991. *Landscapes of Power*. Berkeley: University of California Press.

———.1982. *Loft Living*. Baltimore: Johns Hopkins University Press.

关键词索引

*索引标注页码为原版书页码。

A

Abercrombie, Patrick 帕特里克·阿伯克隆比 84
Agglomeration, effects in New York and London 纽约和伦敦的集聚效应 33-34
Allegheny Conference, Pittsburgh 匹兹堡阿格勒尼会议 5，112
Atlantic Terminal, Brooklyn 布鲁克林大西洋终点站
 potential effect of completed 建成后潜在的效应 157
 urban renewal area 城市更新区 154
Atlantic Terminal Urban Renewal Association (ATURA) 大西洋终点站城市更新协会 (ATURA) 154-155
Authorities, local 地方当局
 fiscal constraints throughout the United Kingdom 英国财政紧缩政策 89
 in London 伦敦 82-83，88-89
 partnerships among London's 在伦敦的合作伙伴关系 91
 planning permission discretion of 发放规划许可的自由裁量权 106
 role in King's Cross planning 在国王十字火车站规划中的角色 119-123

B

Bachrach, Peter 彼得·巴奇拉奇 9
Balbus, Isaac 艾萨克·巴尔巴斯 15
Baratz, Morton S. 莫顿·巴拉兹 9
Battery Park 炮台公园，164
Battery Park City 炮台公园城
 assessment of 评估 171-174
 benefits of 好处 216
 economic success of 经济上的成功 174
 new Stuyvesant High School 新史蒂文森高中 169-170
 New York Mercantile Exchange in 纽约商品交易所 170
 public sector role in 公共部门的角色 170
 quality of development of 开发品质 210
 residential section 住宅部分 169，206
 symbolism of 表征意义 xii
 waterfront walkway 滨江步道 169
 World Financial Center in 世界金融中心 166-170
Battery Park City Authority (BPCA) 炮台公园城管理局 113
 as developer 担任开发商 170
 initial actions (1960s, 1970s) 先期行动 165-166
 ownership of land and revenues 拥有的土地和收入所有权 170-171，233
 plan for World Financial Center 世界金融中心规划 166-167
Beame, Abraham 阿卜拉罕·比姆 80
Bertelsmann AG 贝塔斯曼集团 131
Bethnal Green, City Challenge grant for 贝斯纳格林，"城市挑战"的资金 146-147
Blair, Tony 托尼·布莱尔 22
Blair, Tony, government of 布莱尔政府
 privatization of public services by 公共服务私有化 88
 "Third Way" 第三条道路 116，196，229
Board of Estimate, New York City 纽约市评估委员会
 authority of 权力 83
 dominance of 主导 92
 Times Square-related hearings 关于时代广场的听证会 129
Boroughs, London 伦敦自治区
 minorities and women gain representation in 少数族裔和女性提高代表性 89
 municipal functions of 市政功能 79
Boroughs, New York City 纽约行政区
 activities of Economic Development Corpo-

ration 经济开发公司的行动 113-114
activities of Public Development corporation in 公共开发公司的行动 112
councilors elected from 选举出来的议员 82-83
incentive programs for businesses 商务激励政策 62
Boyer, Christine 克里斯汀·波伊尔 217
Bradman, Godfrey 戈弗雷·布拉德曼 44
British Property Federation 英国房地产协会 71
Broadgate project, London 伦敦宽门项目 48-49，120，138-39
Brooklyn 布鲁克林
    African-American Coalition for Economic Development 非裔美国人经济发展联盟 153-155
    Atlantic Terminal 大西洋终点站 149
    Brooklyn Heights and Cadman Plaza 布鲁克林高地和卡德曼广场 148
    MetroTech project 大都市科技园项目 149-54
    plans for downtown redevelopment 中心再开发计划 138
    as third node of New York's business district 纽约商务区的第三个节点 156
    urban renewal 城市更新 148
Bush, George, administration of 布什政府 32
Business cycles 商务周期 62-63
Business groups 商务团体
    active in Spitalfields redevelopment 活跃于斯皮塔菲尔兹再开发，140-41
    in promoting downtown New York City 促进纽约市下城，55，57-58
    use of tax-subsidy programs 利用税收补贴计划，59
    See also Financial and business services (FBS) sectors 参见金融和商务服务业部门
Business improvement districts (BIDs) of MetroTech in Brooklyn 布鲁克林大都市科技园商务提升区 153
    New York's Downtown Alliance 纽约下城联盟 55，57
Butler's Wharf renovation 管家码头改造 52

C

Canary Wharf 金丝雀码头 109
    architectural design 建筑设计 183，185

justification for 合理论证 223
original use of 起初的用途 182
proposed development of 计划开发 183
recovery of 复苏 190-191
research for 研究 70
success of 成功 210，223
Canary Wharf Group 金丝雀码头集团 190-191
Capital 资本
    risk capital for economic regeneration 经济复兴中的风险资本 223
    world flows of 世界流动 31-33
Carey, Hugh 休·凯里 166
Cassidy, Michael 迈克尔·卡西迪 102
Castells, Manuel 曼纽尔·卡斯特 12，35-36，209
Central business districts (CBDs) 中央商务区
    overcrowded old 过于拥挤的旧区 233
    property values with expansion of 扩张增加的物业价值 5
    threats to dominance of 威胁到优势 199
Channel Tunnel train terminal 海峡隧道列车终点站 119，121，123
Cities, global 全球城市
    formation of 形成 34
    importance of 重要性 30-37
    office space in 办公空间 37-39
City Challenge program, United Kingdom 英国城市挑战计划
    grant to Bethnal Green district 贝斯纳格林地区拨款 146-147
    London 伦敦 91，109-110
    provisions for program in grant to 提供项目的拨款 146-147
    required development partnerships 要求开发时建立伙伴关系 46-47
City council, New York City 纽约市议会
    councilors for each borough 每个行政区的议员 82
    election of 选举 83
City Planning Commission, New York City 纽约市城市规划委员会
    master plan (1969) 总体规划 104
    midtown zoning rules 中城区划条例 125
Clink Prison Museum 克林克监狱博物馆 52
Clinton, Bill, administration of 克林顿政府
    inner-city policy of 内城的政策 229

mergers during 兼并 32
urban assistance policy of 城市援助政策 116-117
Clinton neighborhood, New York City 纽约市克林顿社区 124, 129-130, 226
Coin Street development 硬币街开发 52
Colenutt, Bob 鲍勃·科纳特 90-91, 109, 195
Columbus Circle, New York City 纽约市哥伦布转盘
 Coliseum at Columbus Circle 哥伦布转盘的体育馆工程 106
 Columbus Centre complex, New York City 纽约市哥伦布中心综合体 57
Community boards, New York City 纽约市社区委员会 83
Community Development Block Grant (CDBG) 社区发展整体补助金
 focus of 重点 112
 local distribution of 地区分布 110
 as New York City's access to federal funds 纽约市获得联邦资金的主要方式 91
Community development corporations (CDCs) 社区发展公司
 housing projects in New York City (1990s) 纽约市住房项目 96, 113
 potential assistance to nonprofits 对非营利企业潜在的帮助 222
Community Development Project, United Kingdom 英国社区发展项目 99
Community groups 社区组织
 active in Spitalfields redevelopment 活跃于斯皮塔菲尔兹再开发 140-141, 144-146
 activities related to Atlantic Terminal project 与大西洋终点站项目有关的行动 154-157
Community Land Act (1975), United Kingdom 英国《社区土地法案》 6
Community Reinvestment Act (CRA), United States 美国《社区再投资法案》 111
Condé Nast Publishing Company 康泰纳仕出版公司 133
Corporation of London, development strategy of 伦敦公司的开发策略 47-50
Covent Garden 考文特花园
 good use of site 充分利用基地 210
 renewal project 更新项目 50
Cox, Kevin 凯文·考克斯 15

D

Dahl, Robert 罗伯特·达尔 9, 10
Decentralization, influenced by technology 离散化, 受技术影响 35-37
Democratic contradiction 民主的矛盾 101
Dennis, Michael 迈克尔·丹尼斯 163
Department of the Environment (DoE), United Kingdom 英国环境部 82, 85, 104
Department of the Environment, Transport and the Regions (DETR), United Kingdom 英国环境、交通与区域部 82, 104
Developers 开发商
 bargaining in exchange for project approval 项目许可的交易谈判 106-107
 concessions for Times Square redevelopment 时代广场再开发中的让步 127
 differences between New York and London 纽约和伦敦的差异 74
 information required by 需要的信息 69-72
 negotiated exchanges of 谈判交易 106-107
 in Spitalfields redevelopment 在斯皮塔菲尔兹再开发中 141-144
 See also Forest City Ratner 参见"森林城市拉特纳"
Development corporations 开发公司
 formation in London and New York 在伦敦和纽约的形成 106
 See also Housing development corporations (HDCs); Urban development corporations (UDCs) 参见"住宅开发公司"; 城市开发公司
Development projects, New York City 纽约市开发项目
 intensity of 强度 61-62
 lack of citywide plan for 缺乏全市性的规划 61
Dinkins, David 大卫·丁金斯 95, 115-116, 216
Docklands development area 码头区开发区
 aim of 目标 192
 airport 机场 178
 assessment of 评估 192-195
 Docklands Light Railway 码头区轻轨 181, 183
 housing development 住宅开发 179, 194-195
 Isle of Dogs enterprise zone 码头区的狗岛企业特区 40, 89-90, 108-109, 182-183

Jubilee tube line into 银禧线 85，181，191
labor market opportunities in 劳动力市场机会 194
Limehouse Link 莱姆豪斯干线 181，191
office center development in 商务中心开发 215-216
office development (1980s) 办公楼开发 47
population growth 人口增长 179-180
symbolism of 象征 xii
Downtown Lower Manhattan Association (DLMA) 下曼哈顿下城协会
plan for Wall Street area (1960s) 华尔街地区的规划 55，57，164-165
Durst, Seymour 西摩·德斯特 73

E

East London Partnership (ELP) 东伦敦伙伴关系 141
Economic development 经济发展
in postwar London 战后伦敦 80
property-led strategy for 房地产引导的战略 75-78
Economic Development Corporation (EDC), New York City 纽约市经济发展局 86，112-13
Edwards, Michael 迈克尔·爱德华兹 120
Eisinger, Peter K. 彼得·艾辛格 224
Empire State Development Corporation (ESDC) （纽约）帝国开发公司 58-59，113
English Partnerships 英国合伙公司 70，224-225
Enterprise Foundation, United States 美国企业基金会 113
Enterprise zones 企业特区
British and American 英国和美国 7
in London's Isle of Dogs 在伦敦狗岛 40，89-90，108-9，182-183，219
New York City 纽约 90
European Bank for Reconstruction and Development (EBRD) 欧洲重建和开发银行 48

F

Financial and business services (FBS) sectors 金融和商务服务部门
cyclical nature of 周期本质 65
expansion of 扩张 36-37
factors influencing growth of 影响增长的因素 31-32
in global cities 全球城市 30-31
New York City and London 纽约和伦敦 30-32
Financial Control Board (FCB), New York City 纽约市财务控制理事会 93-95
Fiscal policy 财政政策
after 1975 financial crisis in New York City 纽约市 1975 年金融危机之后 93-94
for London 伦敦 89-90
in New York City (1980s) 纽约市 95
Forest City Ratner 森林城市拉特纳
in Atlantic Terminal redevelopment 大西洋终点站再开发 154，156-157
in Brooklyn MetroTech project 布鲁克林大都市科技园项目 150-151，215
construction of New York Mercantile Exchange 纽约商品交易所建设 170
Forster, Peter 彼得·福斯特 190
42nd Street Redevelopment Corporation 42街再开发公司 73，126，216
Foster, Janet 珍妮特·福斯特 180
Foster, Norman 诺曼·福斯特 143
Frucher, Meyer 迈耶·弗鲁切尔 163

G

Gentrification 士绅化
in London 伦敦 7
in New York City (1980s) 纽约 114
in parts of Manhattan and Brooklyn 曼哈顿和布鲁克林部分地区 94，148
George, Henry 亨利·乔治 13
Gill, Brendan 布伦丹·吉尔 173
Giuliani, Rudolph 鲁道夫·朱利安尼 22，86，95-96
Giuliani, Rudolph, administration of 朱利安尼政府
low-income housing production under, tax breaks and subsidies granted by 低收入住房建设，提供税收优惠和补贴 59-60
Globe Theater reconstruction 环球剧院重建 52-53
Government 政府
incentives to firms locating in MetroTech 激励企业入驻大都市科技园 150-153，159
resources used for property-led development 房地产为主导的发展需要的资源 75-78

role in Atlantic Terminal project 大西洋终点站项目中的角色 154-157

role in Battery Park City project 炮台公园城项目中的角色 164-166，170-174

role in property development 房地产开发中的角色 202

See also Authorities, local; Government, local; specific agencies 参见"地方当局"；地方政府；特殊机构

Government, local 地方政府

issue of autonomy of 地方自主权 17-18

promotion of commercial space construction 推动商业空间建设 2-3

in United States and United Kingdom 在美国和英国 21

Government, New York City, postwar investment in infrastructure 纽约市政府战后基础设施投资 79-80

Government, United Kingdom 英国政府

centralization under Conservatives 保守党的中央集权 22

City Challenge program 城市挑战计划 46

commercial expansion policy of 经济增长政策 7

credit policy of Conservative 保守党的借贷政策 7

development in boroughs controlled by 控制下的自治区开发 51-55

devolution plans of 让渡计划 22

Inner Urban Areas Act 《内城区域法案》 108

investment in Docklands infrastructure 码头区的基础设施投资 192

land-use policy of 土地使用政策 116

LDDC formed by 建立的伦敦码头区开发公司 192

local councils in London 伦敦地方议会 82-83

London postwar reconstruction 伦敦战后重建 79

participation in City Challenge program 参与城市挑战项目 146-147，159

participation in Spitalfields redevelopment 参与斯皮塔菲尔兹再开发 143-144，159

partnership programs of 合作伙伴关系 116

planning policy for London 伦敦规划政策 84-85

reversal of social welfare policy 社会福利政策的逆转 87-88

role in Canary Wharf project 金丝雀码头项目中的角色 182-183，188-190

role in Docklands development 码头区开发中的角色 177-181，192-195

role of UDCs under 城市开发公司的角色 108

Single Regeneration Budget 专项更新预算 46-47

tax incentives of 税收优惠 39-41

See also Authorities, local; Blair, Tony, government of 参见"地方当局"；布莱尔政府

Government, United States 美国政府

federal grants for urban redevelopment 城市再开发的联邦补助 152

Housing and Urban Renewal Act 《住宅与城市更新法案》 112

Local Initiatives Support Corporation 地方动议支持公司 113

Low Income Housing Tax Credit program 低收入住房税收优惠项目 113

Tax Reform Act (1986) 税收改革法案 45

Urban Development Action Grants 城市发展行动拨款 58，91，112，152

Greater London Authority (GLA) 大伦敦政府

replaces LPAC 替代伦敦规划咨询委员会 85

succeeds GLC 接替大伦敦议会 82

Greater London Council (GLC) 大伦敦议会

abolition (1986) 废除 21，40-41，80，90

approves Greater London Development Plan (1969) 通过大伦敦发展规划 40-41

development strategy (1980s) 发展策略 80-81

Greater London Enterprise Board (GLEB) 大伦敦企业理事会 80，91

Greater London Development Plan 大伦敦发展规划 40-41，84

Greater London Enterprise (GLE), New LEntA as subsidiary of 大伦敦企业，伦敦企业代理有限公司作为子公司 91

Greater London Enterprise Board (GLEB) 大伦敦企业理事会 80，91

H

Harlem/South Bronx Empowerment Zone, partnership and social funding in 哈莱姆/南布朗克斯振兴区，合作协议和社会资金 105，158

Harvey, David 大卫·哈维 12, 29, 100, 200-201, 212-213, 216
Heseltine, Michael 迈克·赫塞尔廷 146
Housing, United Kingdom 英国住房
    housing associations 住房协会 110-111
    public 公共 6
Housing, United States, public 美国公共住房 6
Housing and Development Administration (HDA), New York City 纽约市住房与开发管理局 104
Housing and Redevelopment Board (HRB), New York City 纽约市住房与再开发理事会 104
Housing and Urban Renewal Act (1949), United States 美国《住房与城市更新法案》112
Housing Corporation, United Kingdom 英国住房公司 111
Housing development corporations (HDCs), New York City 纽约市住房开发公司 113-114
Housing Preservation and Development (HPD), New York City 纽约市住房保护与发展局 104
Housing programs, New York City 纽约市住房项目
    effect of fiscal crisis (1975) 财政危机的影响 115
    Housing Partnership 住房合作社 115
    low- and middle-income 低收入和中等收入 114-115
    spending for 用于 115-116
    subsidized 补助 93
Hunters Point proposal 猎人点计划 62

I

Industrial and Commercial Incentives Board (ICIB) 工业和商业激励委员会 107
    subsidies to Brooklyn MetroTech project 布鲁克林大都市科技园的补贴 151-53
    subsidies to World Financial Center 世界金融中心的补贴 170
    tax incentive program administered by 制定的税收激励计划 59
Information, needed by developers and property investors 房地产开发商和投资者需要的信息 69-72
Inner Urban Areas Act (1978), United Kingdom 英国《内城区域法案》108
Interest 利益
    Marxian concept of 马克思主义理论 15
    Perceived 认知 15

Isle of Dogs enterprise zone 狗岛企业特区 40, 89-90, 108-109, 182-183。See also Canary Wharf 参见"金丝雀码头"

K

Kahan, Richard 理查德·卡汗 166
King's Cross Partnership 国王十字火车站合作伙伴 225
King's Cross redevelopment 国王十字火车站再开发
    allowance for gradual 逐步允许 137
    alternative plans for 替代方案 121-122, 136
    lessons from 教训 136-137
Koch, Edward I. 爱德华·科赫 80, 94, 114-116
Koch, Edward I., administration of 科赫政府
    emphasis on economic development 强调经济发展 94
    housing plan 住房计划 76
    housing program of (1988) 住房项目 114-115

L

La Défense, Paris 巴黎拉德芳斯 192-193, 195
Land use 土地使用
    decisions of some urban development corporations for 一些城市开发公司的决定 226
    devising a system for 设计一套系统 227
    interest of business groups in New York City 纽约市商务团体的利益 55, 57-58
    in King's Cross and Times Square projects 国王十字火车站和时代广场项目 119-122
    in post-World War II London 二战后伦敦 175-177
    value resulting from development of 开发带来的价值 201-202
Lichfield, John 约翰·利奇菲尔德 189-190
Lindsay, John 约翰·林赛 104, 80
Livingstone, Ken 肯·利文斯通 21-22, 80, 82, 90
Local Initiatives Support Corporation (LISC), United States 美国地方动议支持公司 113
London 伦敦
    compared with New York City 与纽约市对比 20-23
    council tax 议会税，又称居住房屋税 83
    government by local council 地方议会政府 82-83
    governance compared to New York City 对比

纽约市的管治 81-87

Greater London Development Plan 大伦敦发展规划 40

housing associations in 住房协会 110-11

local authorities of 地方当局 79，82-83

local borough authorities' view of development 地方自治区当局的开发观念 47

office-building boom (1980s) 办公建筑热潮 39-41

oversupply of office space 办公空间的过度供应 42-46

plan for postwar 战后规划 84-86

planning agencies 规划机构 103-104

political structure of 政治结构 79

property investment compared to New York City 对比纽约市的房地产投资 73-75

See also Greater London Authority (GLA); Greater London Council (GLC) 参见"大伦敦政府"; 大伦敦议会

London Bridge City 伦敦桥城 51

London Development Authority (LDA) 伦敦发展署 86，103-4

London Docklands Development Corporation (LDDC) 伦敦码头区开发公司 39-41，80，108-109

administrative jurisdiction of 行政管辖范围 177

financial problems of 财务问题 188

funding for housing renovation 住房修缮资金 179

land acquisition and site development by 土地征收和基地开发 178

official evaluation of 官方评估 194

principal aim 主要目标 177-178

residential development resulting from 导致的居住开发 140

road investment 道路投资 183

role in Canary Wharf project 金丝雀码头项目中的角色 188-189

transit investment of 交通投资 178

London Planning Advisory Committee (LPAC) 伦敦规划咨询委员会 47，84-85

London Planning Advisory Council (LPAC) 伦敦规划咨询议会 84-85

London Regeneration Consortium (LRC) 伦敦更新财团

criticism of King's Cross proposal 国王十字火车站方案的批评 121-122

proposal for King's Cross 国王十字火车站方案 12-21

Low Income Housing Tax Credit program, United States 美国低收入住房税收优惠项目 113

M

Major, John 约翰·梅杰 81，116，193

Manhattan 曼哈顿

Downtown Alliance 下城联盟 55，57，164-165

public programs 公共项目 58-59

tax subsidized property development 接受税收补贴的房地产开发 77

See also New York City 参见"纽约"

Marris, Peter 彼得·玛瑞斯 175-176

Mayor, of London 伦敦市长

election of 选举 47

powers of 权力 21-22

Mayor, of New York City 纽约市长

election of 选举 83

influence of 影响力 22

Messinger, Ruth 露丝·梅森杰 103

Metropolitan Transit Authority (MTA), New York City 纽约市大都会运输署 86

MetroTech project, Brooklyn 布鲁克林大都市科技园项目

effect of completed 建成后的影响 153-154，157，159，223

incentives for firms moving to 激励企业入驻 150-153

justification for 合理性论证 62，223

public and private funding for 公共和私人资助 150-153

Model Cities program, United States 美国模范城市计划 99

Moses, Robert 罗伯特·摩西 12，79，104，164

Municipal Assistance Corporation (MAC), New York City 纽约市援助公司

equity investments of 股权投资 152

formation of 形成 93-95

N

New Amsterdam Theater 新阿姆斯特丹剧院 133

New Jersey 新泽西
    commercial and residential projects (1980s) 商业和住宅项目 62
    commercial growth along Hudson River 哈德逊河沿岸商业增长 87
    competition with New York City 与纽约市的竞争 86-87, 148, 156

New London Enterprise Agency Ltd. 新伦敦企业代理有限公司 91

New York City 纽约市
    Board of Estimate 评估委员会 83
    City Charter (1990) 城市宪章 83
    City Planning Department 城市规划局 104-105
    compared with London 与伦敦对比 20-23
    fiscal crisis (1975) 财政危机 93-95
    governance compared to London 对比于伦敦的管治 81-87
    government of 政府 79
    governing powers of mayor and city council 市长和市议会的管辖权 83
    Harlem/South Bronx Empowerment Zone 哈莱姆/南布朗克斯振兴区 77, 105, 158
    jurisdiction of city council 市议会管辖权 82-83
    legislative power of city council 市议会立法权 83
    new housing (1980s) 新住宅 61-62
    oversupply of office space 办公空间过度供应 42-46
    planning agencies 规划机构 104
    political structure of 政治结构 79
    postwar investment in infrastructure 战后基础设施投资 79-81
    property investment (1975-2000) 房地产投资 73-75
    property investment compared to London 对比于伦敦房地产投资 73-75
    Regional Plan Association (RPA) 区域规划协会 58
    revision of City Charter (1990) 城市宪章修订 83
    subsidies to Housing Partnership (1981-91) 住房合作社补贴 115
    tax revenues of 税收 83-84
    See also Manhattan 参加"曼哈顿"

New York City Partnership 纽约城市伙伴 58
New York City Planning Commission 纽约城市规划委员会 86
New York State 纽约州
    Department of Marine and Aviation 海军和空军部门 165
    Empire State Development Corporation of 帝国开发公司 58, 86
    Office of State Deputy Comptroller for New York City 纽约市州副审计长办公室 93-94
    post-fiscal crisis oversight of New York City 纽约财政危机后的监督 93-95
New York Stock Exchange 纽约证券交易所 60
New York University, Urban Research Center 纽约大学城市研究中心 156
NIMBYism (not-in-my-backyard) 邻避主义 227
Non-profit organizations, urban 城市非营利组织 222

O

Olympia & York (O&Y) 奥林匹亚和约克公司
    creation and development of 创建和发展 162-163
    development of Canary Wharf 金丝雀码头开发 181, 183, 185
    development of World Financial Center 世界金融中心开发 166-170
    downfall of 破产 185-189
    rise of 崛起 161-64
Olympia & York Developments Ltd. 奥林匹亚和约克开发有限公司 44

P

Paddington Basin development 帕丁顿盆地 85
Partnerships, public-private, in London and New York City 伦敦和纽约市的公私伙伴关系 105-116
Payment in lieu of taxes (PILOT) 抵税支付 128
Peterson, Paul 保罗·彼得森 17
Place 场所
    characteristics of 特性 202
    elements contributing to creation of 有益于创造性的元素 202
Polsby, Nelson 纳尔逊·波斯比 9, 10
Port Authority of New York and New Jersey 纽约和

新泽西港务局 86
Port of London Authority (PLA) 伦敦港务局 176
Property 房地产
 commercial development of 商业开发 3
 government incentives in Britain to develop 不列颠开发的政府激励 76-77
 incentives in United Kingdom for commercial 英国的商业激励 7
 tax subsidies in New York City related to development 纽约市与开发有关的税收补贴 77
 See also Land use 参见"土地使用"
Property market 房地产市场
 cycles and volatility in 周期和波动 xi, 62-65, 75-78, 198-201
 effect of boom (1990s) 繁荣的影响 191
 effect of FBS cycles on 金融和商务服务业周期的影响 65
 increased values (1990s) 增值 65
 oversupply of real estate 房地产过度供应 65-66
 post-1987 decline 1987年衰退后 42-46
 pressure to build 建设的压力 66-68
 pricing real estate in 房地产定价 199-200
 real-estate value in London and New York (1989) 伦敦和纽约的房地产价值 42-44
 recovery (1990s) 复苏 46-49
 research and information sources for 研究与信息来源 69-72
 undersupply of real estate 房地产供给不足 68-69
 See also Real-estate industry 参见"房地产行业"
Property market, London 伦敦房地产市场
 demand for space (1990s) 空间需求 65
 dependence on financial and business services 对金融和商务服务的依赖 65
Property market, New York City 纽约市房地产市场
 demand for space (1990s) 空间需求 65
 dependence on financial and business service 对金融和商务服务的依赖 65
 intervention in planning in 规划介入 104-105
Property rights 产权 202
Pryke, Michael 迈克尔·普瑞克 32-33, 206
Public Development Corporation (PDC), New York City 纽约市公共开发公司 126
in Brooklyn MetroTech project 布鲁克林大都市科技园项目 150-151
Public-private partnerships 公私合作伙伴关系
 King's Cross Partnership 国王十字火车站合作伙伴 225
 London and New York City 伦敦和纽约 105-106
 under U.K. Single Regeneration Budget 英国专项更新预算 224-225

R

Railway Lands Community Development Group (RLCDG) 铁路用地社区发展组织 121-122, 136
Ratner, Bruce 布鲁斯·拉特纳 150, 156
Reagan, Ronald, administration of 罗纳德·里根政府 32
Real Estate Board of New York 纽约房地产委员会 58, 71
Real-estate development, government role in 房地产开发，政府角色 72-73
Real-estate industry 房地产行业
 characteristics of development in 开发特性 197-198
 cycles of 周期 65
 effect of economic downturn (1980s, 1990s) 经济下行的影响 42-49
 expression of male egos in 雄性自我意识 4
 information required by property investment firms 房地产投资公司所需信息 69-72
 organization of production by firms in 公司的生产组织 198
 as vehicle to stimulate economic growth 作为促进经济增长的工具 219
 volatility of 波动性 xiii
 See also Developers 参见"开发商"
Redevelopment 再开发
 current proposed projects in New York City 纽约市当前的建议项目 96-97
 effect of (1970s, 1980s) 影响 8
 experience in United States and United Kingdom 英美的经验 6-8
 groups marginalized by 被边缘化的群体 5, 29
 public investment to create commercial nodes 公共投资创造商业节点 157-159
 regime theory to explain 政体理论解释 14

structuralist explanation of 结构主义者的解释 11-12
typical scenario of urban 城市的典型场景 5-8
See also Times Square redevelopment; Urban redevelopment 参见"时代广场再开发"；城市再开发

Redevelopment policy 再开发政策
feature of good 良好的特质 229-230
liberal theory of 自由派理论 10-11
plans and incentives in New York City 纽约市的规划和激励措施 55, 57
structuralist theory 结构主义理论 11-13

Regime theory 政体理论 14

Regional Plan Association (RPA) 区域规划协会
development plan for New York City 纽约市发展规划 58
vision for downtown Brooklyn 布鲁克林市中心的愿景 149

Reichl, Alexander 亚历山大·雷克尔 211
Reichmann family 赖希曼家族 160-64, 181-82, 185-191
Rent, in urban development 租金，城市开发 13
Residential development 住宅开发
Dinkins administration housing program 丁金斯政府住房项目 115
and Docklands development 码头区开发 179-181, 191, 194-195
public housing in United Kingdom and United States 英美公共住房 6
redevelopment in New York City and London 纽约市和伦敦再开发 38-39, 61-62
social housing in Docklands project 码头区项目中的社会住房 194
See also Gentrification 参见"士绅化"

Reuters news service 路透社新闻媒体 133
Rockefeller, David 大卫·洛克菲勒 164
Rockefeller, Nelson 纳尔逊·洛克菲勒 165
Ross, Stephen 史蒂芬·罗斯 57
Rudin, William 威廉姆·鲁丁 133

S

Safdie, Moshe 摩西·萨夫迪 204-205
Sanders, Heywood T. 海伍德·桑德斯 17

Sassen, Saskia 萨斯基亚·萨森 34-35
Savitch, H. V. 萨维奇 10
Schwartz, Alex 亚历克斯·斯瓦茨 115-116
Segregation 隔离
in New York City (1960s) 纽约市 92-93
as result of urban redevelopment 城市再开发的结果 8

Sennett, Richard 理查德·塞尼特 205
Shepherd, Alan 艾伦·谢泼德 141
Single Regeneration Budget (SRB) 专项更新预算 91, 102, 110
Cityside program "城市周边"项目 147
funding for Bankside development 河畔开发资助 53
funding to King's Cross Partnership 国王十字火车站合作伙伴资助 123
public-private partnerships under 公私伙伴关系 224-225
required collaboration for development 开发需要的合作 46-47
urban policy under 城市政策 194

Skadden Arps Slate Meagber & Flom 世达律师事务所 133
Social welfare policy 社会福利政策
during Koch administration 科赫政府期间 94-95
London 伦敦 87
New York 纽约 87
See also Residential development 参见"住宅开发"

Soja, Edward 爱德华·索佳 18
Sorkin, Michael 迈克尔·索金 171, 208-209
Space 空间
debate about 争论 18-19
spatial restructuring in London 伦敦空间重构 32-33

Spitalfields 斯皮塔菲尔兹
actions of community and business groups 社区和商务团体的行动 140-141
Brick Lane area 布里克巷地区 138-140, 144-146
as City Challenge development 城市挑战开发项目 216
as focus for redevelopment 再开发的重点 138-140

market relocation 集市动迁 141-142
Spitalfields Community Development Group (SCDG) 斯皮塔菲尔兹社区发展集团 143
 Spitalfields Development Group (SDG) 斯皮塔菲尔兹开发集团 141-144
 Spitalfields Market development 斯皮塔菲尔兹集市开发 106-107
 See also Bethnal Green 参见"贝斯纳格林"
Stone, Clarence 克拉伦斯·斯通 14，17
Structuralist theory 结构主义理论
 contemporary 当代 11-12
 redevelopment functions 再开发的功能 11-13
 rent theory 地租理论 13
Subsidies 补贴
 to Battery Park City project 炮台公园城项目 170-174
 in Brooklyn MetroTech project 布鲁克林大都市科技园项目 150-153
 for Isle of Dogs enterprise zone 狗岛企业特区 89-90
 to New York developers (1990s) 纽约开发商 8
 offered, for Atlantic Terminal project 大西洋终点站项目 155-57
 tax-subsidy in New York 纽约税收补贴 59-60，77
 for Times Square project 时代广场项目 128
 of UDAGs 城市开发行动基金 58
 for urban commercial development 城市商业开发 3
Surrey Docks 萨里码头
 housing construction 住房建设 52
 redevelopment 再开发 51
Swanstrom, Todd 托德·斯万斯多姆 10

T

Tate Gallery of Modern Art 泰特现代艺术画廊 52，54
Tax Reform Act (1986), United States 美国税收改革法案 45
Tese, Vincent 文森特·泽 86-87
Thatcher, Margaret 玛格丽特·撒切尔 81，84，87-88，108，116，192
Thompson, Ben 本·汤普森 142-143
Times Square Business Improvement District 时代广场商务提升区 131
Times Square redevelopment 时代广场再开发
 allowance for gradual 逐步允许 137
 impetus for 推动 123-125
 interim development plan 过渡开发计划 131
 lessons from 教训 136-137
 market-driven process for 市场驱动的过程 133-136
 public and private sector financing for 公共和私营部门融资 128
 responses to plan 对规划的回应 129-130
Transportation 交通运输
 in Canary Wharf project 金丝雀码头项目 183，185，190-191
 in Docklands development 码头区开发 178，181，194
 initiatives in London to improve 伦敦改善动议 85-86
 role in New York planning 纽约规划中的角色 86-87
Travelstead, G. Ware G. 韦尔·特拉韦尔斯特德 183
Trump, Donald 唐纳德·特朗普 44，58，60，73，107

U

UDAGs. See Urban Development Action Grants 参见城市开发行动基金
United Kingdom. See Government, United Kingdom 英国，参见"英国政府"
Urban Development Action Grants (UDAGs), United States 美国城市开发行动基金
 in Brooklyn MetroTech project 布鲁克林大都市科技园项目 152
 post-1981 subsidies in New York City 纽约市 1981 年后补贴 58
 program 项目 91，112
Urban Development Corporation (UDC), New York State 纽约州城市开发公司 113
 acquisition of Times Square redevelopment sites 时代广场再开发土地征用 130-131
 plan for Times Square redevelopment 时代广场再开发规划 125-126
Urban development corporations (UDCs) 城市开发公司
 British public-private organizations 不列颠公

私合营机构 107-111
　　　function of 功能 107
　　　private market role in United Kingdom 英国私营市场的角色 7，108
　　　rise in New York City and London 在纽约和伦敦崛起 226
　　　urban policy during Tory regime 保守党政权期间的城市政策 108
　　　U.S. public-private organizations 美国公私合营机构 111-116
Urban redevelopment 城市再开发 7
　　　by development corporations (1980s) 开发公司 106
　　　evaluation of projects in London and New York City 伦敦和纽约项目的评估 214-218
　　　materialist analysis of 唯物主义者的分析 212-213
　　　need for social equity in 社会平等的要求 228-230
　　　poststructuralist critique 后结构主义者的批判 204-210
　　　public-private partnerships of 公私伙伴关系 204

W

Weeks, David 威克斯，大卫 102
Westminster, London 伦敦维斯明斯特 50-51
Wilson, Elizabeth 伊丽莎白·威尔逊 205-206
With, Lewis 路易斯·沃斯 203
Wolfe, Alan 艾伦·沃尔夫 213
Wolfinger, Raymond 雷蒙德·沃尔夫芬格 9
World Financial Center (WFC) 世界金融中心
　　　developed by Olympia & York 奥林匹亚和约克公司开发 166-170
　　　　Winter Garden of 冬季花园 167-169
World Trade Center 世界贸易中心 167，169

Z

Zeckendorf, William, Jr. 威廉·泽肯多夫 107
Zuccotti, John 约翰·祖柯 163
Zuckerman, Mortimer 莫蒂默·扎克曼 57
Zukin, Sharon 莎伦·佐金 213

缩写释义

ACSP　Association of Collegiate Schools of Planning　美国规划院校联盟
AESOP　Association of European Schools of Planning　欧洲规划院校联盟
ALA　Association of London Authorities　伦敦区议会联盟
AMC　American Multi-Cinemas　美国多厅影院
ATURA　Atlantic Terminal Urban Renewal Association　大西洋终点站城市更新协会
BID　business improvement district　商务提升区
BPCA　Battery Park City Authority　炮台公园城管理局
BR　British Rail　英国铁路公司
CBD　central business district　中央商务区
CDBG　community development block grant　社区发展整体补助金
CDC　community development corporation　社区发展公司
CEO　chief executive officer　首席执行官
CSFB　Credit Suisse First Boston　瑞士信贷第一波士顿银行
DCC　Docklands Consultative Committee　码头区咨询委员会
DETR　Department of the Environment, Transport and the Regions　环境、交通与区域部
DJC　Docklands Joint Committee　码头区联合委员会
DLMA　Downtown Lower Manhattan Association　下曼哈顿下城协会
DoE　Department of the Environment　环境部
EDC　Economic Development Corporation　经济发展局
ELP　East London Partnership　东伦敦伙伴关系
ESDC　Empire State Development Corporation　纽约帝国开发公司
FAR　floor area ratio　容积率
FBS　financial and business services　金融和商务服务业
FCB　Financial Control Board　财务控制理事会
FHA　Federal Housing Administration　联邦住宅管理局
GDP　gross domestic product　国内生产总值
GLA　Greater London Authority　大伦敦政府
GLC　Greater London Council　大伦敦议会
GLE　Greater London Enterprise　大伦敦企业
GLEB　Greater London Enterprise Board　大伦敦企业理事会
HDA　Housing and Development Administration　住房与开发管理局
HDC　housing development corporation　住房开发公司
HHC　Health and Hospitals Corporation　卫生和医院集团

HPD	Housing Preservation and Development	住房保护与发展局
HRB	Housing and Redevelopment Board	住房与再开发理事会
ICIB	Industrial and Commercial Incentives Board	工业和商业激励委员会
ICIP	Industrial and Commercial Incentives Program	工商业激励计划
KXT	King's Cross Team	国王十字火车站小组
LDA	London Development Authority	伦敦发展署
LDDC	London Docklands Development Corporation	伦敦码头区开发公司
LEntA	London Enterprise Agency Ltd.	伦敦企业代理有限公司
LISC	Local Initiatives Support Corporation	地方动议支持公司
LPAC	London Planning Advisory Committee	伦敦规划咨询委员
LRC	London Regeneration Consortium	伦敦更新财团
MAC	Municipal Assistance Corporation	（纽约）市援助公司
O&Y	Olympia & York Developments Ltd.	奥林匹亚和约克公司开发有限公司
OSDC	Office of the State Deputy Comptroller (for New York City)	州副审计长办公室
PATH	Port Authority Trans-Hudson	哈德逊河捷运管理局
PDC	Public Development Corporation	公共开发公司
PILOT	payments in lieu of taxes	抵税支付
PLA	Port of London Authority	伦敦港务局
REBNY	Real Estate Board of New York	纽约房地产委员会
RFP	request for proposals	建议书邀请函
RLCDG	Railway Lands Community Development Group	铁路用地社区发展组织
RPA	Regional Plan Association	区域规划协会
S&Ls	savings and loans	储贷部门
SCDG	Spitalfields Community Development Group	斯皮特菲尔德社区发展集团
SDG	Spitalfields Development Group	斯皮塔菲尔兹开发集团
SIAC	Securities Industry Automation Corporation	证券产业自动化公司
SRB	Single Regeneration Budget	专项更新预算
UDAG	Urban Development Action Grant	城市开发行动基金
UDC	Urban Development Corporation	城市开发公司
ULURP	Uniform Land Use Review Process	土地使用统一审查程序
WFC	World Financial Center	世界金融中心

图片索引

第 1 章　经济重构与再开发（第 18 页）

场地平整中的炮台公园城（Battery Park City）（1973 年），图片来源：Domusweb.it. Photographer unknown. (https://newyorkyimby.com/2016/06/101-murray-bites-the-dust-and-111-murray-street-rises-skyward-ever-changing-west-tribeca.html)

第 2 章　房地产业与城市再开发（第 50 页）

伦敦的西印度码头（1984 年），图片来源：英格兰遗产国家古迹记录机构，参考编码：NMR 2690/21.（English Heritage_ National Monuments Record（NMR），Reference Number: NMR 2690/21.）（https://viewfinder.historicengland.org.uk/search/detail.aspx?uid=59730.）

第 3 章　市场、决策者和房地产周期（第 94 页）

凝望内城的小丑雕像，陶滔摄影作品。

第 4 章　政策与政治（第 110 页）

纽约街头的游行与抗议，陶滔摄影作品。

第 5 章　经济发展规划战略（第 134 页）

纽约布鲁克林中心的店铺与广告牌，陶滔摄影作品。

第 6 章　公私合作的实践：国王十字火车站和时代广场（第 158 页）

伦敦国王十字车站，图片来源：视觉中国（https://www.vcg.com/creative/1006190897）

纽约时代广场（2016 年），http://www.nipic.com/show/16374946.html

第 7 章　创造新中心：斯皮塔菲尔兹和布鲁克林中心（第 182 页）

伦敦斯皮塔菲尔兹（2016 年），图片来源：Stefano Andrean, Luxurious Magazine, 2016.（https://www.luxuriousmagazine.com/2017/01/investigating-spitalfields-london/）

纽约布鲁克林中心密集的住宅区（1960 年代），图片来源：Regional Plan Association, The Region's Growth: A Report of the Second Regional Plan, May 1967.

第 8 章　创建新地标（一）：炮台公园城（第 206 页）

纽约炮台公园城，图片来源：视觉中国

第 9 章　创建新地标（二）：码头区（第 224 页）

伦敦金丝雀码头（2013），图片来源：视觉中国

第 10 章　房地产开发的特殊性及其影响（第 250 页）

纽约摩天楼顶的广告牌，陶滔摄影作品。

第 11 章　内城的开发政策（第 276 页）

纽约的内城街区网格（1960 年代），图片来源：Regional Plan Association, The Region's Growth: A Report of the Second Regional Plan, May 1967.

苏珊·费恩斯坦主要著作

FAINSTEIN N I, FAINSTEIN S S. New debates in urban planning: the impact of Marxist theory within the United States[J]. International Journal of Urban and Regional Research, 1979, 3(3): 381-403.

FAINSTEIN S S, FAINSTEIN N I. Urban political movements[M]. Englewood Cliffs, NJ: Prentice-Hall, 1974.

FAINSTEIN S S, FAINSTEIN N I. Local control as social reform: planning for big cities in the seventies[J]. Journal of the American Institute of Planners, 1976, 42(3): 275-285.

FAINSTEIN S S, FAINSTEIN N I. Neighborhood enfranchisement and urban redevelopment[J]. Journal of Planning Education and Research, 1982, 2(1): 11-19.

FAINSTEIN S S, FAINSTEIN N I, HILL R C, et al. Restructuring the city: the political economy of urban redevelopment[M]. New York, NY: Longman, 1983. (Rev. ed., 1986)

FAINSTEIN S S, HIRST C. Neighborhood organizations and community power: the Minneapolis experience[M] // KEATING D, KRUMHOLZ N, STAR P, eds. Revitalizing urban neighborhoods. Lawrence: University Press of Kansas, 1995: 96-111.

CAMPBELL S, FAINSTEIN S S, eds. Readings in planning theory[M]. Oxford, UK: Blackwell, 1996. (Rev. ed., 2003)

FAINSTEIN S S, CAMPBELL S, eds. Readings in urban theory[M]. Oxford, UK: Blackwell, 1996. (Rev. ed., 2002; 3rd ed., 2011)

FAINSTEIN S S. Can we make the cities we want?[M] // Beauregard R, Body-Gendrot S, eds. The urban moment. Thousand Oaks, CA: Sage, 1999: 249-272.

FAINSTEIN S S. The city builders[M]. Rev. ed. Lawrence: University Press of Kansas, 2001.

FAINSTEIN S S. Feminism and planning[M] // FAINSTEIN S S, SERVON L, eds. Gender and planning. New Brunswick, NJ: Rutgers University Press, 2005a: 120-138.

FAINSTEIN S S. Planning theory and the city[J]. Journal of Planning Education and Research, 2005b, 25(2): 121-130.

FAINSTEIN S S. Planning and the just city[M] // Marcuse P, Connolly J, Olivo I M, et al, eds. Searching for the just city. New York, NY: Routledge, 2009: 19-39.

JUDD D R, FAINSTEIN S S, eds. The tourist city[M]. New Haven, CT: Yale University Press, 1999.

FAINSTEIN S S, DE FILIPPIS J, eds. Readings in planning theory[M]. 4th ed. Oxford, UK: Wiley-Blackwell, in press.

HOFFMAN L, FAINSTEIN S S, JUDD D R, eds. Cities and visitors[M]. Oxford, UK: Blackwell, 2003.

FAINSTEIN S S. The just city[M]. Ithaca, NY: Cornell University Press, 2010.

FAINSTEIN S S, CAMPBELL S, eds. Readings in planning theory[M]. 3rd ed. Oxford, UK: Wiley-Blackwell, 2011.

后记

　　《造城者》(第二版)的翻译实际上是一个集体成果。五年前的一个夏日午后，带着突然涌上的对自己在社交媒体上消耗了过多时间的懊恼，我决定把今后的碎片时间献身于翻译工作，于是顺手挑选了身边书架上看着最薄的这本书。我的心血来潮得到了好友、同济大学出版社江岱副总编的大力支持，她高效率地完成了该书的中文版权申请，跟我签订了翻译合同，让我毫无反悔之机。

　　很快我发现，我高估了自己见缝插针的工作能力，碎片时间依然是捡不起来的碎片；完成自己的研究专著和翻译他人作品之间难以两全；跟周遭有很多插图的设计类图书相比，看上去比较薄的这本书全是文字和密密麻麻的注解。请学生们完成的翻译初稿，与原文存在着不小的差距，这也使我意识到，我过去在中美间漫长的求学旅程，沉醉于知识的海洋、享受读书之乐，实是一份奢侈品和特权，而尽可能将这种享受和快乐传神达意地转发出去，是我应尽之责。

　　最初两章的重译与修订是在陪女儿准备小升初的奥数课堂上完成的。江总编温柔然而坚定地告诉我，如果按照我既有的翻译速度，她辛辛苦苦申请来的中文版权即将过期。于是，2018年的寒假，我不得不全力以赴地投入翻译工作，充分发掘了自己的潜能，节后及时交稿。那三周的工作狂热到现在回忆起来都很怀念。当然，这一工作之所以能够及时完成要深深感谢我的诸多学生与同事的协助。感谢于泓、朱揆、沈赟、李敏静、王宜兵、马赛、彭坤焘曾协助或参与了翻译、试读和较译工作，尤其感谢沈赟帮助我完成了大量枯燥然而重要的审订杂务。谢谢半层书店的赵琦承担了本书的封面和装帧设计工作，她干净利落然而不动声色的特立独行与本书颇为契合；同济大学出版社的由爱华编辑为书稿更加流畅与准确提供了尽心尽力的专业支持；盛义义协助准备了书中的插页摄影图片并获取了版权，陶滔先生慷慨提供了其中第三、四、五、十章前的摄影作品。

　　因为时间、精力和水平的局限，译作肯定仍有很多需要修正和提高的地方，在此向各位读者事先表示歉意。苏珊·费恩斯坦的写作风格缜密、冷静，其批判锐利又带有人性的通达而不至于伤人，字里行间不时出现的美式幽默透露出她独特的人格魅力。正如很多学者一样，她喜欢用长句子，语义经过从句多次修订辗转反复，很容易就会造成理解偏差；有时不可避免用到生僻的、或者特定语境的用词，难以找到准确的中文词汇与之相对等。为了让本书尽可能脱离翻译腔，我对译文进行了多次编辑，力求达意的同时让中文读者们阅读顺畅，然而我也担心这样不够忠实于原文风格，而是打上了更多我的个人印记。文字的推敲和修订是个永无止境的过程，此刻不得不告一段落，将这一作品呈现给大家。

本书的翻译及出版工作受国家自然科学基金项目（批准号：51778427）资助。感谢本书精彩的内容曾经为我带来阅读与工作的双重乐趣，也希望它中文版的面世能够带给大家同样珍贵的感受。

侯丽

二〇一八年十二月

图书在版编目（CIP）数据

造城者：纽约和伦敦的房地产开发与城市规划 /
(美) 苏珊·费恩斯坦 (Susan S. Fainstein) 著；侯丽
译. -- 上海：同济大学出版社，2019.4
（世界城市规划经典译丛）
书名原文：The City Builders
ISBN 978-7-5608-8254-3

Ⅰ. ①造… Ⅱ. ①苏… ②侯… Ⅲ. ①房地产开发 –
对比研究 – 纽约、伦敦②城市规划 – 对比研究 – 纽约、伦
敦 Ⅳ. ①F299.712.335②F299.561.335③TU984.712
④TU984.561

中国版本图书馆CIP数据核字(2018)第268491号

©2001 by the University Press of Kansas
The City Builders: Property Development in New York and London, 1980-2000, Second Edition, Revised has been translated into Chinese by arrangement with the University Press of Kansas.

造城者——纽约和伦敦的房地产开发与城市规划

[美]苏珊·费恩斯坦（Susan S. Fainstein）著　侯丽 译

责任编辑　由爱华　　责任校对　徐春莲　　装帧设计　赵 琦

出版发行　同济大学出版社　www.tongjipress.com.cn
　　　　　（地址：上海市四平路1239号　邮编：200092　电话：021-65985622）
经　销　全国各地新华书店
印　刷　常熟市华顺印刷有限公司
开　本　710mm × 960mm　1/16
印　张　20
印　数　1-3 100
字　数　400 000
版　次　2019年4月第1版　2019 年4月第1次印刷
书　号　ISBN 978-7-5608-8254-3
定　价　79.00 元

本书若有印装质量问题，请向本社发行部调换　版权所有　侵权必究